U0309511

航天科技图书出版基金资助出版

俄罗斯行星探测历程
——历史、发展、遗产与展望

[爱尔兰] 布赖恩·哈维 著

侯建文 刘付成 孙 俊 贺 亮
韩 飞 彭 杨 孙 玥 武海雷 译
徐 帷 满 超 陈 赟 王兆龙

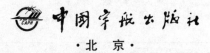

中国宇航出版社

·北京·

Translation from English language edition：
Russian Planetary Exploration by Brian Harvey
Copyright © 2007 Praxis Publishing Ltd.
Praxis Publishing Ltd is a part of Springer Science＋Business Media
All Rights Reserved

本书中文简体字版由著作权人授权中国宇航出版社独家出版发行，未经出版者书面许可，不得以任何方式抄袭、复制或节录本书中的任何部分。

本书版权登记号：图字：01-2014-7681号

版权所有　侵权必究

图书在版编目(CIP)数据

俄罗斯行星探测历程：历史、发展、遗产与展望 /（爱尔兰）哈维（Harvey,B.）著；侯建文等译. --北京：中国宇航出版社，2015.5

书名原文：Russian planetary exploration：history，development，legacy，prospects

ISBN 978-7-5159-0863-2

Ⅰ.①俄… Ⅱ.①哈… ②侯… Ⅲ.①行星－探测－俄罗斯 Ⅳ.①V11

中国版本图书馆 CIP 数据核字(2014)第 300364 号

责任编辑	侯丽平			
责任校对	祝延萍		**封面设计**	文道思

出　版 **发　行**	中国宇航出版社			
社　址	北京市阜成路8号 (010)68768548		**邮　编**	100830
网　址	www.caphbook.com			
经　销	新华书店			
发行部	(010)68371900 (010)68768541		(010)88530478(传真) (010)68767294(传真)	
零售店	读者服务部 (010)68371105		北京宇航文苑 (010)62529336	
承　印	北京画中画印刷有限公司			
版　次	2015 年 5 月第 1 版		2015 年 5 月第 1 次印刷	
规　格	880×1230		**开　本**	1/32
印　张	13		**字　数**	374 千字
书　号	ISBN 978-7-5159-0863-2			
定　价	88.00 元			

本书如有印装质量问题，可与发行部联系调换

航天科技图书出版基金简介

航天科技图书出版基金是由中国航天科技集团公司于2007年设立的，旨在鼓励航天科技人员著书立说，不断积累和传承航天科技知识，为航天事业提供知识储备和技术支持，繁荣航天科技图书出版工作，促进航天事业又好又快地发展。基金资助项目由航天科技图书出版基金评审委员会审定，由中国宇航出版社出版。

申请出版基金资助的项目包括航天基础理论著作，航天工程技术著作，航天科技工具书，航天型号管理经验与管理思想集萃，世界航天各学科前沿技术发展译著以及有代表性的科研生产、经营管理译著，向社会公众普及航天知识、宣传航天文化的优秀读物等。出版基金每年评审1～2次，资助10～20项。

欢迎广大作者积极申请航天科技图书出版基金。可以登录中国宇航出版社网站，点击"出版基金"专栏查询详情并下载基金申请表；也可以通过电话、信函索取申报指南和基金申请表。

网址：http://www.caphbook.com

电话：(010) 68767205，68768904

前　言

　　美国和欧洲近年来在行星探索领域取得的众多巨大而值得骄傲的成就，掩盖了是苏联开辟了奔向行星之路的事实。飞往金星和火星的想法可追溯到沙俄时代及 1920 年拍摄的有关火星殖民地的名为《火星女王》（Aelita）的广受欢迎的影片，而真正使火星探索计划进入制图的是斯大林的苏联时代。其实人们忘了，苏联的载人登月火箭——N-1，原先是用来将航天员送往火星的，是登月竞赛使得决策者改变了火箭原先的用途。在第一颗人造地球卫星进入轨道的几个月后，苏联人即对首次无人火星飞行进行了计算。

　　苏联人在其行星探索计划中实现了许多个重要的"第一"：

- 首个金星（1961 年）和火星（1962 年）探测器。
- 首个到达另一个世界——金星（1966 年）表面的探测器。
- 首次在金星表面软着陆（1970 年）。
- 首次在火星表面软着陆（1971 年）。
- 首次拍摄火星表面图像（1971 年）。
- 首次对另一个行星——金星的岩石进行表面分析（1972 年）。
- 首次拍摄金星表面图像（1975 年）。
- 首个航天器绕飞金星轨道（1975 年）。
- 首次对金星岩石和土壤进行现场实验室分析（1982 年）。
- 首次对另一个行星——金星进行了雷达制图（1983 年）。
- 首个气球在另一个行星的大气层中飞行（1985 年）。
- 首次对一个彗星——哈雷彗星进行近距离绕飞（1986 年）。
- 首次在另一个行星的轨道上与其卫星——火卫一交会（1989 年）。

　　这些探测器都装有各类尖端的仪器和实验装置。这些任务的科学成果是显著的，它们可供科学界所用，并改变了我们对金星和火星的看法。尽管西方对苏联火星探测器的印象似乎是全都失败了，但实际上苏联行星探测对我们对火星的早期认识起了很大的作用。

　　迄今为止，仍有 4 个苏联/俄罗斯探测器在绕金星飞行，4 个探测器在绕火星飞行。10 个着陆器仍在金星表面，另有 3 个探测器在飞往火星表面的途中。苏联/俄罗斯已发射了 54 个行星际航天器，它们是人类空间探索计划的重要组成部分。

　　在第一颗人造地球卫星发射 50 年后的今天，俄罗斯正推出新的重返行星计划。由于早些年严峻的财政危机困扰着俄罗斯，在后苏联时期仅发射了一个深空探测器（火星 96 号）。俄罗斯在 2006—2015 年的空间计划包括在 2009—2011 年恢复火星卫星——火卫一的土壤采样任务。现在正是历史性审视苏联/俄罗斯深空探测计划的大好时机。这对我们规划新的金星、火星甚至更远行星的探测任务将是非常有用的经验和宝贵的知识积累。本书讲述的便是苏联深空计划的故事：空间探测器及其富有创造力的设计思路；制造这些探测器的研究人员；所作出的关键决策；科学成果；从中获取的知识；令人失望至极的失败；以及成功带来的喜悦。

布赖恩·哈维（Brian Harvey）

爱尔兰都柏林，2007 年

致 谢

　　谨向在该书撰写过程中给予作者指导和帮助的所有人致以衷心的感谢。特别感谢雷克斯·霍尔（Rex Hall）为本书提供的珍贵资料和宝贵建议；感谢菲尔·克拉克（Phil Clark）专业知识的指导；感谢行星着陆专家安德鲁·鲍尔（Andrew Ball）的中肯意见；感谢大卫·威廉斯（David Williams）提供的美国国家航空航天局网站上有关苏联深空探测的信息；感谢鲁斯兰·库兹明（Ruslan Kuzmin）以及伊戈尔·米特罗法诺夫（Igor Mitrofanov）有关俄罗斯行星探测的真知灼见；感谢保罗·尤利维（Paolo Ulivi）和作者分享自己对于苏联深空探测的深刻见解；感谢安迪·萨蒙（Andy Salmon）对收藏资料的无私奉献；感谢拉里·克拉斯（Larry Klaes）寄送的技术文件；感谢苏斯赞·帕里（Suszann Parry）开放了英国行星际协会的信息和照片资源；当然还要感谢负责人埃弗特·迈尔斯（Evert Meurs）教授，丹辛克天文台图书管理员卡罗尔·伍兹（Carol Woods）以及克莱夫·霍伍德（Clive Horwood）对本项目的支持。

　　书中许多照片来自作者的收藏。在此，向慷慨提供或允许在此书中使用这些照片的诸多人士表示诚挚的谢意，特别感谢：

　　·唐·P·米切尔（Don P. Mitchell）允许我使用金星和火星探测的图片；

　　·特德·斯特赖克（Ted Stryk）允许我使用经他进行过清晰度处理的金星和火星图片；

　　·多米尼克·费伦（Dominic Phelan），提供了医学和生物研究所（IMBP）图片："大桶"和阿纳托利·格利戈里耶夫；

　　·安迪·萨蒙允许我使用火星 3 号、火星 96 号、火星 98 号和火星探索飞行器的图片；

　　• 尼克•约翰逊（Nick Johnson）允许我使用火星94号和齐奥尔科夫斯基探测器的图片，这些图片由特里达因•布朗（Teledyne Brown）工程公司为《苏联1990年的太空活动》一书拍摄；

　　• 雷克斯•霍尔，提供了金星8号、维加吊舱、通用火星-金星-月球探测器（UMVL）的照片，以及美国国家航空航天局，提供有关苏联太空科学的资料。

布赖恩•哈维

爱尔兰都柏林，2007年

缩写和简称

1MV	火星和金星探测器的第 1 系列 （1M 是火星，1V 是金星）
AIS	自动行星际站
ANGSTREM	X 射线光谱仪
APS	自主推进系统
APX	α 粒子、质子和 X 射线光谱仪
ASPERA	质谱仪和粒子成像仪
AVD	发动机紧急关机
BOZ	点火保险系统
CBPS	组合制动与推进系统
CNES	法国国家航天研究中心
DPI	加速度计
DYMIO	离子频谱仪
DZhVS	长期金星站
ESA	欧洲空间局
FGB	功能货物单元
FONEMA	离子和高能光谱仪
GDL	气体动力实验室
GDR	德意志民主共和国
GIRD	反推进/装置研究小组
glasnost	开放
GLONASS	（俄罗斯）导航系统
GPS	全球定位系统

GSMZ	国家联合机器制造厂
HEND	高能中子探测器
ICBM	洲际弹道导弹
IKI	航天研究所
IMAP	磁强计
IMBP	医学和生物研究所
IRE	无线电技术与电子研究所
IZMIRAN	地磁学研究所
JIMO	木星冰月球轨道器
KANERTON	地震仪
KBKhA	化学自动化设计局
KGB	国安局（苏联）
KMV	火星和金星飞船
LAL	长期自主着陆器
M	改进型（如 8K78M）
MAREMF	电子光谱仪和磁强计
MARIPROB	等离子体和离子探测器
MARSPOST	火星有人驾驶轨道站
Mavr	火星探测器-金星探测器组合
MEK	火星远征设备
METGG	气象仪器系统
MPK	火星有人驾驶设备
MV	火星-金星
N	载体
NASA	美国国家航空航天局
NEK	科学实验设备
NII PDS	降落伞着陆设施科学研究所
NIPs	科学测量点
NITS	巴巴金科学研究中心

NPO AP	自动化与仪器发展科学生产协会
NPO	科学与生产组织
NPO – PM	科学生产协会
NSSDC	国家空间科学数据中心
OIMS	研究行星际通信的全联盟协会
OKB	实验设计局
OPTIMISM	地震仪，磁强计
OSOVIAKHIM	航空和化学发展支持协会
P	着陆器
PEGAS	γ射线光谱仪
perestroika	变换，换算
PHOTON	γ光谱仪
PrOP – M	火星越野评估仪（评估越野运动的仪器）
PS	初样卫星
PKA	俄罗斯航天局
RT	中继站
SFINCSS	空间站国际乘组飞行模拟，也称为 Sphinx
SLED	太阳低能探测器
SPICAM	光学多通道光谱仪
SVET	高分辨率测绘
TERMOSCAN	红外辐射扫描计
TERMOZOND	温度探测器
TMK	重型轨道站
TsAGI	茹科夫斯基（Zhukovsky）气动力中央研究所
TsBIRP	火箭问题研究中央局
TsDUC	远程空间通信中心
UDMH	偏二甲肼
UMV	通用火星-金星
UMVL	通用火星-金星-月球

UR　　　　　　　　　通用火箭

VEGA（VEHA）　　　VE＝金星，HA＝哈雷彗星

　　　　　　　　　　（俄语中"G"、"H"同音）

VPM－73　　　　　　视觉旋光计"火星"－1973

目 录

第 1 章　火星女王[①]

火星上居住着某些物种或者其他我们能确信存在而又不知为何物的物种。

——珀西瓦尔·洛厄尔（Percival Lowell），《火星运河》（*Mars and its canals*），1906 年

1.1　漫长的 1883 年暑假

俄罗斯的行星探索可以追溯到 1883 年的夏天，源于卡卢加市（Kaluga）一位教员康斯坦丁·齐奥尔科夫斯基（Konstantin Tsiolkovsky）的一部著作，是他开启了俄罗斯人描绘星际旅行的先河。

康斯坦丁·齐奥尔科夫斯基 1857 年 9 月出生于俄罗斯的伊热夫斯科耶镇（Izhevskoye），他父亲是一名护林员。10 岁那年康斯坦丁·齐奥尔科夫斯基感染上了猩红热，这使他基本上失聪。可能是他听力受损的原因，他母亲帮助他完成了小学学业，而他自己更是如饥似渴地读书，到 17 岁时掌握了高等数学、微积分和球面三角的计算，之后他千方百计地获得了在卡卢加市任教的职业，并在那儿度过了余生。

在 1883 年那个漫长的暑假期间，齐奥尔科夫斯基偶然间产生了星际空间旅行的念头——尽管我们仍不确切知晓究竟是什么激发了他的这一兴趣，然而这一兴趣却成为了他毕生的追求。值得一提的是，齐奥尔科夫斯基并非是个空想理论家，这个天赋非凡、自强不

---

① 《火星女王》（Aelita）是苏联一部科幻小说及科幻片名（1924 年）。——译者注

息的人，还集数学家、发明家、作家和实用工程师于一身，正是他建造了助听器、风洞以及小型离心机。

康斯坦丁·齐奥尔科夫斯基

1883 年那个夏季，齐奥尔科夫斯基完成了他的第一部著作《自由太空》（*Free space*），书中描述了星际旅行者为什么会失重。接着，他又发明了火箭发动机推力公式，即齐奥尔科夫斯基公式，它成为了后来所有火箭科学的基础，即使现在也是火箭学科首先要教授的要点。在《登上月球》（*On the moon*）（1893 年）与《天地之梦》（*Dreams of Earth and heaven*）（1895 年）中，他提出了飞离地球的要点——精确计算所需要的速度——并且在《行星际航行》（*Interplanetary flight*）一书中，他草拟了一个能够深入太空旅行，且自身拥有封闭生态系统的空间站。在"利用喷气工具研究宇宙空间"一文（1903 年）中，他阐明了为什么裂变核燃料将是长途太空旅行所必需的，这是因为其能够提供比液体燃料火箭更大的推力，并说明了如何才能在其他星球上软着陆。最后，他预言："人类终将登上太空并在那儿找到居留地。"

在《宇宙火箭列车》（*Cosmic rocket trains*）（1918 年）这本书中，齐奥尔科夫斯基专门讲述了摆脱地心引力，达到宇宙旅行所需要的速度这一命题。答案是采用多级火箭（或是一级接一级地串接，或是相互平行并联，然后再逐级抛脱），每一级都尽可能达到比前一级更高的高度和速度。在 1911 年 8 月 12 日写给 B·N·沃罗比约夫（B. N. Vorobyov）的一封著名的信中，齐奥尔科夫斯基这样写道：

"人类不会永远停留在地球束缚之中。一开始，他们为了探究发光体与太空，会小心翼翼地探索大气层的上下边界，随后会通往整个太阳系。"

　　布尔什维克政府给齐奥尔科夫斯基提供了晚年的养老金，直至他于 1935 年 9 月去世。他在卡卢加的家成为了业余火箭制作爱好者、热心研究者、记者和科普工作者的定期集聚地。在他生命的最后十年间，他发表了 60 多部作品，包括论文、著作，甚至还有科幻小说。他人生最后一个秋季的那些日子，他是在自家的阳台上彻夜不眠地度过的，围绕在他身旁的是一堆堆书籍、手稿和古怪的地球仪。时至今日，他的故居已经成为一处圣地，同时也是一座博物馆和纪念堂。

1.2　《火星女王》和科幻小说在俄国所扮演的角色

　　一个家在黑海地区敖德萨市 (Odessa)，名叫瓦连京·格鲁什科 (Valentin Glushko) 的小男孩就是受儒勒·凡尔纳 (Jules Verne) 作品启发人群中的一员。1921 年，13 岁的瓦连京阅读了儒勒·凡尔纳 1865 年的作品——《从地球到月球》(*From the Eearth to the Moon*)。次年，年仅 14 岁的他就自己决定去敖德萨天文台观测金星、火星和木星，而他的观测成果就发表在了第二年的《天文学通告》(*Astronmical Bulletin*) 和 *Mirovodenie* 杂志上。紧接着，瓦连京在 16 岁那年给康斯坦丁·齐奥尔科夫斯基写了一封信，并收到了他的郑重答复。瓦连京·格鲁什科在 1928 年完成学业之后，便直接进入了列宁格勒的气体动力实验室 (GDL)，在那里设计、制造火箭

儒勒·凡尔纳——在沙俄时期家喻户晓

发动机，最后，他成为了有史以来最伟大的火箭发动机设计师[1]。

凡尔纳的科幻小说在当时的俄国可谓是同类中的佼佼者，同时也掀起了这类作品的蓬勃发展，而火星便是俄国科幻小说的聚焦点。就在 H·G·威尔斯（H. G. Wells）出版《星球之战》（*War of the worlds*）（1908 年）这部著作的同一年，持不同政见的布尔什维克党员，同时也是哲学家和医生的亚历山大·博加诺夫（Alexander Boganov）（1873—1928 年）出版了《红色星球》（*Krasnaya Zvezda*）一书，书中描绘了友好的火星人希望和地球人合作的故事。这一时期的里程碑式作品当属《火星女王》，该书的作者是阿列克谢·托尔斯泰（Alexei Tolstoy）（1883—1945 年），书成于 1923 年。故事讲述的是两名航天员抵达火星后，发现火星上的子民受到残忍帝国的奴役般统治，使情况变得复杂的是，两名航天员之一的洛斯（Los）先生深深爱上了艾丽塔（Aelita）公主，也就是火星女王，小说便取其名为书名。其间，另一名航天员古谢夫（Gusev）带头设法推翻火星帝国政府，建立新模式社会。这本小说受到权威当局的推崇，很快被改编成一部很受欢迎的电影，同时也激起了同业者的写作热情。该片由刚刚流亡归来的雅科夫·普罗塔扎诺夫（Yakov Protazanov）执导，图斯库布（Tuskub）扮演火星国王和一位"大胡子天文学家"，该影片因其设计构思和价值观而获得很高的评价。尤丽娅·索恩泽娃（Yuliya Solntseva）（1901—1989 年）因主演火星女王而由此开启了其漫长的演艺生涯，并在战后成为了一名导演，赢得了国际社会的广泛认可（她曾担任戛纳电影节的评委）。《火星女王》感染力巨大，以至于很多父母都为自己的女儿取名艾丽塔。

《火星女王》的成功鼓舞了稍后上演的第二部影片，那就是无声电影《太空旅行》（*Space journey*）（1935 年）。该片展示了航天员身着航天服飞往月球的失重状态，当时这样的电影还是前所未有的（有病在身的齐奥尔科夫斯基担任该片的技术顾问）。当时还有一部小说也涉及火星之旅，即《如坠五里雾中》（*Jump into nowhere*），这部小说政治色彩较淡，描述的是乘坐液体燃料火箭到火星考察的科学任务。

20 世纪 20 年代，苏联掀起了一股太空热潮[2]，这与新政府快速谋求支撑国家工业、经济和科学发展的技术密不可分。那时，飞机设计被视为提高苏维埃技术的尖端设计领域，政府打造了一架名为"马克西姆·高尔基"（Maxim Gorky）的巨型飞机作为空运宣传载体，载人气球也飞上了天空。早在 1918 年，列宁就授意设立航空动力学中央专业院校，就此，俄罗斯航空缔造者尼古拉·茹科夫斯基（Nikolai Zhukovsky）教授创建了 TsAGI 学院（Tsentralni Aero Girodinamichevsky Institut）。次年，又成立了茹科夫斯基研究院。1924 年，火箭问题研究中央办公厅（TsBIRP）成立，其目的是"传播和发布有关星际旅行情况的正确信息"。同年，研究星际通信的全联盟学术团体（OIMS）成立，学术团体名称由他们自己定，成员有 200 人，其中包括了齐奥尔科夫斯基和灿德尔（Tsander），并于 1924 年 6 月 20 日在普尔科沃（Pulkhovo）天文台召开了首届全员大会。在其他一些城市，各种行星研究俱乐部也相继问世。同期，还有一个支持航空和化学研究的团体组织（OSOVIAKHIM）成立，以征募和增进社会对航空事业（包括火箭技术）的赞助和支持，该组织吸引了社会的广泛支持。

1.3　佩雷尔曼、灿德尔和孔德拉秋克

早年，对太空飞行知识普及贡献最大的人当属雅科夫·佩雷尔曼（Yakov Perelman）（1882—1942 年），他于 1915 年在战时的彼得格勒（现名列宁格勒）出版了《行星际旅行》（*Interplanetary travel*）一书。这本书通俗易懂，以至于在随后的二十年间再版发行了十次之多。该书仔细研究了如何通过反重力（H·G·威尔斯）、巨型枪（儒勒·凡尔纳）、太阳能推进系统或齐奥尔科夫斯基火箭等方法，抵达远方星球，这些方法也是经作者本人证实了的。佩雷尔曼的《行星际旅行》一书在 1929 年再版时修订为全新的版本，新版

书一面市就售出了 150 000 册。佩雷尔曼后来成为喷气装置研究业余爱好者小组（GIRD）列宁格勒分会（LenGIRD）的副主席，该组织的莫斯科分会负责发射首枚液体燃料火箭。在 1917 年到 1941 年间，共有不少于 535 种的不同书刊刊载过有关宇宙飞行的文章。

出生于里加（Riga）的立陶宛人弗里德里希·灿德尔（Friedrich Tsander）（1887—1933 年），其父亲是商人，母亲是音乐家，在他就读高中的 1905 年那年，他听老师通读了齐奥尔科夫斯基的"利用喷气工具研究宇宙空间"一文，之后便下决心投身太空飞行事业，从此便一发不可收。灿德尔的家坐落在山丘上，他便在山顶搭了一间小木屋，就在这间小屋里观测月球、土星和火

雅科夫·佩雷尔曼

星。他将数学计算作为其研究行星际旅行、着陆和返回轨道的最佳途径[3]。

1919 年，弗里德里希·灿德尔从里加理工大学硕士毕业后，在莫斯科的 Motor 飞机厂工作。他在早期苏联，利用业余时间举办了几场关于太空旅行的演讲，并鼓励了许多人加入到这一行列。甚至，在莫斯科天寒地冻、食物匮乏的情况下，他还筹建了标准的水栽植物园来模拟行星际旅行环境，供在密闭的实验室中栽培粮食之用。实际上，他给儿女们的取名就是充分的明证：他给女儿取名阿斯特拉（Astra）①，给儿子取名墨丘利（Mercury）②。灿德尔很有可能是提出航天飞机构想的第一人，因为正是他注意到了有翼宇宙飞船是一种在其他有大气层的星球上降落的有效办法，而且又是一种返回地球的工具。他在 1921 年的莫斯科地区发明家会议上作演讲时，阐

---

① 星星。
② 水星。

述了自己的航天飞机以及利用飞机将火箭带入高空的构想。他的主
要作品是《飞向其他行星》（*Flights to other planets*），发表在 1924
年的《技术与生活》（*Technology and life*）杂志上。他不仅仅是个
理论家，因为他加入了 GIRD 小组，将其生命的最后几年时间都献
给了建造小型液体燃料火箭上。在建造小型火箭期间，年仅 46 岁的
他不幸感染上了伤寒。他在 GIRD 中的口号是"向火星进军！"，因
为这颗行星是有大气层的，而且是最可能维持生命的地方。在 GIRD
领导谢尔盖·科罗廖夫（Sergei Korolev）的眼中，弗里德里希·灿
德尔是小组中无人能及的一员，他对行星际飞行考虑得最深远。
1933 年 3 月 28 日，灿德尔在高加索的基斯洛沃茨克（Kislodovsk）
疗养院与世长辞。当科罗廖夫将这一消息向地下实验室里的全体
GIRD 成员宣布时，大伙都无比震惊。在葬礼上，科罗廖夫用灿德尔
自己的"向火星进军！"作为其悼词的结束语。

弗里德里希·灿德尔："向火星进军！"　　　　尤里·孔德拉秋克

　　早期，记述行星际旅行可能性作品最多的人是尤里·孔德拉秋
克（Yuri Kondratyuk）（1897—1942 年），他在 20 世纪 50 年代的苏
联历史记载中被一笔带过。围绕着这个不寻常男人的谜底在几年后
才得以揭开。孔德拉秋克其实不是他的真名，他的实名叫亚历山大
·沙尔盖（Alexander Shargei）。在国内战争时期，他被划入白军，
因此布尔什维克党欲置其死地。为了保全性命，他谨慎地利用一个

死人尤里·孔德拉秋克的身份，并设法得到其出生证明。

1916 年时他用的还是自己的原名沙尔盖，在彼得格勒理工大学就读时他撰写了《征服行星际空间》（*Conquest of interplanetary space*）一书，但在战争环境下，该书被禁止发行，不久他就被不容申辩地强征入沙皇军队。1919 年，他对该书进行了修订，更名为《致那些为了创造而读书的人》（*To those who will read to build*），但由于当时内战正酣，发行中途被突然叫停。最后，《征服行星际空间》一书在 1929 年出版，而这次是以新书首版形式发行，于是，作者便以孔德拉秋克署名，他期望立刻抹去 1916 年版本的印记，让世人遗忘掉。同时，他还采取防备措施来避开权威当局的注意，到偏远的新西伯利亚（Novosibirsk）出版此书。《征服行星际空间》一书非同寻常，因为书中阐述了火箭为什么能够脱离地球飞向太空，如何利用裂变核燃料和太阳能来助推，并提出了弹道、制导和稳定性的论点。关于如何在其他行星上着陆的问题，他主张基底级留轨运行，并充当返回航天器的输送平台，而这正是 40 年后美国和苏联的登月舱所采用的技术。并且，他认为航天器不应直接着陆，而是从环绕该行星的轨道进行释放后着陆，该轨道同样作为上升返回的轨道。关于返回地球，他主张不是采用空气动力制动，就是采取高速进入大气层方式，这也正是 Zond① 探测器和 1968—1972 年间阿波罗号从月球返回所采用的技术。沙尔盖还认为可使用引力辅助的方法从一颗行星到达另一颗行星，这也正是后来俄罗斯发射的织女星（VEGA）航天器所使用的技术。

弗里德里希·灿德尔曾几度邀请孔德拉秋克加入其火箭小组，然而他在每次回信中都婉言谢绝了。因为他暗自害怕，如果接受这份新工作，就必须经受警方的仔细审查，这样就会暴露他的秘密身份。

最终，也许带着些许不情愿，他还是选择了离开莫斯科来回避

---

① 苏联火星探测器

他们。之后他成为了水力发电厂的一名工程师，最后在 1942 年 2 月与德国军队的交战中阵亡，倒在了莫斯科郊外的雪地里。德国军队从尤里·孔德拉秋克的尸体上发现了他的笔记本，里面全是行星际草图。而他的真实身份直到半个多世纪后才得到证实。

约翰·F·肯尼迪总统在 1961 年决定美国将登上月球时，NASA（美国国家航空航天局）花了将近 18 个月的时间才选定登月的最佳轨道。此前设想的使用巨型火箭直接登月和地球轨道交会这两种方式都面临着重重困难，这种僵局一直持续到有人想到尤里·孔德拉秋克所提出的理论时才被打破，即在行星（或月球）轨道上交会，最终就是采纳了这一技术。

20 世纪 20 年代，人们对太空旅行的兴趣越来越浓厚，尼古拉·赖宁（Nikolai Rynin）教授编纂了一套九卷的汇编文集，收集了当时所有已发表的有关该主题的报道，定名为《太空旅行》（*Space travels*），这套书其实是一部大百科全书。赖宁教授在沙皇统治期间曾经是俄国空气动力学实验室的创建者。在革命时期或是随后的内战中，很少有人从事空气动力学研究，于是，尼古拉·赖宁教授在这段艰难时期悄悄地开始了他的编纂工作，即便是在自己处于饥寒交迫之中也没有放弃。苏联在其后也仅在 1985 年出版了一部航天大百科全书，作者是瓦连京·格鲁什科。

1927 年 4 月到 6 月，由发明家协会主办的首届宇宙飞船设计展在莫斯科举行，其中展出了齐奥尔科夫斯基和灿德尔以及一些西方佼佼者的作品，有 12 000 名参观者前来观摩模型和图样，这类展览还曾在基辅（Kiev）举办过。

1.4　镇压过后，复活

苏联轰轰烈烈的太空研究结束于 1936 年 7 月。当时，斯大林认为社会主义建设应严格聚焦于民族工业和国防军事，因此在那个时代，太空旅行、与国外组织机构和业余爱好者协会的合作都无处生存。中央火箭研究院的赞助人米哈伊尔·图哈切夫斯基（Mikhail Tukhachevsky）遭到枪杀，两位火箭设计领军专家伊万·克莱门诺夫（Ivan Kleimenov）和格奥尔吉·朗格马克（Georgi Langemaak）也难逃此劫。GIRD 领导人谢尔盖·科罗廖夫被遣送至古拉格，软禁在一个场所（沙拉什卡，Sharashka）改造，没过多久，GDL 的瓦连京·格鲁什科也遭逮捕，OSOVIAKHIM 研究团体的主席罗伯特·爱德曼（Robert Eideman）被处决。

尽管为了有助于军用飞机从短跑道上迅速升空，对小型固体燃料火箭进行了有限的研究，但苏维埃社会主义共和国联盟（USSR）

尼古拉·赖宁的著作

的火箭和航天技术研究还是在 1937 年暂时中止了。雅科夫·佩雷尔曼（Yakov Perelman）和尼古拉·赖宁两人都在列宁格勒被围困期间死于饥饿。

直到斯大林去世，苏联建制头十五年里压抑的话题才再度兴起。市面上又出现了有关太空探索的小说和非小说类读物。1954 年出版了一套完整的齐奥尔科夫斯基作品文集，同时还出版了灿德尔和孔德拉秋克的作品。其中有些作品是鼓舞性的（因美国一度占有军事优势），以证明苏联的科学研究丝毫

不逊于西方国家。有关火星的小说也再次出现，包括格奥尔吉·马蒂诺夫（Georgi Martinov）的《星际飞船上的 220 天》（220 *days in a starship*）。该书讲述了美国航天员首次前往火星，却在半途中陷入了困境，一定要俄罗斯航天员去营救的故事。为了共同研讨月球、火星和金星，1956 年 2 月在列宁格勒举办了一次国际会议。20 世纪 50 年代，苏联的各种媒体都充斥着关于未来卫星飞行计划的讨论，

稍后还讨论了去往月球和就近行星的旅行。到 10 月 4 日，苏联公民已经准备好发射第一颗卫星了。他们与美国平民不同，对此事件毫不惊奇，但这不代表他们不为此感到骄傲。谢尔盖·赫鲁晓夫（Sergei Khrushchev），苏维埃领导人之子，曾宣称他这一代人是读着托尔斯泰和佩雷尔曼的科幻小说长大的。发射地球卫星并非是异想天开：用不了多久，我们一直等待的工程师们就会将梦想变成现实[4]。

1.5　太空时代的金星

大家都希望造访哪些行星呢？金星是古代天文学家们耳熟能详的。意大利人伽利略·伽利雷（Galileo Galilei）在 1610 年用自制的望远镜首次观测到了金星星相。俄国人米哈伊尔·罗蒙诺索夫（Mikhail Lomonsov）（1711—1765 年）于 1761 年首次发现该行星有大气层环绕，他预计该大气层至少与地球大气层一样厚，且有可能更厚[5]。

望远镜观测到的新月状金星

早期的天文学家们发现金星是个非常令人沮丧的天体。大部分人很快得出结论，说这颗行星笼罩着厚厚的云雾。即使这样还是有一些有慧眼和洞察力的天文学家绘制和公布了其地图，展示了其地块、大陆和海洋。经过计算，人们发现金星的大小与地球相似，其直径为 12 104 km，而地球直径为 12 756 km。金星的轨道距离太阳平均为 1.082 亿 km，而地球距离太阳 1.49 亿 km。厚厚的云雾使得金星的自转周期难以计算，这一难题直到 20 世纪末期才得以解决（243 天）。20 世纪 30 年代迎来了一个重大突破，当时观测者在位于美国威尔逊山天文台的望远镜上加装了滤光片，试图表征金星的大气层。结果他们发现金星大气层里存在大量的二氧化碳，说明其表面温度很高。正是在这时，出现了一幅通俗画作——画面的一半描绘了干燥的火星，火星人将剩余的水分藏在水渠中；对称的另一半描绘的金星是一个湿淋淋、冒着热气、多沼泽的、松软石炭系的行星，像刚果的丛林地带一样。这幅作品创作于 1918 年，作者是诺贝尔化学奖获得者——瑞典人斯范特·阿列纽斯（Svante Arrhenius）。

接着出现的是加夫里尔·阿德里阿诺维奇·季霍夫（Gavril Adrianovich Tikhov）（1875—1960 年），虽然他在西方国家没什么名气，但却对太空时代人们对金星（以及火星）的看法有很大影响，并反过来影响了早期探索项目的方向。他于 1875 年 5 月 1 日出生于明斯克州的斯莫列维奇（Smolevichi），父亲是一个火车站站长。当时的他是一颗希望之星，在 1893 年从辛菲罗波尔大学预科毕业时，就荣获了一枚金牌，不知何故他又去莫斯科大学就读了四年数学。

加夫里尔·季霍夫

1897 年，他从莫斯科大学毕业后与柳德米拉·波波娃（Ludmila Popova）完婚，之后旅居在法国——1898—1900 年间他应聘为巴黎大学教员。在巴黎大学里，天文学引起了他的注意，结果成为默东天体物理观测站站长朱尔斯·詹森（Jules Janssen）的助手。加夫里尔·季霍夫在观测站首次告诉世人，天文学不是仅仅从书本上就能学到的，并开始展现自己勤于实践的优点。1899 年 11 月 15 日，他同俄国天文学家 A·P·甘斯基（A. P. Gansky）和法国同行一起乘坐热气球升空观测流星，之后为了更好地观测天空，他又登上了勃朗峰①。

　　回到莫斯科后，加夫里尔·季霍夫就地竞聘了数学教员来谋生。没过多久，天体光谱仪先驱 A·A·别洛波尔斯基（A. A. Belopolsky）邀请他到圣彼得堡的普尔科沃天文台工作，他便在那里开始攻读天文学和测地学硕士学位，并于 1913 年取得学位。在普尔科沃天文台，他是第一个开始用 76.2 cm 的望远镜研究行星的人，时间是 1909 年。而别洛波尔斯基则是首先采用滤光片来增进我们对星体认识之人，但是将其应用于观测火星表面的人却是季霍夫。

　　战争中断了季霍夫在天文学方面的研究，他于 1914 年进入中央航运导航站工作。在那里他应用自己的观察技巧，开发可用于军事照相侦察的航空摄影设备。他开发的多款系统受到广泛好评，英国和法国空军相继用上了它们。他在 1917 年被征兵入伍前，写了第一本有关航空侦察的教科书，名为《摄影技术的改进与视觉空中情报》（*Improvement of photography and visual air intelligence*）。

　　战争结束后，加夫里尔·季霍夫于 1919 年重返普尔科沃天文台工作，并兼职圣彼得堡（后来的列宁格勒）大学的讲师一直到 1941 年，他都就任为天体物理系的系主任。在这期间，他于 1927 年入选科学院，并在 1935 年被授予哲学博士学位。1941 年，他动身前往中亚地区观测日食，结束后就留在了当地，因为那里有许多在战争期间疏散过来的顶尖科学家。

　　二战结束以后，当地政府邀请季霍夫筹建哈萨克科学院。这个职位非常适合他，虽然大部分撤离出来的科学家都乐于返回莫斯科和俄罗斯的其他地区，但还是有一些人愿意留下来。后来，阿拉木图（Alma Ata）成为了苏维埃天文学领域的一个优秀的一流研究中心。

　　1947 年，季霍夫建立了世界上第一个天体植物学（现在称做宇

---

① 阿尔卑斯山脉的最高峰。

宙生物学）系并亲自担任系主任。他的观测站里配备有专门用来观测月亮和其他行星的口径为 20 cm 的马-卡式望远镜（1964 年换成了 70 cm 口径的）。季霍夫研究方法的核心观点是，各大行星上都有丰富的植物，而且他相信通过自己的观测能够预示这些植物生存的特征。尽管他的某些断言在现在看来是异想天开，但季霍夫仍不失为一位严谨的观测者，他的技能早已成功地应用于航空摄影中，他的观测站也吸引了众多来自苏联各地的年轻大学毕业生。季霍夫常常带着他们到大山里去进行考察，以便研究各种植

加夫里尔·季霍夫在普尔科沃天文台

物在严寒、高海拔和稀薄空气状况下如何存活下来。在季霍夫的每次演讲中，他都声明与地球中心主义（即太空中的生命必定是地球上生命的翻版）为敌，并争辩道："两种生命肯定存在多种不同的形态"。按照小说家戴维·达林（David Darling）对季霍夫的论述，他本人对覆盖着冰层的木星卫星上存在生命的观念，丝毫不感到惊讶[6]。

季霍夫是一致公认的恒星色彩和恒星亮度变化研究专家。他既是一个多产作家，又是一个天文学普及推广者，一生中出版了超过 165 种图书、文章和论文，包括一本自传《同望远镜相伴的六十年》（*Sixty years at the telescope*）（1959 年）。他最著名的著作当属《天体植物学》（*Astrobotany*）（1949 年）和《天体生物学》（*Astrobiology*）（1953 年）。后来他将注意力转向金星，借助滤光片分析金星的光谱。他预测，由于金星周围具有厚厚的大气层，那里

的植物应当是蓝色的，而不是像地球上那样的绿色。

在太空时代来临之际，季霍夫促进了苏联对行星研究的恢复。20 世纪 50 年代，用望远镜研究金星的人越来越多，其中的俄罗斯天文学家 N·A·科济列夫（N. A. Kozyrev）特别出众。那时，人们对金星的看法还是很乐观的。预计其地表温度在 60～76 ℃之间，存在大量的水。

加夫里尔·季霍夫的《天体生物学》

1961 年季霍夫的这一传统观念却受到了科学院 V·贝卢索夫（V. Beloussov）的挑战，后者断言，金星是一颗炎热、古老、没有生命的行星，到处都是沙丘和火山。时任科学院副院长的姆斯季斯拉夫·克尔德什（Mstislav Keldysh）便请求普西诺天文台的射电天文学家，用其 22 m 口径的碟形天线扫描金星表面，试图确定其温度。美国和世界上的其他国家也进行过类似的试验，包括美-俄联合试验，但结果都是不充分、变化无常和缺乏决定性，但普遍认为金星表面温度在 300 K～600 K 范围（K 是绝对零度的量度，抑或零下 274℃），差别是相当大的。

而持不同意见的科学家 I·S·什克洛夫斯基（I. S. Shklovsky）曾私下断言，火星的卫星火卫一（福布斯，Phobos）和火卫二（戴莫斯，Deimos）都是人造的；他预测金星是黑暗的、炙热的、没有水源的、大气层充斥着二氧化碳、地表温度（300 ℃）和大气压都很高[7]。20 世纪 50 年代末，谢尔盖·科罗廖夫首次设计金星探测器时，他假设金星的大气压为 1.5 到 5 个标准大气压，温度为 75 ℃，空气由二氧化碳和氮气构成。直到 1966 年，苏联天体物理学家尼古拉·巴拉巴绍夫（Nikolai Barabashov）仍然坚持"金星上遍布海洋，是生命的摇篮，与数百万年前地球上的进化形态差不多"[8]的观点。

1.6　太空时代的火星

古埃及人和古代中国人早就知道火星的存在，有亚里士多德（Aristotle）和托勒密（Ptolemy）记载的文献为证。随着 1659 年克里斯琴·惠更斯（Christian Huygens）首次绘制出各大行星的版图，伟大的天文学家布拉赫（Brahe）和开普勒（Kepler）跟踪观测了火星的运转状态。在 17 世纪，人们早已了解了火星轨道的主要特征，而且早期的天文学家们的有些观测结果惊人地精确，如火星的赤道直径为 6 794 km，自转周期为 24 h 37min，绕太阳一周需 687 个地球日，与太阳的距离在 2.07～2.49 亿 km 之间（平均 2.28 亿 km）等。

火星没有那种使金星混沌的云雾，它至少给观察者提供了希望，许多天文学家都曾设法绘制其地图。地球和火星每两年都会彼此相距很近地掠过（对冲），其中有些对冲靠得非常近，给观察创造了好机会。在火星靠近地球时，火星的微淡红色非常明显，而且很有可能看得出火星的极冠，以及分辨出火星地表上的较暗和较亮的区域。早在 1770 年，地球上的天文学家们就注意到了火星"火焰似的红色"，而且似乎"被一团很稠密的大气层包围着"[9]。

第一张可辨认的近代火星地图由乔万尼·斯基亚巴雷利（Giovanni Schiaparelli）于 1877 年发布，在前太空时代期间，由法国南峰天文台的亨利·卡米切尔（Henri Carmichael）发起的火星测绘竞赛宣告结束，而他汇集的图稿在 1958 年得到了国际天文学联盟的认可[10]。所以，与金星不同的是，地球人对火星大致的模样早有一定的概念，而这些概念可以通过空间探测器进一步证实（或者驳斥）。

火星天文学中不得不提的是美国天文学家珀西瓦尔·洛厄尔。他声称观测到了完善的水渠系统，并很快得出如下的结论：这肯定是在近代文明之前已经建成了（他推测这些水渠正处于竣工阶段，

目的是力求保存火星两极正在减少的水）。他个人的这些见解发表在
《火星》（*Mars*）（1895 年）、《火星运河》（*Mars and its canals*）
（1906 年）、《火星，生命的摇篮》（*Mars as the abode of life*）（1908
年）等著作中。1908 年最后出版的 H·G·威尔斯编著的《星球大
战》（*War of the worlds*），导致了一系列围绕着火星人是好人还是
坏人的火星科幻小说得以流行。虽然大部分科学家都很难接受这颗
红色星球上有文明人居住的观点，但这颗星球上有可能居住着某种
形式的生命的观点，却深深地印在了广大民众的脑海里，并且成为
了洛厄尔的历史遗产。就在第一组宇宙探测器抵达火星不久之前，
美国国家科学院还断定"火星上有鲜活的生命是完全合理的"。

　　加夫里尔·季霍夫从 20 世纪 30 年代起，就一直在列宁格勒的
普尔科沃天文台观察火星。火星的颜色——红、棕、绿三色——激
起了他将这些颜色与从太空看地球会是何种颜色进行对比。他将火
星所呈现出的颜色想象成苏联北寒带的颜色，因为那里有积雪、山
脉、土壤和植被。因此，火星可能类似于地球的北纬地区。从 20 世
纪 50 年代中叶起，季霍夫开始对火星的季节性变化进行光谱分析，
直至其生命终结。他还曾受邀就"火星上是否有生命？"这一主题举
行公开讲座。现在，也许有人会嘲笑季霍夫对金星的看法，但是人
们给予他应有的评价多于他那不恰当的总体研究。他的观点在当时
不流行，即生命可在非地球般的环境下生存。他指出，即便是在地
球上，有些植物无氧气照样存活，它们喜好氨气。同时他还为自己
争辩道：火星人也可能认为地球上有生命是不可能的，因为我们都
会被氧气窒息死；火星上有生命是可能的，正如地球的寒冷高原上
也会存在生命一样。季霍夫穿越俄国南部地区几千公里到西伯利亚
北极圈考察达 15 次之多，目的是为了揭示生命在极端环境下也能生
存和繁殖。因此，在俄国的火星探索中，搜寻星球上的生命就成为
了主导性的早期课题。季霍夫于 1960 年 1 月 25 日在哈萨克斯坦境
内的阿拉木图去世，享年 85 岁。

　　由于季霍夫的上述观点，导致他所在的部门没有参与首批火星

和金星探测器所用仪器的实际设计。在这一点上，让维尔纳德斯基（Vernadsky）学院占了先机[11]。该学院地处莫斯科市中心，有多位科学家为首个月球、金星和火星探测器设计了多种仪器。从1961年开始，维尔纳德斯基学院就组建了行星地质化学实验室，由俄国最著名的科学家之一的尤里·苏尔科夫（Yuri Surkov）带队，形成仪器化规划，并全程记录相关结果。

在20世纪60年代的初、中期，人们对火星的传统印象是：这是一颗相对亲切的星球，并推算出其大气压为80～120 mbar量级（116 mbar是人们较常引用的数值），这一推算结果包含了像苏联巴拉巴切夫（Barabaschev）和塞金斯卡娅（Sytinskaya）那样的天文学家的研究成果。《宇宙航行大百科全书》（*Encyclopaedia of Astronautics*）记载的火星大气压为65毫米汞柱，气候温和，犹如加利福尼亚的温度[12]。虽然人们没再对人造水渠进行认真的考

尤里·苏尔科夫

察，但是他们完全赞同两极冰盖在春季融化，催生了季节性植被繁茂的观点。火星的大气层扰动太剧烈且冲刷过猛，致使那里不可能有大型山脉存在。科罗廖夫首次设计火星探测器时，是以火星温度在 −70℃～+20℃这一量级，并以主要由氮气与部分氧气组成的稀薄却十分有用的大气层为前提来处理的。

天文学家帕特里克·摩尔（Patrick Moore）在其《论火星》（*On Mars*）这部著作的"太空时代之前的火星"一章中，叙述了他自己在20世纪60年代初期，如何经常去伦敦大学讲授有关火星的知识，且后来证明他所讲的一切几乎全部是不正确的。在科学界，

将火星上的水渠视作近代文明象征的观念一直未得到完全认同，但却赞同这颗行星较为亲切这一观点。因为火星的大气层好像富含水蒸气，估计其主要成分与地球大气层相似，含有氮气。所有这些因素都表明：这颗星球至少能维持低级生物生存[13]。

1.7　行星际航行时代的序幕

　　苏联当时已经为第一次飞向其他行星做好了充分的准备。多亏了众多像儒勒·凡尔纳这样的外国作家和像雅科夫·佩雷尔曼这样的本国作家，使得俄国拥有了一段悠久的科幻史。其中幻想去其他行星旅行是经久不衰的主题，像《火星女王》这样的影片就吸引了一大批观众。在 20 世纪 20 年代和 30 年代初的苏联社会，航天的繁荣意味着飞往其他星球的观念基本上是不言而喻的事了。齐奥尔科夫斯基、灿德尔和孔德拉秋克等作家以他们令人敬佩的先见之明，将创造力与对物理学、运动机构和推进系统的实践理解相结合，为飞往其他行星打下了坚实的理论基础。俄国的天文学家们与世界上其他国家的天文学团队一样，各自都对金星和火星非常感兴趣，早在 18 世纪就对金星的大气层进行了探测和计量。加夫里尔·季霍夫开创了天体植物学理念，将探测行星地面上或地表下的生命作为行星际探索的第一要务。

参 考 文 献

[1]　For an early history of this period, see Riabchikov, Yevgeni: *Russians in space*. Weidenfeld & Nicolson, London, 1972.

[2]　Gorin, Peter A. : Rising from a cradle - Soviet perceptions of spaceflight before Gagarin, in Roger Launius, John Logsdon and Robert Smith (eds): *Reconsidering Sputnik - forty years since the Soviet satellite*. Harwood, Amsterdam, 2000.

[3]　One day we shall fly to Mars. *Soviet Weekly*, 27th August 1977.

[4]　Khrushchev, Sergei: The first Earth satellite - a retrospective view from the future, in Roger Launius, John Logsdon and Robert Smith (eds): *Reconsidering Sputnik - forty years since the Soviet satellite*. Harwood, Amsterdam, 2000.

[5]　Moore, Patrick: The *Guinness book of astronomy*, 5th edition. Guinness Publishing, Enfield, UK. 1995.

[6]　Darling, David: *Gavril Tikhov* at *http: //www. daviddarling. info. encyclopedia/t/tikov*.

[7]　Burchitt, Wilfred and Purdy, Anthony: *Gagarin*. Panther, London, 1961.

[8]　Russians contact planet Venus. *Irish Times*, 2nd March 1966.

[9]　Ferguson, James: *Astronomy*, Strahan & Co. , London, 1770.

[10]　Corneille, Philip: Mapping the planet Mars. *Spaceflight*, vol. 47, July 2005.

[11]　Hansson, Anders: *V. I. Vernadsky*, 1863—1945. Paper presented to the British Interplanetary Society, 2nd June 1990.

[12]　De Galiana, Thomas: Concise Collins *Encyclopedia of astronautics*. Collins, Glasgow, 1968.

[13]　Moore, Patrick: *On Mars*. Cassell, London, 1998.

第2章　第一阶段计划

终有一天我们将飞向火星。

——弗里德里希·灿德尔，1932 年

2.1　苏联火箭

从 1883 年康斯坦丁·齐奥尔科夫斯基的首部著作面世，到 20世纪 20 年代的太空热及 50 年代重新关注太空旅行，俄国已积累了很好的行星际飞行理论基础，但在实践层面进展又如何呢？

20 世纪 20 年代和 30 年代是见证苏联火箭技术在专业领域和非专业领域发展的年代。自 1928 年起，列宁格勒气动实验室（GDL）开始进行专业火箭研发。在随后的 10 年时间里，该实验室进行了数千次小型液体燃料火箭点火试验。GDL 成了格鲁什科的试验领地，他在 1931 年设计并进行了小发动机 ORM - 1 的首次静态试验。格鲁什科之后还对不同燃料进行了试验：不仅有常规燃料，如煤油，还有硝酸及其他接触即燃的燃料。他还在涡轮泵、冷却系统及节流阀等领域走在世界前列。截至 1933 年，气动实验室的工作人员已达到 200 人。

真正的首枚火箭试射是由莫斯科的 GIRD 业余爱好者组织完成的，该小组负责开展反应

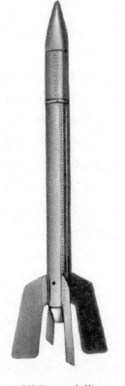

GIRD - 09 火箭

推进研究。小组负责人名为科罗廖夫，他日后成为了苏联最伟大的空间设计师。科罗廖夫 1906 年出生于日托米尔（Zhitomir），比格鲁什科大 2 岁。他先后从基辅理工学校和莫斯科高级技术学校毕业，之后成为火箭助推滑翔机领域的设计师、研发者和试验者。但他真正的兴趣却在火箭技术，他召集趣味相投者组成了 GIRD 团队。他们在周末走进莫斯科的森林地区对他们的最新研究成果进行检测。他在 GIRD 的亲密同事、日后成为苏联早期月球工程领军人物的米哈伊尔·吉洪拉沃夫（Mikhail Tikhonravov）研制出长 2.4 m、重 19 kg 的 GIRD-09 火箭，该火箭于 1933 年 8 月 17 日发射升空，这也是俄国发射的首枚小型火箭，但 3 年后的大清洗运动却让这一切走向终结。

2.2　德国的进步

首枚现代火箭并非由俄国发射，而是德国。事件发生在 1942 年 10 月 3 日，德国 1 枚 A-4 火箭从佩纳明德（Peenemünde）发射升空，以很大的弧线在波罗的海上空飞行 190 km，15 min 后坠落于海中。这是有史以来体积最大、功率最强、工艺最复杂的火箭。与体积较小的 GIRD-09 火箭相比，A-4 火箭长达 14 m，重达 12.8 t，有效载荷为 1 t。A-4 火箭由沃纳·冯·布劳恩（Wernher von Braun）设计研制，后被用于轰炸伦敦、安特卫普及其他城市，造成了灾难性的后果。

此时俄国的工程师已被德国火箭的研发步伐甩在了身后。1944 年 8 月，根据英国情报信息，吉洪拉沃夫被派遣到波兰的德比卡，在那里，波兰游击队员发现了德国 A-4 火箭残骸。他们在沼泽中发现了发动机和其他部件，并运回莫斯科。而当时发现的火箭制作质量、发动机尺寸、制作工艺及德国人在制导与控制方面解决难题的能力，都让俄国人吃惊不已。

1945 年苏联红军占领波罗的海沿岸后，苏联工程师蜂拥而至搜寻德国 A－4 火箭残骸及其他战时火箭研究成果。随着俄国同美国、法国与英国的矛盾加深以及他们间的相互竞争不断加剧，一场毫无尊严的对德国科技遗产的掠夺发生了。1945 年 10 月，科罗廖夫的软禁很快结束，紧接着格鲁什科也被释放。俩人均参加了英国人从德国库克斯港搜寻到的 A－4 火箭的试射。苏联红军将在佩纳明德逮捕的德国人及其家属全部押至莫斯科和列宁格勒之间的谢利格尔湖地区。在佩纳明德，俄国人还震惊地发现了一个笔记本，这个笔记本就是 1942 年从躺在莫斯科大雪中的孔德拉秋克身上捡到的。

在斯大林建造远程军用火箭的强大雄心推动下，其关键技术发展很快。1946 年，苏联成立了首席设计师委员会，委员会由新当选的首席设计师科罗廖夫领导，之后成立的 OKB－1 设计局（Opytnoye Konstruktorskoye Buro）专门负责领导该项目。伏尔加格勒迅速建立起了卡普斯亭亚尔试验场，1947 年 10 月起，多枚德国 A－4 火箭从这里发射升空，而俄国的反向工程设计型——R－1 火箭则于 1948 年 10 月发射升空。

2.3 R－7 火箭

1950 年 12 月，斯大林要求科罗廖夫研制能跨洲向美国投放核武器的洲际弹道导弹（ICBM）。这是科罗廖夫设计的第 7 款产品，因此定名 R－7（R 指的是火箭号或俄罗斯火箭）。这里很有必要对 R－7 火箭进行详细说明，因为该型火箭在 1964 年前的火星工程及 1972 年前的金星计划中都起了重要的作用。20 世纪 50 年代洲际弹道导弹相对于 A－4 火箭的进步，就犹如当年 A－4 火箭对于 30 年

谢尔盖·科罗廖夫

代业余火箭 GIRD-09 的进步一样，科罗廖夫也成为 R-7 火箭的幕后决策人。R-7 火箭是当时世界上最大的火箭，它使用液氧和煤油混合燃料，相对于使用酒精燃料的 A-4 火箭来说这是一个巨大的进步。这时气动实验室的格鲁什科带领他的 OKB-486 设计局设计和制造出了功率更大的发动机。

　　R-7 火箭的真正突破在于——在有 4 个发动机的芯级（Block A）外，还有 4 个同样的侧面级（B、V、G、D）捆绑在四周，这被称为捆绑设计。这种设计理念首先由齐奥尔科夫斯基提出，吉洪拉沃夫于 1947 年对其进行了改进。这样一次可以发射多达 20 个发动机，侧面级在飞行 2 min 后脱落，之后 Block A 携带有效载荷进入轨道。科罗廖夫和吉洪拉沃夫设计的 R-7 火箭的推力达到 600 t，这可以将 1 t 的军用载荷投掷到敌方领土，或将 1 350 kg 的载荷送入轨道。R-7 火箭首先需要平移至发射台，之后倾斜着竖起，并由固定臂固定。点火前 1 min，固定臂张开，点火后，R-7 火箭达到所需的推力后便腾空而起，而固定臂在之后恢复原状。对苏联而言，向美国隐藏洲际弹道导弹具有重要意义，因此苏联决定在哈萨克斯坦沙漠地区重新建造发射场。拜科努尔（Baikonour）被选定，尽管选址距离真正的拜科努尔还相距 370 km；设想一下如果发生核战争，美国有可能已经轰炸了拜科努尔周边无辜的居民，但拜科努尔发射场仍会安好无损。

R-7 火箭参数

长度	33.5 m
直径	10.3 m
总重	279.1 t
其中　结构	26.9 t
推进剂	256.2 t
起飞推力	407.5 t
Block A 燃烧时间	320 s
Block B、V、G、D 燃烧时间	120 s

2.4 地球卫星理念

苏联早期的空间计划目标并不明确。R-7 火箭是作为洲际弹道导弹出现的。也正因如此,它才被苏联领导人斯大林及其继任者赫鲁晓夫所重视。科罗廖夫和吉洪拉沃夫在以此为目的设计 R-7 火箭时,更希望能用火箭将卫星送入轨道。1953 年斯大林逝世后,才得以公开探索这种可能性。

1954 年,科罗廖夫和吉洪拉沃夫组建了一个地球卫星设计团队。次年,该项目通过了科学院和政府的批准。各项设计相继展开,起初的计划是发射一颗大型科学卫星,即 D 计划,质量将达到载荷极限,即 1 350 kg。而美国宣布国际空间物理年的举动更是加快了苏联的卫星研制进程。1956 年 12 月苏联简化其工程并决定设计名为初级卫星(PS)的小型卫星。当时真正的问题并非来自卫星,而是没有可用的火箭。那一年,R-7 火箭在扎戈尔斯克完成静态试验,但在 1957 年夏天实施的 3 次发射试验均以失败告终。1957 年 8 月,R-7 最终向太平洋方向发射了亚轨道载荷。

苏联媒体对其卫星项目进行了公开报道,其中对前 2 次发射任务的全部细节进行了提前报道。1957 年 9 月在纪念齐奥尔科夫斯基诞辰 100 周年时,相关报道达到了高潮。然而,除了美国情报机构,其他西方国家并没有认真对待此类报道。

1957 年 10 月 4 日,苏联的"人造地球卫星"(Sputnik)进入轨道,这在人类历史上是史无前例的。很多重大历史事件都会在当时立即产生反响,然后慢慢被淡忘掉,但"人造地球卫星"不同。俄罗斯《真理报》(Pravda)在第 2 天用整篇报道描述了此次发射,并标为"塔斯社公报"。在西方国家,英国广播公司在晚间新闻结束时宣布了此发射消息,但是其犹豫的声音透露出英国尚不清楚该如何恰当地应对此事件。

领导层的情况不得而知,但人民大众却是知道此次发射情况的。

吉洪拉沃夫的卫星团队

当科罗廖夫和他的同事从拜科努尔航天发射场经过长时间火车旅程返回时，民众蜂拥至站台拦截火车，要求与相关工程师相见。随着离莫斯科越来越近，大家的激动情绪愈加浓烈。此时，全苏联人民都在激动地讨论这一非同凡响的事件，第 2 天，《真理报》再次进行了整版专题报道。美国人的反应像中风了一样，为了将该消息报道给国内读者，《纽约时报》使用了珍珠港袭击以来最大的版面进行报道。国会紧急讨论美国科技危机。"人造地球卫星"进入轨道后，它可以在北美寒冷的夜间被跟踪到，因此群众不分老少都走出院子观看这一奇景。卫星尾部长长的天线所发出的哔哔声，用简单的接收机就可收听到。很快，赫鲁晓夫便开始向外国领导人吹嘘苏联的成就，当看到对手意外的反应后，这种满意便进一步膨胀。

2.5　行星际探测思路

充分利用广大民众对"人造地球卫星"的强烈反响，吉洪拉沃夫和科罗廖夫趁热打铁，于 1958 年 1 月 28 日致信苏共中央和政府，提议向月球发射火箭（又可称为月球探测项目）。1958 年 7 月 5 日又提交了更加详细的"开发外太空最有前途的工程"（当时也有其他报道，如"探索外空的初步考虑"，可能是翻译不同的原因）。这是一个庞大的计划，勾勒了太空探索的宏大计划，内容包括：

- 将无人飞行器送到火星和金星；
- 将 R-7 火箭升级为 4 级火箭以满足上述任务需求；
- 最终实现向月球、火星及金星的载人飞行；
- 开发关键路径技术以支持上述任务完成。

1958 年 7 月的备忘录特意指出，在 1959—1961 年间，在探索火星和金星过程中，苏联应当使用自动设备，并将照片和其他数据传送至地球。随后在 1963—1966 年间执行火星和金星表面探测。这里确定的关键路径技术包括研发行星际飞行所需的离子发动机和远程无线电通信系统。

吉洪拉沃夫

一个重要的考虑因素是火星和金星"窗口"。尽管太阳系的行星都沿相同方向以与黄道的相同夹角绕太阳转动，但是这些轨道的不同速度使得两颗行星都处于有时距离地球非常遥远的路径上。理想状态下，发射活动应当选在两颗行星在轨道上交错而过距离最近时执行，这时候地球到它们的距离将是最短的，故可将接收信号的概率最大化，而最适合发射的时间称为金星窗或者火星窗。一般而言，金星窗每 18 个月出现一次，需要 4～5 个月的任务飞行时间，而火星窗每 25 个月出现一次，需要 7～11 个月的任务飞行时间。鉴于行星的太阳轨道是不规则的，有点像椭圆形，因此在某个时候的窗口期会比其他时候更好。有时地-火距离相当近，这时发射需要的任务飞行时间短，且可以携载更多的载荷。以 2001 年为例，当时地球和火星的距离仅有 4 000 万 km，这时在北半球夜间均可以看到明亮的火星，这也是火星任务最好的发射窗，其他时间段的火星窗情况会相对不利些。这就迫使设计人员在载荷和转化时间之间进行权衡。而此时，火星的下一个发射窗口是在 1958 年 8 月，金星则在 1959 年 6 月。科罗廖夫希望届时可以将航天器发射至两个星球。

首颗"人造地球卫星"升空后不久（第 2 颗于 1957 年 11 月发射），科罗廖夫开始规划更长远的任务。第一次月球任务被定在了 1958 年，为了达到此目的，需要为 R - 7 火箭设计一个更小的火箭上面级，以确保能够以更大速度将航天器送到更远的地方。地球轨道要求的速度是 7 km/s，而月球（或行星际）任务要求的速度为 11 km/s。

科罗廖夫将设计火箭上面级的任务交给两名火箭工程师，即瓦连京·格鲁什科和西蒙·科斯伯格（Semyon Kosberg）。格鲁什科曾为 R - 7 火箭设计 RD - 107 和 RD - 108 发动机，他设计的功率更大的上面级名为 RD - 109，设计代号为 8K73；科斯伯格（1903—1965 年）设计的产品名为 RD - 105，项目代号为 8K72。他们的工作是在 1958 年初完成火星和金星探测器的初步设计，并于 1958 年 8 月和 1959 年 6 月分别向火星和金星发射重达 500 kg 的航天器。火星和金星的发射窗口的计算工作是由米哈伊尔·吉洪拉沃夫在苏联科学院副院长、著名应用数学家姆斯季斯拉夫·克尔德什的协助下完成的。

轨迹计算者——姆斯季斯拉夫·克尔德什

不久 OKB - 1 设计局意识到，1958 年 8 月执行火星探测任务的目标无法完成。直至 1958 年 9 月 2 日发射首颗月球探测器时，科斯伯格负责的使用 RD - 105 发动机的 8K72 上面级仍未准备就绪。科斯伯格设计的 RD - 105 发动机使用了氧气和煤油燃料，其推力达到 49 kN，速度达到 3 099 m/s。1958 年 10 月 12 日的第 2 次测试工作失败，之后火箭项目暂时停止直至失败原因查明，但 1958 年 12 月 4 日的第 3 次发射同样以失败告终。

关于上述研发进展的消息传到了西方国家。1958 年前的苏联太空项目信息都是非常公开的，在"人造地球卫星"任务执行前都进行了提前报道，报道内容还包括项目的技术详情。报纸对苏联太空探索项目进行了广泛讨论，并刊登了多位设计者所著的文章。前两次"人造地球卫星"发射之前，均发布了系列公告，内容包括任务情况、轨道信息、频率和技术要素等。因为信息公布过多，所以发射任务完成后，民众并未感到惊讶。一个显著的例子是 1959 年 1 月 10 日，陈纳托利·布拉贡拉沃夫（Anatoli Blagonravov）院士表示希望 6 月能够将重达 340 kg 的载荷送入金星轨道，而这也正是当时大家所关注的。

但这之后关于苏联空间探索意图的公开报道基本停止。1958 年，苏联政府机构就太空项目的报道方式出现了激烈争论。当年 4 月，苏联试图发射原定 1956 年发射的重达 1 300 kg 的 D 项目卫星。当发射失败后，当局决定不对外宣布任何关于任务失败的消息（最终发射活动在 5 月进行）。很显然，科学和工业进步无法接受缺陷、退步或失败。但是对于过去数年间的情况，西方专家已经可以从多次发射失败的任务中找到原因[3]。

另一方面，苏联航天专家的信息开始对外保密。除了已被西方国家熟知的一两名科学家外，苏联科学院参加国际会议的专家信息不再对外透露。作为总设计师的科罗廖夫、发动机总设计师的格鲁什科和总理论家的吉洪拉沃夫的相关信息慢慢不再见诸报端，之后苏联干脆将载人航天项目宣布为"全体苏联人民的共同成就"。关于上述两项决定，苏联共产党总理论家米哈伊尔·苏斯洛夫（Mikhail Suslov）和科学院副院长克尔德什曾进行大量争论，最终苏斯洛夫胜出。相似的争论也曾在美国出现，即争论载人航天项目是否保密并作为军事机密。当时美国总统艾森豪威尔（Eisenhower）顶住巨大压力，坚持自己的一贯立场，宣布载人航天项目是民用项目，应当公开进行。

2.6 首艘宇宙飞船

最终，在8K72工程支持下，苏联于1959年1月2日发射了首艘宇宙飞船（Cosmic Ship）（之后被称为月球1号）。该飞船未完成预设目标，但却意外成为苏联进入行星际空间和太阳轨道的首艘飞船。首艘宇宙飞船携载了测定辐射、磁场和陨石的设备。

首艘宇宙飞船携载设备包括：

·行星际物质气体成分探测设备；

·（地球和月球磁场）磁强计；

·测量大气质子和光子、初级宇宙辐射圈中所含的重核和宇宙射线强度的变化的宇宙辐射探测器；

·1 kg钠蒸气。

月球1号自地球发射，在离开地球34小时后掠过距月球5 995 km处进入位于地球和火星之间的太阳轨道，也完成了苏联首次行星际任务。飞行途中，月球1号发现月球不存在磁场，而太阳释放出强烈的电离等离子体，标志着人类正式发现太阳风。出于同样的原因，月球4号和月球6号在一段时间后相继进入太阳轨道。而美国的首个月球探测器——先驱者4号则于2个月后进入太阳轨道。1960年3月，专在太阳轨道运行的美国深空探测器——先驱者5号发射升空。

在前4次月球任务中，前3次彻底失败，第4次任务则出现了错误。这不能归咎于科斯伯格，因为只有首次宇宙飞船任务使用了他所设计的发动机。这样看来，1959 年 6 月的金星任务也难以实现。因为格鲁什科一直未能设计出功率更大的 RD‑109 发动机，也未生产相关原型，因此该项目于 1959 年被取消。

2.7　规划首次金星和火星任务

不久后，大家意识到，1960 年的火星窗口期和 1961 年的金星窗口期将是更好的选择，而且准备工作也不需要仓促进行。早期阶段大家发现一个关键问题，即如果直接执行火星和金星任务，窗口期问题会显得很紧张，同时也极大限制了载荷。如果直接发射，即使在初始阶段很小的发射轨迹差错，都可能在任务中被无限放大。此时，科罗廖夫手下的设计师格列布·马克西莫夫（Gleb Maksimov）提出对计划进行修改，马克西莫夫经过计算认为，前期可将航天器送入地球停泊轨道，以争取任务的灵活性。事实上，通过这种方式，任务的起点将从地面固定发射点变成地球停泊轨道的任意一个点。另外，使用停泊轨道还可达到增加载荷的目的，甚至可实现初期预设的 200 kg 载荷的倍增。但遇到的问题是，需要首先将一个强大的火箭级送入地球轨道，同时发动机将在进入地球轨道后的一段时间内点火。这看起来是个小细节，但事实上却是个技术难题，因为在失重状态下点燃推进剂无疑是一项艰巨的挑战。

1958 年初至 1959 年 8 月，苏联科学院数学所应用数学部已就 1960 年 10 月实施的火星任务及 1961 年 2 月的金星任务进行了必要的计算。他们最后得出结论，在上述时间窗口可分别向火星和金星发射 500 kg 和 643 kg 的探测器。当时的领导者作出决定，要在每个发射期发射至少一艘飞船，这个计划将一直执行到 20 世纪 80 年代。经过计算，多次发射的费用仅比单次发射多 15%～20%，而多次发射可能产生更多的积极效果[5]。

第一艘宇宙飞船

格列布·尤里·马克西莫夫

马克西莫夫同时提出标准航天器设计概念，这种概念也得到了采纳，即多批次生产飞船，但根据具体任务要求调整飞船携载的设备。他提出的生产模式被命名为火星/金星任务第1系列飞船，简称1MV系列。他还说服科罗廖夫，在行星际航天器上安装中途修正发动机，对轨迹进行调整，同时在行星际空间部署大型抛物面天线，以将所获数据中继传送至地球，这也是任务最重要的一个环节。

　　碰巧的是，此时向两颗行星发射的飞船可以在1961年5月的第三周同时抵达目标，火星探测器将在1961年5月13日和15日到达目标。科罗廖夫随后向政府提交了"太空研究发展"第1系列计划，并于1959年12月10日获得政府批准。随后政府成立了一个跨部门的科学技术委员会，负责监管即将实施的项目，委员会的成员包括：克尔德什（主席）、科罗廖夫、布拉贡拉洛夫、康斯坦丁·布苏耶夫（Konstantion Bushuyev）（克尔德什助手）、格鲁什科、米哈伊尔·梁赞斯基（Mikhail Ryazansky）、尼古拉·皮柳金（Nikolai Pilyugin）、米哈伊尔·扬格利（Mikhail Yangel）、格奥尔吉·秋林（Georgi Tyulin）和弗拉基米尔·巴明（Vladimir Barmin）。

　　1960 年 2 月 28 日，科罗廖夫批准了第 1 系列飞船任务发展计划，并制定了下列时间表：2 个星期内完成设计草图，4 月完成制造工作，6 月完成集成工作，8 月完成测试工作，9 月将飞船运至发射点。1960 年 3 月 15 日，科学院副院长克尔德什批准了名为《火星任务航天器设计》的文件，提出从 5 000～30 000 km 高度为火星拍照的要求，同时飞船还需携带植物和动物生命探测设备。具体仪器包括：

　　• 对火星拍照的 750 mm 相机，可识别火星表面 3～6 km 的目标，照片尺寸规格为 50 mm×150 mm；

　　• 探测火星表面植物和其他有机物质的红外设备；

　　• 紫外线设备。

　　有关部门之后再次对任务进行了理论计算，并于 1960 年 4 月发布了《关于第 1 阶段火星飞船任务轨迹的精确预测》，并计算出 1960 年 9 月 27 日为最佳发射窗口期。

2.8　火星和金星探测器所用的火箭

　　马克西莫夫制定了 8K72 项目的取代计划，包括设计功率更大的上面级，利用地球停泊轨道等，这样可将更大的载荷送到行星。R-7 火箭后继型的建造于 1960 年 6 月 4 日获得政府批准，项目代号为 8K78。制造工作需在 3 个月内完成，所幸的是部分部件的研发已经先期展开。

　　8K78 项目是一个关键进步，它也成了苏联航天项目的基石，该项目的衍生产品在时隔 50 年后仍在空间运行。包括 8K78 项目衍生产品的 R - 7 系列火箭也创造了火箭发射的历史，它拥有多个型号，截至 2005 年已完成共计 1 700 次任务。2007 年，欧空局在法属圭亚那的库鲁新建了一个发射场，标志着 R - 7 火箭正式踏上新征程。

8K78 工程的主要成就如下：

• 格鲁什科的 OKB - 453 设计局对 RD - 108 发动机的 Block A级、RD - 107 发动机的 Block B、V、G、D 级进行了改进，提高了增压率并加大了容积，这些将推力提升了数个百分点。

• 科斯伯格的 OKB - 154 设计局在 R - 9 导弹第 2 级的基础上研发了新的上面级，即第 3 级（Block I），名为 RD - 0107 或 8D715K。该发动机使用了氧和煤油燃料，推力达到 67 kN，速度达 3 334 m/s，燃烧时间达 200～207 s。

• OKB - 1 设计局的瓦西里·米申（Vasili Mishin）设计了全新的第 4 级（Block L），即 S1.5400 发动机。Block L 长 7.145 m，是苏联第一种采用闭合热动力循环的火箭，使用常平架发动机控制俯仰和偏航，用 2 个游动发动机调节滚动。该型发动机使用液氧和煤油燃料。

8K78

• 新型 I - 100 和 BOZ 制导与控制系统。

在这一新方案中，前三级首先将 Block L 及其载荷送入地球轨道，Block L 将绕地球停泊轨道运行，之后从轨道点火脱离地球轨道并飞向目标行星。利用停泊轨道，Block L 火箭的载荷能力从 200 kg 提升至 1 000 kg（实际上首个系列火星和金星任务探测器的载荷能力为 600～800 kg）。在停泊轨道期间和行星际飞行期间所使用的制导系统均由梁赞斯基

（1909—1987 年）设计，他也是 1946 年成立的首席设计师委员会成员之一。

按照设计，Block L 级只能在真空条件下工作，在停泊轨道惯性飞行，然后点火飞向任务行星。BOZ（Blok Obespecheyna Zapushka）系统或点火保障系统负责控制点火系统。Block I 和 Block L 还使用了新型 I-100 定向系统，该系统由皮柳金领导的 NII-885 科研所研制。Block L 级的 S1.5400 发动机也是苏联首款可在真空状态下重复使用的火箭发动机，其助推时间达到 340 s，也开创了当时之最。发动机使用了铝合金，因此可在 700 ℃ 环境下工作。首批 S1.5400 发动机共生产了 54 台，全部通过了飞行试验。暂停稳定和定向系统可保证 Block L 级在飞向火星或金星的点火期间维持正确的角度，这是一个使用 10 kg 小型喷嘴的滚动、俯仰和偏航控制系统。Block L 研制项目由 OKB-1 设计局一名新晋工程师谢尔盖·克留科夫（Sergei Kryukov）负责。克留科夫毕业于莫斯科高等技术学校，他曾在战后作为小组成员赴德国搜寻 A-4 火箭残骸。

执行 1960 年至 1961 年间火星、金星任务的 8K78 火箭参数

总长		42 m
直径		10.3 m
总重		305 t
其中	机构	26.8 t
	推进剂	279 t
第 1 级（Block A）燃烧时间		301 s
第 2 级（Block B）燃烧时间		118 s
第 3 级（Block I）燃烧时间		540 s
第 4 级（Block L）燃烧时间		63 s

Block I 的研制于 1960 年 5 月完成。作为第 4 级的 Block L 长度更长。Block L 的设计于 1959 年 1 月提出，5 月完成设计蓝图。1960 年 1 月 20 日和 30 日分别完成了朝向太平洋的前 2 级及 Block I 的亚轨道试射，这次试射没有包括 Block L。当年夏天，Block L 在图-

104 飞机上完成模拟失重状态试验。复杂的 Block L 级的验证工作花费了更长的时间，其地面试验直到火星窗口期即 1960 年 10 月的第一周才完成。

2.9　跟踪系统

科罗廖夫和吉洪拉沃夫在早期报告中便强调了远程通信系统的重要性。为了实施"人造地球卫星"项目，苏联建立了一个由 13 个视觉和遥测跟踪站组成的跟踪网络，但是这些跟踪站并不适合深空通信。因此，苏联特别新建了一个接收和传送距离达到 3 亿 km 的系统。

事实上，远程跟踪系统已取得了一些进展，而且科罗廖夫在 1957 年亲自将选点定在了叶夫帕托里亚，他的主要合作伙伴是梁赞斯基。叶夫帕托里亚地处克里米亚半岛并靠近黑海，其纬度比较偏南，因此适宜跟踪行星。最初设施取名为火星-金星中心，但之后更名为 TsDUC，即远程空间通信中心。第 1 套设备于 1958 年建成，用于跟踪首个月球探测器。一个直径 22 m 的抛物面天线地面站竖立在克斯卡（Kochka）山上，临近西美兹（Simeiz）

米哈伊尔·梁赞斯基

天体物理观察站，该地面站于 1958 年 9 月投入使用。

TsDUC 系统实际上由 2 个地面微波站组成，包括 2 个下行接收机和 1 个上行发射机。2 个站均靠近克里米亚海岸，位于拥有一个机场的叶夫帕托里亚以西。微波站将接收机接收到的数据传送至辛菲罗波尔，然后继续传至苏联境内的其他地点。关于当时建造雷达站的地点和时间并没有清晰的记录，因为苏联要想方设法确保美国无法掌握相关情况。尽管有消息称当时苏联建设了 1 个抛物面天线，但是相关的细节却少之又少（据称重 1 000 t，差不多 12 层楼高）。我们可以知道的是，美国在 1962 年获知了叶夫帕托里亚雷达站的信息，但之前是否掌握尚不清楚。直到 1968 年 6 月美国的 KH-4 间谍卫星飞临上空拍到了叶夫帕托里亚雷达站，美国才掌握了详细情况。

当时叶夫帕托里亚雷达站的建设共经历了三个阶段，初始系统建设于 1960 年完工。称为土星系统的抛物面天线系统于 1963—1968 年间建成（直径为 32 m）。第 3 阶段中，Kvant 大型抛物面天线（直径为 79~85 m）于 1979 年建成，天线重达 1 700 t，也是当时世界上最大的可移动结构。

目前，2 组共 8 个 15.8 m 硬铝合金抛物面接收天线已在可移动结构上建成，其设计成可同时倾斜与转弯。2 个建在离美国所称的"北站"600 m 开外，另外一组为美国称之为"南站"的 Pluton 8 m 抛物面天线发送站。其中北站负责接收信号，南站负责传送信号。

在辛菲罗波尔的抛物面天线

北站规模较大，距离叶夫帕托里亚约 15 km，共有 27 座附属建筑环绕其外。为了建设该接收站，科罗廖夫被迫进行"即兴创作"。他想到了一个主意，用海军的老旧物件进行雷达站建设：从一艘废旧战舰找来回转式转盘装置，并找来一座铁路桥，从一个废弃潜艇获得外壳，因为抛物面天线雷达站需要很高的灵敏度。经计算，当首艘飞船抵达 1.12 亿 km 外的金星时，它传回地球表面的信号强度仅为 10^{-22} W/m^2。雷达站的工作频率为 183.6 MHz，922.763 MHz，928.429 MHz 和 3.7 GHz。

　　南站距叶夫帕托里亚较近，位于其东南方向约 9 km 处。它拥有一个结构相似但直径仅 8 m 的抛物面天线，其传输功率为 120 kW，传输距离为 3 亿 km。传送频率为 768.6 MHz。Pluton 发射机是当时同类中性能最强大的，它可以将 15 W 的信号传送给与金星相会的探测器。

　　尽管首席设计师叶夫格尼·古边科（Yevgeni Gubenko）在项目建设期间便过世，叶夫帕托里亚地面站还是于 1960 年 9 月 26 日正式投入使用，这时距离火星窗口期还有 6 天，距离 27 日最佳发射窗口还有 1 天。当时地面站的设备比较简陋，地面控制台用的是教室课桌，里面堆满了计算机设备，毕竟现代化的幕墙式显示系统直到 20 世纪 70 年代才配备。但是，它还是拥有当时世界上最强大的探测跟踪能力，这种领先优势一直持续到美国国家航空航天局于 1966 年研制出名为金石的抛物面天线。准确来讲，TsDUC 由西站（叶夫帕托里亚）和东站（乌苏里斯克）组成，东站靠近远东的符拉迪沃斯托克。因为东站一般不允许参观者靠近，因此外界对东站的情况并不了解。

Pluton 系统

在莫斯科任务控制中心于 1974 年成立之前，叶夫帕托里亚一直是俄国的航天飞行控制中心（不只是行星际探测任务）。一般情况下，设计师都是从拜科努尔航天发射场乘机直飞叶夫帕托里亚以对任务实施情况进行监控。相反，美国拥有一个遍布全球各地的跟踪站网络，在加利福尼亚、南非和安德里亚等地均建有抛物面天线地面站。由于苏联的行星际飞行只能依靠唯一的叶夫帕托里亚地面站，因此对探测器有两个重要限制。第一，对于遥远行星的探测信号需在该行星上升到地平面以上，且从叶夫帕托里亚可以看到该行星时发送，因此相关计算的精确度要求很高，且需提前数月进行。第二，由于叶夫帕托里亚地面站大部分时间都在视线之外，因此苏联并没有进行过连贯的深空信号探测，需要安排集中的通信期，这需要提前安排，并在叶夫帕托里亚和探测器处于一条直线期间进行。这些限制都需要使用计时器和精密控制、定位与信令系统。

科罗廖夫和他的同事试图克服叶夫帕托里亚地面站存在的缺陷。他认为如果缺乏可以在其境内部署抛物面跟踪天线的国家或者盟友，那就只能向海洋要空间。因此，苏联对 3 艘商船进行改造，用于执行第 1 阶段火星和金星任务的相关跟踪任务，3 艘船分别命名为伊尔切夫斯克、克拉斯诺达尔和多林斯克。它们主要跟踪预期发生在南大西洋上空停泊轨道上十分重要的（飞船）变轨。这些跟踪船起到了很好的补充效果，但是反过来也存在局限性。首先，船只无法携带地面使用的大型抛物面天线；其次，船只执行任务容易受到恶劣的海洋活动影响，在海浪滚动的海面难以执行连续跟踪任务。20 世纪 60 年代中期，Saturn P - 400 抛物面天线很好地补充了叶夫帕托里亚系统的不足。除叶夫帕托里亚外，拜科努尔、萨利沙甘（巴尔喀什）、西尔科夫（莫斯科）和叶尼塞斯克（西伯利亚）也都部署了 P - 400 系统。

火星和金星任务准备工作中的关键日期：

1958 年 7 月 5 日：米哈伊尔·吉洪拉沃夫和科罗廖夫，《开发外太空最有前途的工程》。

1959 年 1 月 2 日：首艘宇宙飞船发射。

1960 年 1 月 20 日：朝向太平洋发射的首次 Block I 亚轨道试验。

1960 年 1 月 30 日：Block I 朝向太平洋的二次亚轨道试验。

1960 年 3 月 15 日：克尔德什，《火星任务航天器设计》。

1960 年 4 月：克尔德什，《关于第 1 阶段火星飞船任务轨迹的精度预测》。

1960 年夏：Block L 在图 - 104 喷气式飞机上进行试验。

1960 年 9 月 26 日：叶夫帕托里亚 TsDUC 试运行。

2.10　20 世纪 50 年代载人火星计划

尽管苏联在积极准备 1960 年 9 月首架火星飞行器发射任务，但其同期还展开了更加雄心勃勃的载人火星飞行计划。

苏联关于 1956 年 9 月 14 日实现载人火星飞行的计划，现在看来可能有点不可思议。科罗廖夫在他的 R - 7 火箭尚未升空之前，便已制订了更加大型的火箭研制计划，即 N - 1 火箭，N 代表载体，其工程代号为 11A51。首个可将航天员送入火星的火箭草图最早于 1956 年 9 月 14 日在 OKB - 1 设计局完成，1957 年 7 月 15 日，该规划提交首席设计师委员会，但是未获通过。当时，计划研制的 N - 1 火箭能够将 50 t 载体送入轨道。

根据苏联领导层的决定，R - 7 火箭被设计为军用洲际弹道导弹，之后也被用于发射地球卫星，相反，N 系列火箭是一种通用火箭，有着更广泛的用途。科罗廖夫故意让 N 系列火箭的用途模糊化，甚至暗示该火箭可用于发射军用侦察卫星，以获得军方支持。

事实上，详细的资料及其演变情况均表明，科罗廖夫有意发展 N - 1 火箭并用于载人行星际飞行，这在科罗廖夫和克尔德什 1959 年 2 月 16 日提交苏联政府的解释性文件中可见端倪。两人在文件中呼吁制造重型火箭，用于发射行星际飞行器。1960 年 4 月 12 日在科罗廖夫提交给政府的描述未来苏联空间计划蓝图的文件草案中也提出，载人航天器应可携带 2 至 3 名航天员，可以绕飞甚至在火星或金星上着陆。其中的航天器重为 10～30 t，有效载荷为 3～8 t；在绕飞探索中，无人探测器将在目标上着陆；可以采用 3 至 4 艘飞船编队飞行的方式，其中一艘作为返回飞船。这些文件之后进行了修改，并再次于 1960 年 5 月 30 日提交政府。文件中，飞船项目被命名为 KMV 项目（Korabl Mars Venus），并附有 1962—1965 年的研发计划。

N－1 火箭项目在之后的几年陷入低谷，因为该项目不像 R－7 火箭那样有明确的军事用途，最终的结果就是军方不再支持该项目。在 1960 年 6 月 23 日情形发生了变化，当时苏联政府和党通过 715－296 号决议正式批准了 N－1 火箭项目，要求"在 1960 年至 1967 年间研制强大的运载火箭、卫星、宇宙飞船并探索宇宙空间"，这也是远程空间探索的关键计划。受早期苏联空间探索成就的鼓励及美国研发土星运载火箭的刺激，苏联政府决定成立一个工作组，并出台政府法令，授权研制诸如 N－1 的大型火箭系统，用于发射重达 50 t 的载荷。法令还授权研制液氢、离子、等离子及原子火箭。1960 年的决议还批准研制 N－2 火箭（工程代号 11A52），但要在研制液氢、离子、等离子及核发动机的基础上进行，这意味着需要更长的时间。1960 年的决议还提出了绕月和绕行星任务，而 N－1 火箭被明确赋予执行载人火星探测的发射和返回任务。

2.11　KMV 和 TMK 项目

特别要提出的是，1960 年的决议包括 KMV（Korabl Mars Venera）工程，该工程又称为火星-金星飞船工程，提出在 1962 年至 1965 年间实施绕火星和绕金星探测任务。马克西莫夫领导的 OKB－1 设计局 9 部的工程师们负责制定具体的任务，吉洪拉沃夫负责监管，成员也都来自 1954 年至 1955 年的卫星研制团队。团队成立之后加入了两位天才设计师——康斯坦丁·P·费奥克蒂斯托夫（Konstantin P. Feoktistov）和瓦列里·库巴索夫（Valeri Kubasov），两人日后均成为航天员。马克西莫夫和费奥克蒂斯托夫同于 1926 年出生（马克西莫夫 2000 年逝世，费奥克蒂斯托夫仍健在）。此次不是一项登陆任务，而是长达 1～3 年的绕行星任务，具体时间根据航行轨迹决定。不论政府是否有决议，类似的研究在1956 年便已在吉洪拉沃夫的指导下展开，起初项目命名为 MPK 或载人火星工程。

马克西莫夫经过研究后建议制造重型行星际飞船，又称 TMK(Tizhuly Mezhplanetny Korabl)，该飞船可在一年内飞经火星并返回。TMK 项目需要在地球轨道组装一个重达 50 t 的火星飞船，乘员需由 R-7 火箭分批运送至地球轨道站。飞船主舱设计为 3 "层"，最终将携载 2 至 3 名航天员飞近火星，这与后期长 20 m、直径 4 m 的礼炮号空间站有所不同。根据设计，飞船将携载太阳能电池板，并沿着自身的长轴旋转以产生重力，继而形成名为 SoZh 的生物圈，在这个生物圈中，藻类可将二氧化碳转化为氧气，食物可以生长，而人类粪便则可以分解。直径 4 m（准确地讲是 4.1 m）是苏联空间项目里常见的直径尺寸，这主要是因为 4 m 也是从莫斯科到拜科努尔铁路所能运送的物体的最大直径。

TMK 飞船有一个仪器舱，包括辐射防护层和通过旋转产生人工重力的离心机。居住舱直径为6 m。飞船还装备了一个可产生 7MW 电力的核反应堆。TMK-1 飞船的设计于 1961 年 10 月 12 日启动，根据计划飞船将于 1971 年 6 月 8 日发射。当 TMK-1 飞船飞近火星时，将把机器人投向火星。该计划后来发展为 Mavr 项目（火星 Mars

费奥克蒂斯托夫

和金星 Venera 的联合缩写），包含了飞近金星并返回任务。

即使在 OKB-1 设计局 9 部内部也存在竞争。首艘 TMK-1 飞船由马克西莫夫设计，计划用于执行绕火星任务。1960 年 4 月 20

日，马克西莫夫首次展示了他的设计，不久费奥克蒂斯托夫说服科罗廖夫，要求进行更加伟大的载人登陆火星项目。科罗廖夫此时想起了已逝的好友弗里德里希·灿德尔，同时也对项目非常感兴趣，因此要求两个团队加紧努力。费奥克蒂斯托夫的经历非常传奇。他于 1926 年出生在沃罗涅日，10 岁时便学习了齐奥尔科夫斯基的火箭方程式，并且精通数学和物理。战时他是一名侦察兵，后被德国人抓获并当作间谍处置。在头部枪伤治愈后，他于 1943 年进入鲍曼技术学院，并于 1949 年获得工程学位，之后成为空间设计师。他的个性极其鲜明，在一个将加入共产党作为评判是否效忠国家并作为晋升必要条件的国度里，费奥克蒂斯托夫并未入党。

费奥克蒂斯托夫领导的团队预言，要在地球轨道组装可携载 6 名航天员的载人航天器，需要使用由核动力推进的离子电火箭发动机。这是一项更为雄心勃勃的事业，需要 2 枚 N-1 火箭参与组装更大的结构。将有 5 个可移动平台登陆火星，一个钻探土壤，一个发射飞船，两个携载返程火箭用于返回地球，另外还有一个核动力发电机提供探索所需能量。这就如同一列火车发动机，拖曳其他平台在一年时间内在行星平面穿行。一个基地航天器将围绕火星运行。TMK 像一个根茎状物，一端是核动力工厂，一端是乘员生活区。TMK-2 飞船（有时叫做 TMK-E）长 123 m，直径为 19.6 m，重 75 t，载员 10 人。该飞船需要 7.5 kg 的低推力等离子体发动机将其推出地球轨道。

科罗廖夫和费奥克蒂斯托夫

　　根据科罗廖夫传记作者吉米·哈佛（Jim Harford）所述，N-1 TMK 的研究团队体现了科罗廖夫的想法。在首位航天员飞天之前，科罗廖夫便组建了强大的设计团队执行载人火星任务。科罗廖夫目光远大，他希望他的团队像他那样保持远见、热情和努力。TMK 火星研究是有史以来首次针对行星的载人研究任务，他们设定 N-1 火箭的载荷为 50 t，之后达到 75 t，以满足组装载人火星飞行器的需求。

　　这不仅仅是一项纸面上的研究。1961 年 5 月 3 日，OKB-1 设计局同意设计 TOS，或称重型轨道站，这也是设计 TMK 飞船的重要一步。科罗廖夫提出 TMK 先在地球轨道运行一年，之后启动火星飞行。直到 20 世纪 80 年代，西方国家才知晓 TOS 的存在，因为此时科罗廖夫的同事克尔德什出版了科罗廖夫所有的早期设计作品，名为《科罗廖夫留下的创造性遗产（1980 年）》[*The creative legacy of Sergei Korolev* (1980)]。直到此时外界才知道 TOS 并了解到其模型，外形像一个粗短的筒形物，该模型已在 OKB-1 设计局组装完毕。同样为外界所知的还有 1962 年 9 月科罗廖夫对费奥克蒂斯托夫和马克西莫夫设计所作的批注。关于建立火星飞行生物圈的会议于 1963 年 7 月 22 日召开，参会人员包括克尔德什、科罗廖夫及航天员大队指挥官尼古拉·卡马宁（Nikolai Kamanin）。

　　1959 年至 1963 年间 OKB-1 设计局的研制工作主要围绕火星任务设计展开。此时美国宇航局正在组织阿波罗项目。历史学家阿斯西夫·希蒂奇（Assif Siddiqi）指出，TMK 项目是真实存在的，它捆绑了太多资源，也是 N-1 项目的主要任务目标。如果苏联空间项目在 1964 年 8 月没有针对美国载人月球飞行而调整方向，苏联早在 20 世纪 60 年代就能将航天员送抵火星附近。尽管对于载人月球工程而言，N-1 的设计是存在问题的，但是该项目提出的在地球轨道开展组装完成火星探索的方案确是完美的。阿波罗计划虽然也很有雄心，但是科罗廖夫早已提出了更长远的计划。GIRD 小组的口号，像灿德尔所言那样，远不止是月球，他们的座右铭是"向火星进军"。

2.12　另一条道路：宇宙飞机

虽然从目前的角度看并不现实，但是 TMK 的确曾是那个时代的两项载人火星探索计划之一。

弗拉基米尔·切洛梅

在领导苏联政府的宇宙探险项目中，科罗廖夫有一个强有力的竞争对手，而这个人在其他国家甚至不为人所知，他就是弗拉基米尔·切洛梅（Vladimir Chelomei）。他的 OKB - 52 设计局在 20 世纪 60 年代进行的导弹项目及一系列太空军事项目为他赢得了声誉。他公然呼吁开展太空军事工程，因为他明白这样更容易争取到支持资源，而科罗廖夫一开始只想进行太空探索。

切洛梅比科罗廖夫年轻一点，他于 1914 年 6 月 30 日出生于西德莱茨，之后考入基辅航空学院，1937 年毕业后进入扎波罗热航空厂实习。他提出飞机发动机机械故障的非传统解决方法，随后便开始了终生的非传统方法解决工程问题的研究。1940 年他获得"斯大林奖章"，继而于 1941 年进入莫斯科巴拉诺夫中央航空研究所。1944 年，他成功地对德国 V - 1 脉冲发动机巡航导弹进行了反向研究并引起全国关注。从此以后，他便致力于巡航有翼军用导弹的研制，1955 年他成为列乌托夫 OKB - 52 设计局的负责人。1960 年，切洛梅认为其已有足够信心参与空间火箭项目，并与科罗廖夫及他的副手米申领导俄罗斯月球项目。

令科罗廖夫生厌的是，切洛梅在 1960 年 4 月向领导层提出一系列工程，并以此高调进入空间探索领域，而此时科罗廖夫正在实施自己的计划。切洛梅多次向国防部、军事工业委员会及赫鲁晓夫本人展示他的项目情况。经过一系列讨论，苏联政府和党于 1960 年 6

宇宙飞机

月 23 日批准了切洛梅的工程计划，包括建造电动行星际航天器
（Kosmoplan）、空间飞机（Rakeplan）和卫星拦截器。

　　这其中最切实际的当属宇宙飞机——用于执行火星任务的太阳
能电力宇宙飞船。切洛梅的设计是原创的，甚至是理想主义的，最
终还获得了"创新性思维"的绰号。宇宙飞机的外形酷似玩具滑翔
机，它有 2 个巨大的向外伸出的太阳能翼。宇宙飞机首先从地球进
入地球轨道，之后依靠等离子体发动机产生低推力，逐渐旋转上升
离开地球轨道并慢慢驶向火星，之后利用相同的技术返回。太阳能
和核能都曾被考虑用做能量源，当然等离子体推进发动机也是选择
之一。飞船顶部是一个圆锥形航天飞机，在再入地球大气层时，它
会张开一张大伞以达到缓冲的效果，并最终像飞机一样着陆。

　　宇宙飞船为一个包括两根杆子的长形框架，尾部装有发动机，
中部有 2 个圆柱体，其中的第 2 个通过在框架内旋转产生人工重力。
此项工程未能取得进展的原因在于等离子体发动机的研制需要大量
资金。切洛梅故意使用"飞机"（plan）一词来将自己的设计与科罗
廖夫的"飞船"（spaceship）区别开来，他认为科罗廖夫的计划就像
是在行走。事实上，切洛梅的很多观点已经超前。2003 年，欧洲发
射的 SMART－1 小型月球探测器证明了盘旋上升的可行性，再入大

气层护伞技术直到 2000 年俄罗斯才试验成功。

切洛梅的计划在 1960 年被证实和科罗廖夫的 KMV 工程相差无几。OKB - 52 设计局计划进一步研制宇宙飞机。但设计者们很快注意到了实际困难，并迅速将其注意力转向相对容易和见效较快的研究。1961 年 5 月 13 日，政府下发《关于修改空间项目计划以完成防御目标的指令》，决定推迟宇宙飞机项目，并将科罗廖夫 OKB 设计局的资源转移至切洛梅的设计局，以确保后者能够集中精力进行军用空间项目。切洛梅将更多的资源投入到他的空间帝国工程中，无论是否获得政府指令，宇宙飞机的研究在之后持续了至少 4 年。1969 年，火星女王（参见第 8 章：重返行星?）载人项目启动后，切洛梅的 OKB - 52 设计局和科罗廖夫的 OKB - 1 设计局就建造载人火星飞船的战役再次展开。

2.13　准备向火星和金星进发

综上所述，到 1960 年 9 月时，俄罗斯几近准备好首个火星探测器的发射。总设计师科罗廖夫在 R - 7 火箭及人造地球卫星首次发射后便立即说服政府开展行星际航天器的研究。必不可少的上面级直到 1958 年的首个火星窗口期及 1959 年的首个金星窗口期到来都未准备就绪，但这个空档期却为研制功率更强的 R - 7 火箭——8K78 工程提供了缓冲机会，研制出了新的上面级——Block I 和 Block L，跟踪站和跟踪船的基础建设也得到了加强。

尽管苏联在准备发射首个火星探测器，同时还进行了很多载人火星飞行准备工作，如 KMV 工程及之后的 TMK 工程。使用 N - 1 火箭的观点也于 1956 年 9 月首次获准，之后还组建了进行火星探索的第 2 个研究团队，进行火星载人探索及绕飞、着陆研究。马克西莫夫和费奥克蒂斯托夫提出的两项 TMK 设计与 N - 1 火箭的研制及 TOS 重型轨道站前期工作同期展开，雄心勃勃的切洛梅则提出了创新的宇宙飞机计划。

参 考 文 献

[1] Siddiqi, Assif: *The challenge to Apollo*. NASA, Washington DC, 2000;
Harford, Jim: *Korolev*. John Wiley & Sons, New York, 1996.

[2] For an account of the development of the R - 7 for interplanetary missions,
see: Varfolomeyev, Timothy: Soviet rocketry that conquered space.
Spaceflight, in 13 parts:

1. Vol. 37, #8, August 1995;

2. Vol. 38, #2, February 1996;

3. Vol. 38, #6, June 1996;

4. Vol. 40, #1, January 1998;

5. Vol. 40, #3, March 1998;

6. Vol. 40, #5, May 1998;

7. Vol. 40, #9, September 1998;

8. Vol. 40, #12, December 1998;

9. Vol. 41, #5, May 1999;

10. Vol. 42, #4, April 2000;

11. Vol. 42, #10, October 2000;

12. Vol. 43, #1, January 2001;

13. Vol. 43, #4, April 2001 (referred to as Varfolomeyev, 1995—
2001).

[3] Clark, Phillip S. : Launch failures on the Soviet Union's space probe
programme. *Spaceflight*, vol. 19, #7—8, July—August 1977.

[4] Don P. Mitchell has carried out significant research into the scientific
instrumentation carried by Soviet interplanetary probes, as well as the
allied areas of propulsion, cameras and telemetry. See: Mitchell, Don P.
(2003—4):

—Soviet interplanetary propulsion systems;

—Inventing the interplanetary probe；

—Soviet space cameras；

—Soviet telemetry systems；

—Remote scientific sensors；

—Biographies，at *http*：//*www. mentallandscape. com*.

[5]　Huntress，W. T. , Moroz，V. I. and Shevalev，I. L. ；Lunar and robotic exploration missions in the 20th century. *Space Science Review*，vol. 107，2003.

[6]　Varfolomeyev，Timothy；

—The Soviet Venus programme. *Spaceflight*，vol. 35，d2，February 1993；

—The Soviet Mars programme. *Spaceflight*，vol. 35，d7，July 1993.

[7]　Grahn，Sven；Yevpatoria—as the US saw it in the 60s. Posting by Sven Grahn at *http*：// *www. svengrahn. ppe. se* (2005).

[8]　For an account of Soviet tracking systems，see Mitchell，Don P. ；Soviet telemetry systems at http：//www. mentallandscape. com.

[9]　Zak，Anatoli；Martian expedition，*http*：//*www. russianspaceweb. com*.

[10]　Wade，Mark；TMK - 1. Encyclopedia Astronautica at *http*：//*www. astronautix. com*，2005.

[11]　Siddiqi，Assif；*The challenge to Apollo*. NASA，Washington DC，2000；Harford，Jim；Korolev. John Wiley & Sons，New York，1996.

第3章 第一阶段火星和金星探测器

> 当他们做了所有这些之后，是否意识到前面道路中等待的挑战？
> 最初不可避免的失败将让意志薄弱的人沮丧，也让公众的信心受挫。
>
> ——康斯坦丁·齐奥尔科夫斯基，1929 年

3.1 20 世纪 60 年代的 1 M 和 1 V 系列

第 2 章介绍了用于发射首个火星和金星探测器的新型 8K78 火箭，那么这些航天器具体是什么样子的呢？

1960 - 1 火星和金星探测器取名为 1MV 系列。首批火星、金星探测器分别取名为 1M 和 1V，其总设计师为谢尔盖·科罗廖夫，科技主管为科学院副院长姆斯季斯拉夫·克尔德什。这里需要介绍一下姆斯季斯拉夫·克尔德什。克尔德什背景显赫，他的父亲费谢沃洛德·M·克尔德什（Vsevolod M. Keldysh）（1878—1965 年）是莫斯科运河、莫斯科地铁、第聂伯河（Dnepr）铝厂的设计者。姆斯季斯拉夫是苏联顶级数学家，那时已成为科学院副院长，对于外界而

姆斯季斯拉夫·克尔德什

言是公认的领军人物。20 世纪 20 年代，他以年轻数学家的身份加入茹科夫斯基中央空气流体动力学研究所，不久就因为将数学与工程综合起来解决飞机设计的实际问题而声名大噪。他也是一个全能型人才，在 1938 年还获得了物理学博士学位。1938—1958 年，他在莫斯科大学任教，从事复变函数、偏微分方程、泛函分析等科目的教

学工作，被称为复域中函数逼近理论之父。

斯大林去世后，苏联恢复了计算机研究。克尔德什引领俄罗斯在应用数学领域的工业计算机化方面取得快速发展。凭借这些成就，他于 1961 年升任为科学院副院长。他没有把该位置当成闲职，而是利用职位便利加强了苏联在基础科学领域的研究，同时这也促进了前沿新科学的发展，如量子电子学、全息摄影、基因和分子生物学等[1]。即便在 Suslov（萨斯洛夫）委任了总设计师及其助手之后，克尔德什还是准许作为苏联科学界的公众人物，在莫斯科跟记者说话，多次参加国际会议，并出访英美。暮年的克尔德什在设计局与党和政府间担当着重要的协调者，并经常受邀参与众多设计局竞争项目的评优。

1MV 设计团队

总设计师	谢尔盖·科罗廖夫
科技主管	姆斯季斯拉夫·克尔德什
设计师	格列布·尤里·马克西莫夫
飞行项目和航天器逻辑	A·G·楚布尼科夫
	（A. G. Trubnikov）
研发和设计	L·I·杜尔尼夫 （L. I. Dulnev）
弹道	瓦列里·库巴索夫 （Valeri Kubasov）

科罗廖夫原计划 1960 年发射 3 艘飞船，其中第 3 艘将实现着陆。前 2 艘计划飞越火星并进行拍照，同时在飞向火星途中开展行星际试验，在第一阶段即实施着陆飞行的计划显然有些大胆。原先的 1MV 计划是对电视机大小的着陆器进行分离，而后分别投向火星和金星。1960 年夏天，着陆器通过 R - 11A 亚轨道火箭进行了着陆试验，模拟着陆器飞行至 50 km 高度，对着陆器重达 285 kg 的降落伞系统进行了试验。根据火星和金星的大气层厚度情况，所设计的火星探测器降落伞稍大，金星探测器降落伞较小。结果整个项目仅完成前 2 艘火星飞船的研发，而这 2 艘均执行绕飞任务，原定执行着陆的第 3 艘飞船甚至未进入设计阶段。

比特尔·布拉茨拉维茨

1960 年单个火星探测器重达 640 kg，携载着总重 10 kg 的 8 套设备。在飞向行星途中，它将使用分米波无线电发射机进行信号传送；太阳能方面，设计了一个 2 m² 的太阳能电池板向锌电池供电。探测器所携载的照相设备，由比特尔·布拉茨拉维茨（Petr Bratslavets）设计，同 1959 年 10 月升空的绕月远地点飞行的自动行星际站所携载设备相似，与火星相遇的图片将通过 2.33 m 高增益天线以 8 cm 波长进行传送。此外，一系列科研设备也在计划之中。

1960 年 1M 系列携载设备及其设计者

磁强计	什迈亚·多尔吉诺夫（Shmaia Dolginov）
测量太阳等离子体的离子捕捉器	康斯坦丁·格里高兹（Konstantin Gringauz）
宇宙射线探测器	谢尔盖·维尔诺夫（Sergei Vernov）
微流星体敏感器	塔季亚娜·纳扎罗娃（Tatiana Nazarova）
辐射计	
带电粒子探测器	
探测有机生命的光谱反射计	
红外和紫外光谱仪（后取消）	亚历山大·列别金斯基（Alexander Lebedinsky）
照相系统（计划，但未执行）	比特尔·布拉茨拉维茨

磁强计的设计最早可追溯至总设计师谢尔盖·科罗廖夫与空间磁场研究实验室负责人什迈亚·多尔吉诺夫（1917—2001 年）1956

年的会面。当时什迈亚·多尔吉诺夫在地磁研究所负责实验室，在那里通过使用无金属和磁设备的木质船航行全球而绘制了地球磁场图。他和科罗廖夫一起为人造地球卫星-3安装了磁强计，帮助完成了地球磁场的部分绘制，如今他要测绘奔火途中及火星磁场图。康斯坦丁·格里高兹（1918—1993年）设计的离子捕捉器用于探测和测量太阳风和太阳等离子体，他所设计的捕捉器在20世纪40年代便已应用于探空火箭，他因设计"人造地球卫星"转发器而闻名，也是转发器装载运载火箭前的最后一个技术负责人。微流星体敏感器由维尔纳茨基研究所的塔季亚娜·纳扎罗娃研制，它包含一个精妙的金属部件，无论再小的冲击，它都可以感知。宇宙射线探测器由莫斯科核物理研究所的谢尔盖·维尔诺夫（1910—1982年）研制，他所研制的设备在20世纪30年代便已在气球上飞行用于宇宙射线探测。

　　所有设备是否已经达到飞行要求尚存疑问，按照之前2月份制订的雄心勃勃的着陆计划，项目落后的部分不止是着陆器部件。火星的发射窗口期是9月20日，接下来的一周便是火星着陆的最佳窗口期，其中9月27日是最佳的一天。不幸的是，窗口期打开当天，无线电系统出现故障，地面试验失败，仍不能离开位于莫斯科的生产工厂。按原计划当系统最终运抵，正式通过认证后，还需与飞船其他部件进行整合，可这时又出现了其他问题，之后又花了2天时间才将无线电系统调整好，并可与电视系统一起工作。

　　此时，探测器已经无法运送到拜科努尔并于9月25日前进行发射。时间一天天流逝，所能发射的飞船载荷在持续减少。出于减轻载重和有人对该设备抵达火星后是否能正常工作质疑的原因，移除了电视系统。随后紫外光谱仪和红外光谱仪也相继被取消。取消携载红外光谱仪是一个重大损失，因为该设备原计划用于分析火星灰暗地区，并探测火星是否存在植被。1MV项目使用了KDU-414中途航向修正发动机，该型发动机使用了硝酸和偏二甲肼，可产生200 kg推力，可在中途进行至少一次航向修正，其发射的最终日期定在1961年3月。

什迈亚·多尔吉诺夫　　　　　　　　　康斯坦丁·格里高兹

　　首个探测器于 10 月 8 日运至拜科努尔，但未进行压力测试。跟踪系统最终准备就绪并于 9 月 26 日完成了验证，监测停泊轨道关键性的变轨的船只也部署到位。伊尔切夫斯克（Illchevsk）、克拉斯诺达尔（Krasnodar）和多林斯克（Dolinsk）号跟踪船早在 8 月就已驶离位于黑海的母港，部署到位已经超过了两周。从此以后，3 艘跟踪船的位置成为西方国家获取苏联行星宇宙飞船发射进展的关键线索。所有船只均已驶过狭窄的伊斯坦布尔（君士坦丁堡）海峡，在这里可以定位（其跟踪天线便是外界识别目标）和跟踪这些船只——即使到了 21 世纪，跟踪监视船仍然是监视中国空间项目的重要途径，因为中国的神舟飞船的监视任务使用了类似的跟踪船。西方情报界知道他们必须耐心等待才能有所收获。

　　为了减轻质量而卸载多个部件之后，首个火星探测器于 10 月 10 日自拜科努尔发射升空。点火过程中，由于第二级振动过于强烈，导致陀螺仪俯仰控制系统故障。到第三级点火时，陀螺罗盘已能探测到火箭已经偏离轨道，偏离角度超过允许的 7°。当时没有系统可以摧毁火箭，只好采取了停止发动机点火的指令，指令在第 309.9 s 执行（AVD，俄语中指发动机紧急关机）。火箭上升到 120 km 高度后开始坠落，最后坠毁在西伯利亚东部地区。

　　第 2 个探测器于 10 月 14 日发射，任务进行到第 290 s 时第三级

Block I 发动机点火失败，Block I 和 Block L 上面级及昂贵的有效载荷在向大气层坠毁途中发生爆炸。之后的正式调查显示此次火箭发射彻底失败。调查显示一个阀门出现故障，且火箭煤油在发射台时已经凝结[2]，有可能在煤油流向涡轮泵时仍是凝结状态。失望的伊尔切夫斯克、克拉斯诺达尔和多林斯克号监视船于 11 月返回黑海港口，无人知晓失败原因到底出于 Block L 发动机，还是过于仓促的火星探测器组装。

发射首颗火星探测器的 8K78 火箭

　　这些事情发生之时正值于上月 19 日就抵美的赫鲁晓夫访美之旅。赫鲁晓夫喜于向美国炫耀苏联的成就，前一年他访问美国时，就曾向美国大肆夸耀苏联的最新航空成就——图波列夫 - 114 大型客机，该型客机虽为螺旋桨飞机，但其航程和航速惊人，机身接近 2 层楼高。按照常人想法，他选择此时访美就是希望在纽约宣布苏联的最新空间探索成就[3]，而在那里宣布可能也是最好的选择。其实关于赫鲁晓夫行程的分析显示，安排其 10 月 12 日在联合国进行那次出名的"敲鞋演讲"才是真正原因，因为 13 日赫鲁晓夫便离开了美国。当 14 日第 2 艘探测器发射时赫鲁晓夫正在返回苏联的途中[4]。根据叛变的船员提供的情报，赫鲁晓夫的船上便带了一个火星探测器模型，他希望进行展示，但是模型却随着赫鲁晓夫一道返回。

　　这些发射活动并未第一时间对外宣布。根据国际惯例，航天国家达成协议，要宣布所有航天器入轨情况，并给出轨道细节（远地点、近地点、倾斜角及轨道周期）。因为两个探测器实际上均未入轨，苏联认为他们没有义务进行相应的通报。美国最后在 1963 年 7 月公布了 1960 年以来苏联火星、金星和月球探测失败任务的详单，之后才揭露出 1958 年以来苏联还遭遇过多次探月任务失败的事实。有人怀疑美国搜集这些失败案例旨在进行负面宣传，因为没有一个国家在经历如此多失败之后仍在继续进行试验。对于这些言论，苏联政府解释称"是否存在失败案例并不重要，因为苏联科学技术非常先进，这个全世界都有目共睹"。美国在苏联南部边境设立了电子跟踪站，因此能够截取发射期间的无线电通信信号，U-2 间谍飞机可从巴基斯坦和土耳其起飞进行无线电信号搜集，有时甚至能够飞越拜科努尔航天发射场，并侦察前往轨道的上升段的火箭。1960 年苏联火星探测发射失败时可能距离地平线太高了，已经达到美国雷达探测范围，因此美方雷达可以探测到飞行器亮点和信号。美国方面十分清楚火星和金星任务的发射窗口数据，并可根据雷达、无线电和化学特征确定升空火箭的型号，可根据跟踪船只的移动情况进一步进行验证，因此不难猜出未对外宣布的 10 日和 14 日发射任务是行星际发射活动。

3.2　一览无遗：Tyzhuli"人造地球卫星"

　　为金星设计的探测器与首个火星探测器相似，甚至在火星探测器推迟发射之前，科罗廖夫在 1960 年 9 月便已将其注意力转移至在火星探测器基础上研制金星探测器，当时金星探测任务的发射窗口期是 1961 年 1 月 15 日至 2 月 15 日，此探测器称为 1V。

　　当 4 次 1MV 任务在短期内相继发射并全部抵达其各自目的地时，全世界将会见证一个精彩绝伦的行星际探测杰作。抵达 2 颗行星的日期分别如下。

1MV 系统（1961 年）抵达日期

5 月 11 日	首个金星探测器
5 月 13 日	首个火星探测器
5 月 15 日	第二个火星探测器
5 月 19 日	第二个金星探测器

　　1V 系列原计划进行着陆，而要求过高的科罗廖夫再次浪费了时间，他未完成计划中的设计和着陆试验。从现实角度考虑，可能科罗廖夫已经知道，如果探测器真能飞行如此远的距离，那是他的幸运，但与此同时现实情况却表明，那只是他所希望发生的事情。1960 年 1 月 1 日，科罗廖夫制订了相关设计，因为是对原 1V 计划的重新设计，最终被定名为 1VA。整流罩是一个热防护罩，用于在探测器下降和漂浮期间提供防护，如果探测器坠入金星的海洋[5]，则可帮助探测器漂浮。整流罩内部携载了增压球形浮筒、苏联国旗和国徽、地球仪及关于太阳系的描述资料，这些载荷均可在金星海洋中漂浮。整流罩内还有类似于建筑水平仪的相位状态敏感器，能够显示探测器的状态信息，如稳定或漂浮（若移动的话）。设计的整流罩计划在下降过程的某个阶段脱离，但是从来没有文件解释具体如何实现。

AIS 设计

首个 1V 金星探测器于 1961 年 2 月 4 日发射升空。这次发射任务较前 2 次火星探测器发射任务完成度稍好，探测器到达了 223 km×328 km 的停泊轨道。当脱离地球轨道的时间临近时，计时器却未能成功下达第 4 级 Block L 的点火指令，继而导致 PT-200 变压器无法供应电流，也就是说计时器无法获得供电，因此也无法发送指令。

这给苏联撒下一个问题，即解释卫星到底是如何入轨的。因为美国部署在全球的跟踪系统已经跟踪到了目标，且根据国际义务应当公开卫星发射细节，因此很难再隐瞒。因为金星探测器连同第 4 级的质量创纪录地达到了 6 843 kg，因此苏联颇具独创性地宣布，这是一次重型卫星（Tyzhuli 人造地球卫星）试验，而卫星已顺利完成第一阶段轨道试验任务。西方观察家并不相信这种解释，当时苏联正在准备首次载人飞行，因此不可避免地出现关于苏联首次载人飞行发生巨大失误的猜测。异想天开的意大利听众甚至声称听到了传回的飞船上航天员的心跳声，事实上，在收听苏联航天失败的 4 年期间，科多利亚（Cordolia）兄弟经营的小型意大利电台封闭了全部虚构的航天员信号。

Tyzhuli "人造地球卫星" 于 2 月 26 日从轨道坠落，根据一些西方记录，这个日期可能不是很准确，西方人将其描述为人造地球卫星-7。2 年后，一个小男孩在西伯利亚的巴雷什（Baryusha）河里，即 Tyzhuli "人造地球卫星" 的坠落地点，找到了部分残骸，包括变形并烧焦的庆祝首次着陆火星的旗帜。这些东西还有曲折的后续历史。年轻的爱国者将这些东西交给了克格勃，克格勃在苏联解体后将其交给了俄罗斯科学院。为了给俄罗斯窘困的科学项目筹集资金，这些东西最后在 1996 年纽约的一次拍卖会上被廉价拍卖[6]。

3.3　首个金星自动行星际站

1961 年 2 月 12 日，苏联第 4 次行星际探测器发射任务成功，并将一个自动行星际站投放至金星。飞船首先进入 227 km×285 km、倾角为 65.7°的地球停泊轨道，在停泊轨道末段，第 4 级完美点火并踏上前往的曲线轨迹，原定抵达日期为 5 月 19 日。自动行星际站重643 kg，以每秒 922.8 MHz 传送信号。

俄罗斯将其称为自动行星际站，之后被命名为金星 1 号。这个名称含义含糊，因为 1959 年 10 月发射的绕月飞船也被称为自动行星际站，其在多年之后改称为月球 3 号。

该自动行星际站高 2.035 m，直径为 1.05 m，重 644 kg，顶部呈圆形，整体呈圆柱形，安装有 2 个太阳能电池板，可吸收太阳光并转换为电力。行星际站携载了可回传辐射、微小陨石和带电粒子信息的设备，该设备与 1M 系列携载设备相似。之前曾计划安装照相机，之后再次因为重量原因而放弃。隔热系统可在深空自动调节冷热系统，确保飞船内部温度维持在 30 ℃。太阳能电池板截面积为 2 m²，整流罩内部压力为 1.2 atm。行星际站还搭载了中途修正发动机，但相关情况在当时关于行星际站的详细说明文件中并没有提及。

自动行星际站所载飞行实验仪器及设计者

宇宙射线和伽马射线场探测器	谢尔盖·维尔诺夫
测量来自太阳的行星际气流和	
微粒子流带电粒子的仪器	康斯坦丁·格里高兹
微流星体探测器	塔季亚娜·纳扎罗娃
磁强计	什迈亚·多尔吉诺夫

一个定位系统负责将太阳能电池板调整至朝向太阳的方向，并在化学电池能量放完后进行再充电。该系统由鲍里斯·劳申巴赫（Boris Raushenbakh）（1915—2001年）设计，他之前设计了 1959 年的月球飞船（后称月球 3 号）定位系统而出名。劳申巴赫有在德国工作的经验，曾在战时参加实习工作，也是克尔德什研究所的一名定位系统、敏感器和微喷气技术专家。

鲍里斯·劳申巴赫

行星际站预计每 5 天传送一次信号，在地面站发送"通信"指令后，行星际站先提供 17 min 的位置信号，然后才是数据流。站上共有 3 部天线：

- 一部 2 m 纯铜网伞状抛物面天线，在接近金星时放下，以 8 cm 和 32 cm 波段发送信号。
- 一部长 2.4 m 的全向天线，用于任务早期阶段，波长为 1.6 m。
- 一部在行星际站离开地球重力场至抵达金星前通信用的 T 形天线，使用频率为 922.8 MHz，速率为 1 bit/s。

遥测系统由梁赞斯基设计局设计制造，上行指令以 770 MHz、1.6 bit/s 发送，飞船收到指令后会回复并执行。

太阳和星敏感器由吉奥菲兹卡（Geofizika）设计局制造，用于搜索太阳和恒星，一旦锁定后便会发动压缩氮气喷气发动机，以对飞船进行正确定位，位置定位由赫鲁斯塔廖夫设计局设计的陀螺仪控制。探测器一般情况下会朝向太阳，以最大限度保证电力供应，但是进行通信活动期间，地球敏感器会确定地球方位并锁定，以进行信号传输。

正在执行任务的自动行星际站

　　自动行星际站此次的目的地是此前从未探索过的太空区域，莫斯科电台会定期播报任务进度，如距地距离、速度，以及参考鲸鱼座和双鱼座的空间位置信息。金星探测器的发射是一个全球性事件，第二天各报刊头版头条均对此进行了报道，也产生了预期的全球影响。苏联向另一个行星发射了空间探测器，这又是一个"第一次"。

　　发射不久后便进行了两次通信对话：2 月 12 日在 126 300 km 高空进行了一次，2 月 13 日在 488 900 km 高空又进行了一次。2 月 17 日，探测器在印度洋上空 188.9 万 km 高空进行了第三次通信对话，当时其飞行速度是 3 923 m/s。行星际站内部温度为 29 ℃，压力为 900 mm（原文如此——译者注）。科学数据不久就传回地面，磁强计测得 3～4 nT 的微弱行星际磁场（地球磁场为 24 000～66 000 nT），所以这个磁场几乎可以忽略。1959 年 1 月第一艘月球宇宙飞船所测得的太阳风得到了确认。

　　通过对该阶段数据的计算，地面站得知自动行星际站无法撞上金星，因为离开停泊轨道的射入轨道不是特别准确。地面站计算得出脱靶距离是 180 000 km。除叶夫帕托里亚跟踪站外，还启用了 3 艘跟踪船，通过进一步遥测和观察，脱靶距离精确到了 100 000 km。考虑到研究尚处于初期阶段，能够飞行 2.7 亿 km 已经是一个不错的结果，如果能够再次发射中途修正发动机，那么便可实现撞击。

3.4 "妨害仍未排除"

　　原定于 2 月 27 日进行的通信对话并未成功，之后也再未联系到探测器。莫斯科电台 3 月 2 日宣布，行星际站的遥测系统已经出现了严重问题。在 1961 年 2 月 27 日的通信联系中，高频发射机仍未正确回应，问题就这样出现了。下次通信对话定在 3 月 4 日，但是 3 月 2 日提前进行了一次测试，测试表明永久信标发射机失灵，无线电联系自此中断。正式的调查随即展开，莫斯科电台则以不详的语气播报称"组装阶段造成的妨害仍未排除"，而行星际站原定第二天即 3 月 3 日到达 6 68 万 km 高度[7]。

位于英国曼彻斯特附近焦德雷尔班克的 76 m 大型天线 1959 年曾跟踪到苏联的月球探测器，当时苏联方面提供了轨迹和信号数据。作为回报，焦德雷尔班克对苏联的成就进行了真实性鉴定，同时作为苏联的支援跟踪站，焦德雷尔班克在之后将数据记录交给了莫斯科。现在，遇到问题的苏联希望焦德雷尔班克能够提供援助。焦德雷尔班克分别于 4 日和 5 日进行了为时 3 个小时和 7 个小时的监听。

叶夫帕托里亚跟踪站在金星 1 号 5 月 17 日绕飞接近时发送了指令，焦德雷尔班克跟踪站同步进行了监听。焦德雷尔班克跟踪站当天以 922.8 MHz 频率的确接收到了信号，当时大家都希望探测器仍在继续工作，但是他们的希望落空了，人们最终未与金星 1 号联系上。之后，由安拉·马赛维奇（Alla Masevich）博士和朱里·科达里奥（Jouli Khodareo）博士领队的团队于 6 月 9 日～16 日抵达焦德雷尔班克跟踪站，在 6 月 20 日进行了最后一试。作为回报，姆斯季斯拉夫·克尔德什 1963 年 6 月邀请伯纳德·洛弗（Bernard Lovell）访问苏联。他抵达莫斯科的时候，当地正巧在疯狂庆祝迎接首位女航天员瓦莲京娜·捷列什科娃（Valentina Tereshkova）的返回。一周以后，克尔德什安排洛弗参观了叶夫帕托里亚跟踪站，洛弗也成为首位到此参观的西方人士[8]。

自动行星际站通信对话情况

2 月 12 日	126 300 km 和 488 900 km
2 月 17 日	188.9 万 km
2 月 22 日	原定 320 万 km，接收相关指令
2 月 27 日	计划实施，但出现故障
3 月 4 日	计划在 750 万 km 实施，未成功

至于通信脱靶的具体位置点已无法确定，从各种矛盾的信息来源中也无法理出头绪。已知的最后一次联络是 2 月 17 日的第 3 次通信对话，或者还有其他通信对话，但苏联方面没有再提供关于此次任务的通信对话信息，此后焦德雷尔班克也再未追踪到信号。有人

将 19 日作为最后通信对话日，但是从现有资料中能明显看出，苏联只是将原定 17 日进行的通信对话推迟至 19 日公开。19 日当天，苏联声称地面站"准备"联络探测器，表明 21 日或 22 日将进行通信对话。OKB-1 的历史记录显示，苏联计划 2 月 22 日下达指令，但未透露当时是否传送科研和操作数据——似乎他们根本就没有传送。

重要的是，伯切特（Burchitt）和珀迪（Purdy）1961 年夏季访问苏联期间透露，信号于 2 月 22 日在 320 万 km 高空丢失[9]。根据计划，通信对话的间隔期是 5 天，因此在 17 日、22 日和 27 日均需进行通信对话。之后并没有出现 22 日成功实施通信对话的报道，似乎当天数据也并没有恢复。这并未引起苏联人的惊慌，他们确信五天之后即 27 日的通信对话一定会顺利进行。所以，关于 27 日报道中出现的"发生（信号）衰减"尚无法解读，有可能是接收了某种识别信号，也可能是一次失败的测试。

调查结果并未对外公布，我们也无法得知是否查明了失败原因。鉴于我们已知的早期行星际任务发生的多次技术故障，常规原因比被人恶意破坏可能更为合理。多年以来，关于此次事故并没有令人信服的解释。开始的解释是热控系统出现故障[10]，后期调查显示，非增压太阳定位系统从一开始便埋下隐患。根据设计，一个被动定位系统可将行星际站的方位调整至朝向太阳，系统加载的计时器每 5天对方位进行一次调整以便进行通信对话，之后再次调整到原来位置。在通信对话期间，接收机将会关闭。通信系统失灵被归咎于计时器故障，但是地面上的任务控制员希望计时器能恢复工作。此次任务失败之后，苏联要求对计时器进行改进，对太阳定位系统进行增压（以降低失误概率），同时不再关闭接收机开关，机械性能不佳的断路器则被更换[11]。

根据调查结果，科学院决定从夏季起展开新的设计，并获得了一些技术信息。比如，1959 年首艘宇宙飞船发现的太阳风被证实延伸至空间。自动行星际站是一次勇敢的尝试，也被视为从地球出发前往遥远宇宙旅行的首颗探测器而载入史册。

3.5　重新设计

自动行星际站标志着 1M 和 1V（1VA）系列的终结。1961 年 2 月之后，科罗廖夫可能已无太多的时间留给金星项目了，因为下个月将展开尤里·加加林（Yuri Gagarin）飞向太空的最后阶段的准备工作。这次飞行结束后，科罗廖夫和航天员将于 5 月初赴黑海边的索契度假，6 月的时候他便可将注意力转移到新的研究问题上。当 Tyzhuli"人造地球卫星"进入倒计时时，科罗廖夫便告知他的同事，1MV 系列时代将过去，他想要进行新的设计，即 2MV。1961 年 1 月，科罗廖夫在拜科努尔完成了最初设计。

1961 年 7 月 30 日，科罗廖夫批准了 2MV 系列，之后设计了标准化平台，包括 4 个衍生型号：

- 2MV-1——金星着陆器；
- 2MV-2——金星绕飞探测器；
- 2MV-3——火星着陆器；
- 2MV-4——火星绕飞探测器。

苏联文献中强调，在 2MV 系列中，着陆器将是"可拆卸的"，这意味着第一颗金星探测器没有可分离的着陆系统。科学院微生物研究所建议，需采取无菌措施，以防来自地球的生物被带到火星或金星。在 1960-1 发射任务中，这种预防建议被过度夸大了。金星和火星着陆器几乎是相同的，金星着陆器外层更坚固，降落伞较小，火星探测器降落伞体积较大。

在借鉴金星 1 号问题的基础上，科学家研制出了新型热调节系统。完成了着陆器与飞船母体分离的关键技术的地面试验。着陆器还增加了冷却系统，其中火星探测器加装了空调，而金星探测器安装了氨燃料系统。与金星 1 号不同的是，新系列安装了恰当的热防护系统，帮助飞船抵御下降过程中的高温和下降气流。这些系统由弗谢沃罗德·阿夫杜耶夫斯基（Vsevolod Avduyevsky）（1920—

2003 年）设计，他是克尔德什研究中心中央航空研究所和非线性及波形机械中心的高速航空动力和热传输领域专家。根据总结的经验，热防护系统应该是钝形而非尖形，因为钝形表层可以形成一层防护波。防热层可以是烧熔材料，即所用材料将会缓慢燃烧；或者是吸热材质的，即能够吸收热能但不会燃烧；也可以是两种材质混合使用，研究结果发现环氧树脂是最好的合成材料。

弗谢沃罗德·阿夫杜耶夫斯基

　　1962 年共发射了 6 个 2MV 系列探测器，火星和金星任务各 3 个。根据 1963 年 3 月 21 日政府和内阁的法令（370 - 128 号），探测器不久便升级为 3MV 系列。法令要求建造 6 个 3MV 和 3 艘探测器号技术试验飞船，标志以下：

- 3MV1——用于金星撞击（着陆）；
- 3MV2——用于金星绕飞；
- 3MV3——用于火星撞击（着陆）；
- 3MV4——用于火星绕飞；
- 3MV 探测器号——用于上述综合技术试验。

　　子系列技术验证的想法由科罗廖夫提出。他的观点是，在行星际任务两个窗口期之间的漫长时间里，可以通过发射活动对设备进行修正，而在窗口期内则可进行额外的任务测试。3MV 系列涵盖了 1963 年 11 月后的飞船发射任务，包括 1964 年的火星任务和 1964—1972 年的金星任务，其中第一个探测器号将于 11 月发射。

　　在苏联政府出台的同美国展开月球探测竞赛（1964 年 8 月 3 日的党和政府 655 - 268 号决议）的决定中，其中一部分要求将 3MV 系列任务期延长至 1966 年，并增加 6 艘 MV 系列发射任务，其预算达到 36 000 卢布（原文如此，经查 1964 年时，美元对卢布汇率为

1 美元＝0.9 卢布，1.08 亿美元＝0.972 亿卢布——译者注），相当于 1.08 亿美元[12]。

2MV、3MV 系列任务关键日期

1961 年 7 月 30 日	OKB‑1 批准 2MV 系列
1963 年 3 月 21 日	苏联党和政府批准 3MV 系列
1964 年 8 月 3 日	苏联党和政府决议要求将 3MV 系列延长至 1966 年

现在再来讲 2MV 系列，根据科罗廖夫的指示，G·S·苏塞尔（G. S. Susser）被任命为新任设计师，具体的改进包括：

- 使用全向天线的 1 m 波段新型无线电发射器；
- 用于行星际飞行任务主体部分的备用发射机；
- 绕飞模式时启用 5 cm 波段脉冲发射机；
- 日‑地敏感器将高增益天线朝向地球而不采用无线电方位；
- 太阳能电池板面积增至 2.6 m²；
- 银锌电池取代铬镍电池，容量为 4.2 A/h，可在遭遇意外时提供电力储存。

叶夫根尼·博古斯拉夫斯基

这些改进主要集中在通信系统上，意味着首个金星探测器存在通信方面的问题。1.7 m 高增益天线到达行星后可通过 5 cm、8 cm 和 32 cm 波段进行信息传送，太阳能电池板所载小型天线可在距地较近时通过 1.6 m 波段进行数据传输，而距地较远时则可启用抛物面天线，同时引进管道系统取代百叶窗，以防反复开关发生故障。每块太阳能电池板顶端加装了半球形罩。其中，热管道中循环流动二甲苯基，冷管道中循环流动辛烷，可以在需要时分别带走多余的热气或冷气，其中热管道和

冷管道分别涂装成黑色和白色。用于高速传送数据和照片的电子设备由叶夫根尼·博古斯拉夫斯基（Yevgeni Boguslavsky）（1917—1969 年）设计，他也是米哈伊尔·梁赞斯基空间设备工程研究院的副主任。米哈伊尔·梁赞斯基在早期行星际任务中是一个关键人物。他出生于 1909 年 3 月 23 日（注：使用了布尔什维克革命之前的老日历，较欧洲所用日历延后 12 天），曾负责分析德国 V－2 工程的控制和导航系统。1946 年，科罗廖夫选举梁赞斯基为总设计师委员会成员，1955 年他被授权负责 NII－855 设计局。

2MV 绕飞系列携带了新型照相机，这种相机由原计划用于 1960 年 1M 火星探测器的相机升级而来。相机由梁赞斯基和列宁格勒 NII－380 比特尔·布拉茨拉维茨电视监视科研所研制，质量为 32 kg，也是苏联行星际飞船所使用的最大最重的相机。该相机包括 35 mm 和 750 mm 镜头，可拍摄正/长方形照片，同时装有红外和紫外滤光器。相机使用 70 mm 胶卷，能够拍 112 张照片，并可根据速度情况进行 68、720 或 1 440 线形扫描。探测器再次搭载了高功率、高比特脉冲发射机，但是传输一次高精度图片还是需要长达 6 个小时。另外，探测器搭载的中途修正发动机能够实施一到两次轨道调整。

此阶段曾考虑搭载探测火星和金星生命迹象的仪器。苏联微生物研究所的 A·A·伊姆舍涅茨基（A. A. Imshenetsky）还提议携带添加营养液的土壤，之后观察其化学反应。这种提议并未持续很久，因为这对着陆器的要求太过复杂，但是之后美国在 1976 年的火星探测器海盗－1/2 号上均携带了类似系统，其所测结果还引发了争议。2MV 系列的主要科学目标是测量火星和金星表面温度、压力和密度信息，相关传感器设备由莫斯科应用地球物理研究所的维拉·米赫涅维奇（Vera Mikhnevich）研发。

维拉·米赫涅维奇

8K78 火箭也进行了改进，其载荷能力从 640 kg 增加到近 900 kg。Block A 的到 RD - 108 发动机升级为 8D727K，推力提升了 5%，第三级的 Block I 发动机长度延长了 2.3 m，但 8K78 这个名字还是沿续了下来。

针对 1962 年 8 月至 9 月的发射窗口期，苏联共制造了 3 个金星探测器，其中前 2 个计划着陆，第 3 个将进行绕飞拍照。同时针对 10 月至 11 月的火星窗口期，又设计了 2 个绕飞飞行器和 1 个着陆器，这样总共有 6 个探测器，所有的跟踪船只再次踏上任务征程。

3.6 1962 年的 2MV 系列

Tyzhuli "人造地球卫星"（Tyzhuli Sputnik）出现的问题一直萦绕在 1962 年 8 月 25 日的任务中，尽管该首个探测器进入了轨道，但第 4 级 Block L 故障却导致探测器出现轨道衰减。用于轨道发射的系统需要点燃 4 个小型固体火箭发动机，以将燃料推送至贮箱底部（美国称这种小型机动为气隙），并将 Block L 调整至正确的方向。其中 3 个发动机顺利点火，但第 4 个出现故障，导致 Block L 定位失败。丁炔二醇控制着点火，但是该级 3 s 后便开始翻跟斗，并越来越剧烈，45 s 之后发动机因缺乏燃料最终关机，该级设备 3 天后从轨道坠落。

9 月 1 日进行的第 2 次发射中，Block L 发动机的燃料阀未能成功打开，导致无法点火，探测器最终于 5 天后从轨道坠落。

1962 年 8 月 25 日和 9 月 1 日的金星 2MV 着陆器所载设备及其设计者

化学气体分析器	基里尔·弗洛伦斯基
	（Kirill Florensky）
温度、密度和压力敏感器	维拉·米赫涅维奇
伽马射线计数器	亚历山大·列别金斯基
移动探测器	亚历山大·列别金斯基
测量表层岩石的伽马射线探测器	亚历山大·列别金斯基和弗拉

基米尔·克拉斯诺波尔斯基
（Vladimir Krasnopolsky）

流星体探测器　　　　　塔季亚娜·纳扎罗娃

　　该系列探测器首次携带了伽马射线探测器和紫外光谱计，上述设备由弗拉基米尔·克拉斯诺波尔斯基设计。克拉斯诺波尔斯基1961年从莫斯科国立大学毕业，当时已经是一名行星大气层领域专家。伽马射线计数器由苏联最著名的天体物理学家之一、莫斯科大学核物理研究所的亚历山大·列别金斯基（1913—1967年）设计，流星体探测器由维尔纳茨基研究所的塔季亚娜·纳扎罗娃设计。作为一种非专用设备，太阳能电池板能够对其暴露面触碰到的所有灰尘物质进行记录。

弗拉基米尔·克拉斯诺波尔斯基

亚历山大·列别金斯基

　　9月12日该系列最后一次发射时，第3级因液氧阀失灵无法关闭而在第531 s发生爆炸。美国监测到了此次事故，当时氧化剂不断注入发动机舱，导致发动机爆炸，第3级被炸成7截。但是美国没有发现的是，Block L上部的金星探测器还是进入了停泊轨道，并计划在下次发动机启动时重新踏上金星旅程，但是发动机泵因无法在1/8 s内启动而最终关机，使探测器又滞留在了低轨道中。

　　与之形成鲜明对比的是，美国第一批金星探测器已积累了较成熟的经验。美国的水手号探测器体型稍小，仅重 200 kg，呈六边形，携载太阳能电池板。水手 1 号因为计算机程序错误输入一个方程式而突然转向，最后被毁。但水手 2 号于 8 月 27 日开始了完美的金星旅程，这发生在苏联三次金星失败任务的第一次失败后仅 2 天。水手 2 号飞往金星的轨迹不是很精确，飞过了设定距离，到达金星 372 000 km 处，之后经过轨道调整后到达距金星 34 636 km 处。同年 12 月水手 2 号进行首次绕飞，其所载设备探测到金星是一个温度为 425 ℃、表面压力为 20 atm、遍布二氧化碳却没有水蒸气的高温行星。通信联系一直持续到了第 2 年 1 月，当时水手 2 号距离地面是 8 700 万 km。

现在该苏联的 3 个探测器上场了，先是 2 艘绕飞，跟着有 1 个着陆。为了防止以前金星任务中的故障再次出现，此次重新设计了导航系统，考虑到质量问题，又卸载了部分仪器。具体任务的抵达日期如下：

到达火星日期（1963 年）

7 月 17 日	第 1 次绕飞
7 月 19 日	第 2 次绕飞
7 月 21 日	着陆

本来这是一个值得纪念的日子，因为这周见证了苏联首位女航天员进入太空，但是这个日子却未能像去年 10 月设定的那样美好。

10 月 24 日，第一次发射的 890 kg 探测器到达 218 km×405 km 的地球停泊轨道，火星转移轨道发动机也已点火。16 s 后，一个细小裂缝引发发动机泵润滑油泄漏。发动机泵温度骤升并堵塞，导致发动机爆裂。

这件事发生在了错误的时间和错误的地点。当时古巴导弹危机正如火如荼，因此爆炸事件引发了美国对其雷达防御系统安全的担忧，美国开始担忧会遭到苏联攻击。幸运的是，快速计算机分析显示，多达 24 个碎片的形状和外观并不完全相同。10 月 24 日，最大的碎片在进入大气层时爆炸。

太阳能电池板的冷却剂罩（左）

最后一个探测器携带着 305 kg 重的着陆器于 11 月 4 日到达 196 km×590 km 的地球轨道。不幸的是，发射时的震动导致第 3 级点火器引信掉出固定器以外。最后，第 3 级发动机未能成功点火。美国监测到了 5 个碎片，但是无法确定碎片来自火箭解体过程还是探测器与整流罩脱离过程。火箭和着陆器分别于 1962 年 12 月 25 日、1963 年 1 月 19 日掉入大气层。着陆器一开始是超重的，总设计师科罗廖夫后来通过特殊方式解决了该问题。他决定剥离部分仪器以减轻质量，他还下令卸下生命探测器。他先试验仪器能否探测哈萨克斯坦沙漠中的生命情况，当看到探测器未能探测到正确结果时，他下令将它卸载了。

1962 年 11 月 4 日 2MV 火星着陆器携载设备

化学气体分析仪	基里尔·弗洛伦斯基
温度、密度和压力敏感器	维拉·米赫涅维奇
伽马射线计量器	亚历山大·列别金斯基
移动探测器	亚历山大·列别金斯基

　　造成如此高的发射失败率有两个根本原因。首先，苏联在研制第 4 级发动机的过程中遇到了某种障碍，主要是如何在零压力状态下进行点火。在助推上升阶段，燃料一般都会被挤压至贮箱底部，但对于处于停泊轨道的第 4 级而言，情况却完全不同，燃料需要在停泊轨道的微弱重力及自由漂浮状态下被点燃，因此必须找到一个方法，将自由漂浮的推进剂挤压至贮箱中，以便顺利点火。其次，8K78 火箭经历了早期研发阶段，但其早期任务的失败率非常高。在 Block L 以下的其他火箭级存在着更多的问题。火箭专家仍面临很多需要解决的问题。回头来看，Block L 的遥测系统并不是特别精密，没有办法确定失败原因，因此无法在每次任务中避免已出现过的故障。Block L 未能将数据下传至位于几内亚湾的跟踪船，只是通过数据记录转储的方式回传，由于未能实时传输系统数据，因此导致地面控制台无法进行有效干预。

　　导致失败率过高的另外一个因素是苏联太空项目的封闭特性。苏联并不是唯一面临高失败率的国家，将美国早期探月项目如先驱者号和徘徊者号系列进行同时期的对比可以发现，在 1958—1960 年的 9 次先驱者号任务中，只有先驱者 4 号到达了月球，其余的有些爆炸、有些坠落，还有些遇到速度过低问题。1960—1965 年间 9 次徘徊者号任务中，前 6 次均以失败告终，部分失败原因同苏联的故障原因相似，如计时器故障。但是，因为美国探月项目的公开性，国内强大的政治压力和激励政策能够确保及时纠正错误，并能高效利用有限的资源，而科罗廖夫和他的同事却不用承担类似的压力。

3.7　火星 1 号

　　六分之五的失败率中唯一的亮点是 1962 年 11 月 1 日发射的绕飞火星的任务。当时科罗廖夫病重而无法参加发射，因此派鲍里斯·切尔托克（Boris Chertok）代表他参加。

　　火星 1 号比之前的火星探测器都大，重 894 kg。火星 1 号为

3.3 m高的圆柱形，加上太阳能电池板跨度达到 4 m，并载有大型伞状高增益天线。火星 1 号太阳能电池板顶端安装了球形散热器，散热器拥有不同的外部结构，可以根据需要循环热水或循环制冷剂。探测器携载了 3 部无线电发射机，以 1.6 m（全向，与太阳能电池板上的电视天线相似）、32 cm 和 5～8 cm 波长工作。散热器上搭载了抛物线形高增益伞和小型半定向天线，用于传送探测器具体状态，如温度、压力、电池密封情况，还可读出科学仪器数据。探测器可根据叶夫帕托里亚的视野情况，选择 2 天、5 天或 15 天进行一次报告。在吊杆上有一个摇摆的磁强计，探测器携载了用于记录火星大气层、辐射场和表层情况的电视摄像机、微流星体探测器。

　　信息通过太阳能加热器上的天线进行传输，其中下传频率为922.776 MHz，上传频率为 768.96 MHz。全向备份天线位于太阳能电池板顶端，使用 115 MHz 和 183.6 MHz 频率。当探测器到达火星时，8 cm 波长的发射器将负责传送照片和数据，使用 3 691 MHz频率。无线电系统由斯拉瓦·斯雷什（Slava Slysh）设计，典型的数据传输将询问系统温度、压力和电流。在任务的前 6 周，传输任务每 2 天进行一次，一次进行 1 小时左右，之后每 5 天进行一次数据传输。焦德雷尔班克射电天文台对探测器进行了长达数月的跟踪。

火星 1 号携载设备及设计者

接近火星时工作的电视监视系统	比特尔·布拉茨拉维茨
探测火星表面有机成分的光谱反射计	亚历山大·列别金斯基
探测火星大气层和臭氧层的光谱仪	亚历山大·列别金斯基
探测火星磁场的磁强计	什迈亚·多尔吉诺夫
探测火星辐射带和宇宙辐射的气体放电闪烁计量器	谢尔盖·维尔诺夫
宇宙辐射计量器	康斯坦丁·格里高兹
150～1 500 m 带宽宇宙波射电望远镜	
低能质子、电子和离子敏感器	
探测宇宙尘埃的微流星体探测器	塔季亚娜·纳扎罗娃

　　此次太阳能电池板安装了微流星体计量器，能够反映电池板所受的影响。由比特尔·布拉茨拉维茨设计的照相系统重 32 kg，其 35 mm广角和 750 mm 伸缩望远镜片能够透过舱窗进行拍照，同时还可进行紫外线成像。所载扫描和传输系统能够处理多达 112 张照片，并以 90 像素/秒进行传输。列别金斯基设计的红外光谱仪用于探测火星植被，未被 1960 年发射的探测器携带，但此次搭载升空。在进行通信对话时，常规事务数据先于磁带所存科学数据被高速传回。除下行传输外，还可向火星 1 号上传指令（即上行线路）。

火星 1 号探测器

　　刚开始，此次发射似乎又是一次失败的任务。令人担忧的是，第一次通信对话报告称，在 2 个用于中途修正发动机和定位系统的加压氮气贮箱中，有 1 个发生泄漏，几天内将完全泄光。泄漏不仅会引起探测器旋转，导致失控，同时还会消耗中途轨道机动所需的燃料。泄漏事故还将导致另一个严重后果，即无法将高增益天线锁定至地球方位，这样的话就只能使用低功率全向天线。出于以上考虑，苏联对于首次火星任务的宣传并不像外界期待的那样大张旗鼓。

莫斯科电台的报道称初期计划是将火星 1 号带至距火星 500 000 km 空间范围内。按照计划，将进行中途修正，将探测器送至距火星 1 000～10 000 km 处，这个距离也是对火星进行拍照的有效距离。

遥测系统显示其中 1 个贮箱确实存在氮气压力下降问题，地面控制人员也有至少一次机会进行状态调整，并可采取一些挽救措施。一周之后，地面站成功地使用另一个贮箱的氮气将探测器进行旋转，达到平衡状态，并永久朝向太阳，保证太阳能电池能够进行连续充电，以尽量延长任务持续时间，然后事情有了转机。

叶夫帕托里亚地面控制站按时从火星 1 号获取信号，从开始的 2 天一次到后来的 5 天一次。11 月 2 日，克里米亚天文台观察到了探测器和其运载火箭（如同 14 星等的恒星），并拍得了 350 张照片。在继续飞向外太空途中，探测器探测了太阳风和地球辐射区临界情况。当飞船高速飞离地球时，在 80 000 km 高空发现了第 3 层也是最外层的地球辐射带。飞船携载的康斯坦丁·格里高兹设计的离子捕捉器证实，太阳风朝向太阳系一直向外延伸。什迈亚·多尔吉诺夫设计的磁强计的探测结果显示，正如金星 1 号所获结果，行星际间的磁场非常微弱，同时探测器还发现了太阳风暴。

塔季亚娜·纳扎罗娃设计的流星体探测器能够探测火星 1 号飞行途中的尘埃云情况，以及早前彗星留下的尘云。火星 1 号飞经了金牛座流星雨，并在 6 000～40 000 km 的距离内每 2 min 记录到一次撞击；在（2 000～4 000）× 10^4 km 距离间遭遇小流星雨时亦作了同样的记录。火星 1 号在新的一年里继续发回信号。1963 年 1 月底，飞船已到达距离地球 2 700 万 km 的太空，此时获得信号的时滞已经达到 4 min 47 s。1963 年 3 月 1 日，飞船距地球已达 7 900 万 km。

塔季亚娜·纳扎罗娃

　　3 月 2 日，莫斯科《真理报》报道称，火星 1 号的信号强度正在衰减，预示着可能会出现问题。3 月 21 日探测器被确定为系统失灵，这导致转发器无法准确指向地球。通信随后丢失，尽管最后的遥测结果显示探测器的所有设备仍在正常运行。失去联系的这一天也标志着此次任务的终结。此时火星 1 号距离地球 1.06 亿 km，刷新了深空通信的纪录，并打破了美国此前创造的纪录。此外，1963 年 6 月 19 日火星 1 号飞越火星时可能的确拍到了火星照片，但却无法传回地球，而是传至了银河系的某处。莫斯科电台之后对飞越距离进行了两次修改，第一次修改为 261 000 km，之后修改为 193 000 km，这一做法并不恶劣，只是因为当时并没有考虑轨道修正的结果。

　　火星 1 号仍是首个火星探测器，如果通信能够再持续一段时间，便可进行中途修正，这样脱靶距离可达到 1 000～10 000 km。在失去联络前，还有 37 次通信对话和超过 60 次的上行指令传送。火星 1 号最后进入 1.48 亿 km×2.5 亿 km 的太阳轨道，其绕太阳飞行周期为 519 天，有用的科学信息已经通过飞行设备传回[13]。

　　火星 1 号科学研究成果

　　• 撤离地球途中对地球等离子体带的带电粒子分布情况进行了测量。

　　• 对太阳风密度进行了测量。

　　• 1962 年 11 月 30 日探测到 6 亿粒子/（cm^2 · s）的太阳风暴。

　　• 因为更强的太阳活动周期，探测到的辐射强度较 1959 年首艘宇宙飞船探测到的数据提高了 50%～70%。

　　• 同地球附近的微流星体尘埃发生的密集碰撞在飞船离开地球轨道后快速减少，而探测器通过其他流星雨的时候则间歇增加。

3.8　3MV 系列：1964 年的金星任务

　　科学院在任务的第一周就成立了调查委员会，毕竟在当时看来火星 1 号任务似乎是失败的。尽管火星 1 号任务后来恢复，但是调查者发现有很多事情给他们造成困惑。有缺陷的氮气阀被归因于阀门提供过程中被污染。还有其他一些严重问题，导致探测器需要重新设计，所以火星 1 号将 2MV 系列的命运带向终点。

苏联希望提高发射效率，以提升探测器发射成功率。在 1964 年、1965 年的金星、火星窗口期，将有多达 11 个探测器准备发射升空。

普遍的观点认为 3MV 系列与 2MV 系列相似。3MV 系列高 3.6 m，直径为 1.1 m，重 1 t，有 2 个密封舱。一个是标准的飞行舱，另一个或为着陆舱（pasadka），或为搭载绕飞仪器的设备舱，如相机。与火星 1 号类似，该系列飞船也携带了伊萨耶夫设计局设计的 KDU‐414 中途修正发动机，其推进剂为偏二甲肼和硝酸。推力为 200 kg，比冲为 272 s，使用 35 kg 燃料便可将速度由 80 m/s 提升至 115 m/s[14]。3MV 系列携带了长达 4 m 的太阳能电池板，可以通过 14 V、112 A/h 供电系统充电。该系列拥有 32 cm 发射机和 1 m 波段接收机，可通过 2 m 直径的高增益天线与地球进行远程通信。远程导航通过天基定向系统进行，定向系统不仅包括地球、太阳，还包括一颗参照星，一般是老人星。另外，该系列还加了一个防护层，保护敏感器免受外来光线损坏。同时它还携带了 2 台磁带刻录机，用于进行信息中继。

3MV 系列对绕飞过程中对星体拍照的照相系统进行了重要改进，这是对火星 1 号照相系统的彻底改进。新设备由空间设备工程研究所的阿诺德·谢里瓦诺夫（Arnold Selivanov）制造，他设计的系统相比 1962 年任务中的相机的尺寸要小很多，仅为其五分之一，质量仅 6.5 kg。使用的胶卷为 25.4 mm，能够拍照 40 次，并进行 550 线或 1 100 线扫描，其传送速率更快，用 34 分钟而非 6 小时即可转发高精度图片，同时还安装了红外和紫外过滤器。相机系统可通过飞船侧面的舷窗进行拍照，并通过 5 cm 或 8 cm 波段发射机进行回传，还可通过磁带刻录机记录数据并进行再次传送。

正如开始所描述的，3MV 系列不仅包括火星探测器，还包括探测器号系列，探测器号系列也成为苏联问题最多的空间项目。可能因为 1MV 和 2MV 系列失败率过高，科罗廖夫决定进行 3MV 系列子系列的设计，该子系列主要研究与 3MV 系列相关的新技术。长期以来苏联总是使用"宇宙"（Cosmos）这一标签来标识飞船的失败，当任务出现问题时，特别是月球飞船在地球近地轨道搁浅时，该项任务便会被标为"宇宙"（例如宇宙 60 号）。因为"宇宙"项目旨在从地球轨道探索太空，因此深空任务不应称为"宇宙"项目。所以 3MV 系列使用探测器号名称发射时，苏联人似乎又在玩老把戏，希望能够掩盖失败[15]。事实上，探测器号系列只是技术验证型号，它们诉说的恰恰是真相。后来，联盟号载人飞船的版本之一、被称为探测器号的载人飞船被用来进行绕月载人探测任务，包括 1968—1970 年的探测器 4 号至探测器 8 号。直到最近，仍然有一些项目的老专家坚称，如果当时这些探测器能有个好的开始，那么它们应该已经得到了火星和金星探测器的命名，这也表明探测器号系列起初仅仅是内部设计[16]。

首艘探测器号将飞越月球，进入太阳轨道并在火星轨道进行通信，以对下一年将绕飞火星的照相系统进行测试。除照相系统外，该探测器还携载了宇宙射线探测器、磁强计、S·L·曼德尔斯塔姆（S. L. Mandelstam）研制的太阳 X 光实验设备、微流星体探测器、太阳等离子体探测器，同时它还搭载了恒星敏感器、地球敏感器和太阳敏感器。为了同地球进行通信，它搭载了低增益天线和大型抛物面天线。磁强计上还搭载了一部天线，用于在着陆舱下降途中同着陆舱进行通信联络，太阳能电池板则安装了半球形散热器。第一艘探测器号搭载了离子发动机，这种长时间工作、低推力电火箭发动机设计构想首先由齐奥尔科夫斯基在 1901 年提出，并于 1929 年在地面制造完成，首批 6 台推进器由库尔恰托夫设计所的亚历山大·安德里阿诺夫（Alexander Andrianov）研制。

1963 年 11 月 11 日，第一艘探测器号发射升空并进入停泊轨道。任务发射 1 330 s 后，Block L 定向出了问题，这时点火系统已启动，飞行器朝着错误的方位发射，这次任务被称为宇宙 21 号，事实上应称为探测器 1 号。这是苏联首次使用"宇宙"命名其失败的月球和行星际探测器。1962 年 3 月前的宇宙系列是尤日诺耶设计局设计的小型科研卫星，1962 年后期，该名称被用做间谍卫星的伪装名，之后甚至成为苏联想隐瞒的所有任务的统称。他们有此想法之后不久，1962—1963 年间多次金星、火星和月球任务相继失败，并被命名为宇宙任务。几十年后，这种做法发生了变化：宇宙系列中的科研任务转为民用，并相继获得了各自恰当的科学命名。目前，当俄罗斯使用宇宙任务时，即指其为军事任务。

针对 1964 年春季的飞行窗口期，苏联共准备了 3 个航天器，包括 2 个探测器号系列和 1 个金星探测器（Venera）。探测器 2 号于 1964 年 2 月 19 日发射升空，计划绕飞金星，它也是第 2 个携载电离子发动机的航天器。但是第 3 级点火之后，一根冷冻管道破裂，此后该级发生爆炸。

3 月 1 日第 2 次发射金星探测器，计划进行着陆，之后因为飞行器和运载火箭未达到满意的整合状态而推迟了 4 周。着陆器装备了 2 台 32 cm 波段发射机，以防万一在下降过程中发生故障。金星探测器最后于 3 月 27 日发射升空，但是 Block L 在地球轨道飞行期间偏离方向，因此最终并未点火，并被命名为宇宙 27 号任务。此次遥测诊断系统进行了诸多改进，不仅可以解释此次失败原因，还可以解释之前的多次失败原因。很显然，在点火前 70 s，Block L 与预设的方位出现了微小偏差，而陀螺仪的预设程序阻止了发动机点火。由于方位被错误地设定在了过窄的范围内，导致火箭在可接受的参数值范围时仍未成功点火。令人窘迫的是，这次的错误是如此简单，因此调整仅用了 15 min。

第三艘是探测器号系列，于 4 月 2 日发射升空，并被公开命名为探测器 1 号。苏联公开了频率，即 922.76 MHz，焦德雷尔班克射电天文台很快便定位到了它。苏联将此次任务描述成"深空工程试验"，用于测试行星际飞行系统。苏联提供了其位置却只字未提金星二字。苏联这样做也对其造成了麻烦，因为没有通报目标是金星，因此营造了一种神秘和欺骗的氛围。事实上，在 10 天之后的宇航日，谢尔盖·维尔诺夫在研究地球上空高层辐射带的时候强调了探测器 1 号的重要性[17]。当时关于探测器 1 号的信息非常有限，通常乐观的发射通告比较低调，关于该飞船携带了着陆舱的说明直到 1996 年才对外公布。

探测器 1 号携带设备（主飞船）

辐射探测器

宇宙射线探测器	谢尔盖·维尔诺夫
磁强计	什迈亚·多尔吉诺夫
离子探测器	康斯坦丁·格里高兹
原子氢探测器	弗拉基米尔·库尔特（Vladimir Kurt）
带电粒子探测器	叶夫根尼·丘霍夫（Yevgeni Chukhov）
微流星体探测器	塔季亚娜·纳扎罗娃

探测器 1 号着陆设备

温度、密度和压力敏感器	维拉·米赫涅维奇
气压计	
温度计	
辐射探测器	
微生物探测器	
大气成分探测器	基里尔·弗洛伦斯基（Kyril Florensky）
湿度测量探测器	
电活动探测器	
亮度探测器	
光度计	亚历山大·列别金斯基和弗拉基米尔·克拉斯诺波尔斯基

带电粒子探测器由莫斯科国立大学斯科贝兹辛核物理研究所的叶夫根尼·丘霍夫博士设计制造，用于测试高于 30 MeV 的质子流，每天都进行测量。

探测器 1 号是苏联首艘携带了用于测试宇宙射线的莱曼-α 光度计的行星际飞行器。光度计由弗拉基米尔·库尔特设计，并在探空火箭上进行了测试，着陆器上则安装了测量行星表面伽马射线的设备。基里尔·弗洛伦斯基设计的大气成分探测器抵达目标表面后可以测量大气化学成分。这也是在着陆器上首次搭载光度计，因为着陆舱原定在金星夜间一面着陆，因此需要将光感度调整到最低 0.001 勒克斯（lx），最高可达 10 000 勒克斯。

弗拉基米尔·库尔特

4 月 3 日，探测器 1 号在远离地球 563 780 km 处首次使用了中途机动发动机。很早就需要进行轨道修正表明起初弹离地球轨道的飞行非常不准确，这也可以解释为何苏联不愿承认其为金星探测器。这也是苏联首次进行中途轨道机动，尽管之前曾计划在火星 1 号和金星 1 号上进行，但一直没有实现过。它使用的 KDU - 414 发动机由伊萨耶夫设计局设计，为了保证发动机朝向正确的方向，飞船由喷气力较小的氮推进器进行定位。氮气以 320 大气压保存在瓶中，之后以 2～6 大气压填充进推进器。一旦陀螺仪发现飞行器达到合适的速度，便会自动关闭推进器，正常的定位一个月会使用 300 g 氮。

不久探测器 1 号似乎遇到了更多麻烦。敏感器周围的一个焊接部位出现裂缝，导致压力慢慢下降。一周后，飞船内部压力降到了 1 mbar，几乎达到真空状态。让情况更复杂的是，短路的电气系统到了接近真空的状态。当离子发动机开机后，点火出现了不平衡，所以只能关闭。考虑到此，就不难理解为什么苏联不愿再提探测器号系列。

地面控制站试图解决这些问题，并设计了一个系统通过着陆器与探测器进行通信，设法稳定飞行器。他们还设法于 5 月 14 日对远离地球 1 400 万 km 的目标进行第 2 次轨道修正。此次 50 m/s 的机动，将探测器 1 号送上了于 7 月 19 日以 99 780 km 的高度飞越金星的征程，尽管这个高度远不是它投放着陆器的高度。对该探测器的最后一次通报是在 5 月 19 日，5 月 24 日最终失去联系。此次失败后，当局决定所有的探测器均需接受 X 光测试，以确定焊缝的密封性。位于焦德雷尔班克射电天文台的英国望远镜虽在 7 月飞行器飞经金星时搜索到了信号，但却没有具体结果。

探测器 1 号携载的科研设备似乎已经取得了较好的研究成果，但在行星际飞行条件下，很多数据看来丢失了，尽管探测到的质子记录好像还存在着。

3.9　改进运载火箭：8K78M

1964 年春苏联开始逐步淘汰 8K78 转而支持改进型 8K78M（后简称 M），该型火箭 1964 年 2 月 19 日首次用于发射探测器号。新型号并未在莫斯科第 1 特种设计局设计，而是在其新的随后被称为古比雪夫的萨马拉第三分部进行，设计工作在德米特里·科兹洛夫（Dmitri Kozlov）领导下进行。该工厂之后改名为第 3 特种设计局，现在更名为国家火箭与航天科研生产中心。之前的大部分 R-7 火箭就在这里生产，现在其衍生型也在这里设计。8K78M 进行了以下改进：

•将第 1 特种设计局第 4 级 S1.4000 Block L 发动机更换为第 301 特种设计局拉沃奇金（Lavochkin）设计局生产的改进型 11D33 发动机；

•对第三级 Block I 发动机进行了更换，先后换为科斯伯格第 154 特种设计局制造的 8D715P、8D715K，并于 1968 年更换为 11D55 发动机；

- 对丁炔二醇单元进行了改进。

之后，在 1965—1967 年，又进行了以下改进：

- 减轻丁炔二醇质量，4 个不足量发动机更换为 2 个；
- 重新设计头部整流罩，长度延长至 67.5 cm。

8K78 于 1962 年引进，之后在 1962 年至 1965 年实施了 20 次发射，其中 11 次失败。即使在引进 8K78M 之后，8K78 还在继续使用，并参与了 1965 年探测器 3 号的发射，当时 2 个型号的火箭是同时使用的。8K78M 延续了 8K78 糟糕的发射记录，1964 年的 10 次发射共失败了 5 次。之后对 8K78M 进行了彻底改进：1965 年的发射仅失败一次，之后老款 8K78 于 1965 年 12 月被淘汰。1964 年起，该款火箭以闪电为名用于发射通信卫星，并最终被命名为闪电号运载火箭。

3.10 3MV：1964 年火星任务

首艘探测器 1 号（1963 年 11 月）旨在验证为 1964 年 11 月开启的火星窗口期而准备的技术。就算是下一个金星探测器（1964 年 2 月或者探测器 1 号）取得成功，它也会增加成功的概率。

在 1964 年 11 月的火星窗口期，共有 3 个探测器号可用，均为绕飞型探测器。探测器 2 号计划 1964 年 11 月 30 日发射，采用 153 km×219 km、倾角为 64°、周期为 88.2 min 的停泊轨道。发射是成功的，探测器 2 号飞行 508 天后，进入宽太阳轨道，距离太阳达 1.52 AU（天文单位）。探测器 2 号也是首艘对外宣布携载电推进发动机的行星飞行器。

令人失望的是，第一次通信会话表明 2 个太阳能电池板中有一个出现故障，导致探测器 2 号只能获得 50% 的电力供应。当时这些信息是得到当局承认的，或许是从探测器 1 号发射招致的各方反应中总结了经验，这次，苏联人承认发射了行星探测器，并表示将在"火星附近"进行科学实验。之后的调查显示太阳能电池板故障源于绳索断裂。当 Block L 燃料燃尽后，就会抛掷护罩，此时当探测器向前弹出时护罩上的绳索应当撑拉太阳能电池板，但是其中一根绳索断裂了。

在叶夫帕托里亚进行探测器 2 号的跟踪

期间可能是为了能给探测器到达火星提供足够电能，苏联人决定减少飞行操作和通信。第 2 个月，他们用等离子体发动机振动将太阳能电池板打开，这个操作最后于 12 月 15 日取得成功。但是此时早已错过了执行首次中继机动的时机。

分析此次故障还需持续一段时间，因此苏联人选择停止发射剩下的探测器，以降低任务的高失败率。在查找问题期间，剩余的探测器被封存起来。

探测器 2 号所载仪器

- 辐射探测器；
- 带电粒子探测器；
- 磁强计；
- 微流星体探测器；

- 电波望远镜；
- 宇宙射线探测器；
- 太阳辐射探测器（康斯坦丁·格里高兹）；
- 摄像机。

对于历史学家而言，探测器 2 号是一次尚存在未解问题的任务，关于任务进度存在许多矛盾的记录。起初，早期阶段任务被记录成一次失败案例，甚至最近的记录也显示在仅仅一个月后通信便中断了[18]。其他的记录则声称探测器 2 号于 1965 年 2 月 17 日成功进行了中途轨道修正，将探测器送上飞向火星的正确路线，其飞越距离为 1 500 km，而最后一次通信是在 1965 年 5 月 2 日[19]。此阶段的距离是 1.5 亿 km，比火星 1 号远了 50%。这些矛盾的记录可能需要取一个折中。我们知道，探测器 2 号的通信是断断续续的。尽管任务控制人员可能开始时认为，探测器 2 号不可能完成原定任务，但之后他们试着联系和控制探测器。在 1965 年年初，与探测器 2 号保持联系可能不是优先任务，因为当时苏联已将主要精力放在了月球探索上，计划进行软着陆。在 2 月前焦德雷尔班克一直能获取信号，而对外宣布的信号丢失的日期是 5 月 5 日[20]。通信联系似乎一直在进行，尽管官方很早之前已经宣布任务终止。

尽管有一个不算好的开始，且苏联对此次任务的热情一直不大，但重达 950 kg 的探测器 2 号任务事实上却是一次非常有意义的任务。首先，它是第一艘成功启动等离子体发动机的行星际航天器，12 月 8 日和 18 日共进行了 6 个等离子体发动机测试，这 6 个实验性等离子体发动机取代了 8 cm 和 1 m 波长发射机，也成为燃气发动机的可选替代。

其次，探测器 2 号选用了漫长、缓慢的曲线轨道。尽管这是一个奇怪的现象，但是西方分析家在一段时间内并没有注意到该问题。此前和之后的大部分航天器都是使用尽量少的必需燃料离开地球，并尽快完成过渡时间，以确保通信稳定。勒佩奇（Lepage）之后对探测器 2 号的不寻常动作进行了研究，他敏锐地提出，探测器 2 号

"似乎打破了常规"[21]。探测器接近火星的速度很慢，即相对地球为
3.77 km/s，该轨道唯一的优势便是可以保证进入火星大气层的速度
接近最小。他猜测探测器 2 号向火星释放了一个携载大型降落伞的
着陆舱。通过计算，在这个时间内，火星大气层压力为 80 mbar，大
型降落伞可将 380 kg 重的着陆器安全送抵火星表面。

　　探测器 2 号原定执行绕飞拍照任务，但是所选轨道几乎是在为
之后的着陆活动开辟道路。1965 年 8 月 6 日，探测器 2 号在
1 500 km高空以 5.62 km/s 的速度飞越火星。虽然无线电设备出现
故障，但是这确实是一个非常近的距离。苏联媒体对于探测器 2 号
的报道少之又少，相关细节直到 1966 年才对外公布[22]。从外观看，
探测器 2 号与探测器 1 号相似，但也进行了许多的调整。敏感器进
行了改进，载荷包含了精密太阳和星体跟踪器、制导抛物线天线、
地球跟踪器和太阳连续跟踪器。仪器舱底部有 3 个端口，其中一个
是行星跟踪器，另两个分别是电视系统和成像系统。

早期苏联远程通信距离

1961 年 2 月	金星 1 号，320 万 km
1963 年 3 月	火星 1 号，1.06 亿 km
1964 年 5 月	探测器 1 号，1 400 万 km
1965 年 5 月	探测器 2 号，1.5 亿 km
1966 年 3 月	探测器 3 号，1.535 亿 km

3.11　探测器 2 号后记

　　在 1964 年 11 月的窗口期，美国遵循 1962 年的金星模式向火星
发射了 2 个探测器。这些探测器呈六边形，携载了太阳能电池板、
仪表架和发射机，总重 260 kg。尽管水手 3 号进入了太阳轨道，但
是探测器因为一个鼻罩故障而严重受损，导致它已经无法使用。水
手 4 号沿着 8 690 km 的绕飞轨道，计划于 1965 年 7 月抵达火星，比
苏联探测器早一个月。水手 4 号发回 22 张照片，内容覆盖了火星

1%的表层面积。从今天的标准来看，这些关于火星表面的早期照片质量较差，但是却以意外的结果结束了对于火星运河的争论。如同月球一样，火星是一片死寂世界，那里甚至更冷，有超过 70 个火山口。最重要的是，火星空气稀薄，仅有 8 mbar。如果俄罗斯的探测器 2 号携载了拥有大型降落伞的着陆器，那着陆器也是无法工作的。这一切对未来火星着陆器的研究也有着重要意义[23]。

探测器 2 号还有更多的注解。原计划用于后续窗口期发射的飞船最终发射，其中一个是金星探测器（金星 2 号）。其他的最终都在 7 月 18 日发射升空，以执行 1963 年发射失败的飞船原该完成的任务。探测器 3 号在外层高速轨道飞行约 33 小时后，从 9 219 km 高空飞越月球。尽管苏联人并未对外透露过多细节，仅是在任务开始一个月后才在莫斯科举行了一个发布会，向外界公布的内容也是少量的，但此次任务却是早期探测器号系列飞船最成功的一次发射。它们提供了一个关于飞越任务期间探测器进行行星拍照的好方法。

探测器 3 号

对月球的拍照持续了一个小时，之后探测器收到了叶夫帕托里亚发出的上行指令。探测器 3 号进行了旋转调整，并对其与太阳、地球和月球的位置进行了定位。飞越月球的 68 min 里，探测器 3 号的 ƒ 106.4 mm 相机以 ƒ 8 光圈、1/100 s 和 1/300 s 的快门速度对月球背面进行了 25～28 次拍照，这些照片有 30% 的内容是 1959 年 10 月自动行星际站任务中未获得的。与照相机排成一行的透镜用红外线和紫外线对月球表面进行了测量。照片以 2 分 15 秒一张的间隔直接传至扫描室进行研究。照片回传至地球过程中使用了 2 种速率，首先是 2 分 15 秒的快速扫描率，之后是 1 100 线条，这个速度是美国一年前发射的徘徊者号月球探测器回传速度的 2 倍，当时徘徊者号的信号发送时间是 34 min。这里得出一个观点，即在行星交会任务中，所有照片均需快速传回。这样地面控制站便可从中选取最好的照片，并可自由地支配探测器发送具体的他们感兴趣的照片。

在飞越发生 9 天后在距离达到 225 万 km 时使用窄波束、高增益的抛物线天线传输这些照片。这些照片首先高速（67 线/秒）传回，之后以低速（2 线/秒）传回高密度版本，这样每个文件传送也花费了 34 min。这些照片之后于 8 月中旬和 9 月中旬分别再次回传，10 月 23 日在 3 150 万 km 外进行了第 3 次回传。这些照片质量很高，显示了飞越时拍到的月球山脉、陆地和数百个火山情况。探测器 3 号的轨道使其远离了火星，期间也没有进行拦截，探测器 3 号似乎已完成拍照和传输系统测试。9 月 16 日，探测器 3 号在 1 250 万 km 处以 50 m/s 的速度进行了轨道校正，期间使用了等离子体发动机，但是使用位置和时间不得而知，同时它还综合利用太阳和恒星定位系统进行了轨道修正。关于探测器 3 号的最后报道出现在 1966 年 3 月 3 日，此时它距离地球 1.53 亿 km，在这个阶段联络信号似乎已经丢失，可能是达不到火星轨道距离的缘故。探测器 3 号携载了与探测器 2 号类似的设备，包括相同的宇宙射线探测器。1966 年下半年，苏联科学院公布了探测器 3 号的探测结果及与探测器 1 号、2 号探测结果的对比情况，以及与月球 5 号、6 号的对比结果。

探测器 3 号飞越月球

探测器 3 号所载科学仪器

- 两部相机；
- 红外和紫外光谱仪；
- 磁强计；
- 宇宙射线探测器；
- 太阳粒子探测器；
- 流星体探测器。

3.12 第一系列任务的终结

探测器 2 号给此阶段的行星探索划上了句号。8K78 和 8K78M 火箭改进中接连遇到的困难浪费了许多探测器，在 1MV 系列之后，仅有 3 个探测器飞离地球。探测器 1 号验证了中途修正发动机的用处，探测器 2 号则对等离子体发动机进行了测试。最成功的当属火星 1 号，它持续进行了 1.06 亿 km 的通信，并首次获得了科学成果。尽管苏联人付出了很多努力，美国却获得了更大的成功，美国人使用了合理的经济投入，便获得了两颗行星的第一手关键数据。考虑到投入与产出的比例，苏联人第一阶段的探索是令人失望的，接下来，一场组织变革呼之欲出。

参 考 文 献

[1] Kotelnikov, V. A. , Petrov, B. N. and Tikhonov, A. N. : Top man in the theory of cosmonautics. *Science in the USSR*, ♯1, 1981.

[2] Perminov, V. G. : *The difficult road to Mars - a brief history of Mars exploration in the Soviet Union*. Monographs in Aerospace History, no. 15. NASA, Washington DC, 1999.

[3] Oberg, Jim: *Red star in orbit*, 1980.

[4] Taubman, William: *Khrushchev - the man and his era*. Free Press, London, 2004.

[5] Varfolomeyev, Timothy: The Soviet Venus programme. *Spaceflight*, vol. 35, ♯2, February 1993.

[6] Salmon, Andy and Ball, Andrew: *The OKB - 1 planetary missions*. Paper presented to the British Interplanetary Society, 2nd June 2001.

[7] Zygielbaum, Joseph L. (ed.): *Destination Venus - communique's and papers from the Soviet press*, 12th February to 3rd March 1961. Astronautics Information, Translation 20. Jet Propulsion Laboratory, Pasadena, CA.

[8] Lovell, Bernard:
—*The story of Jodrell Bank*. Oxford University Press, London, 1968;
—*Out of the zenith* - Jodrell Bank, 1957 - 70. Oxford University Press, London, 1973.

[9] Burchitt, Wilfred and Purdy, Anthony: *Gagarin*. Panther, London, 1961.

[10] Varfolomeyev, Timothy: The Soviet Venus programme. *Spaceflight*, vol. 35, ♯2, February 1993. Semeonov, Yuri: *RKK Energiya dedicated to Sergei P. Korolev* 1946 - 96. RKK Energiya, Moscow, 1996.

[11] Maksimov, Gleb Yuri: Construction and testing of the first Soviet automatic

interplanetary stations, American Astronautical Society, *History series*, vol. 20, 1991.

[12]　Siddiqi, Assif: A secret uncovered – the Soviet decision to land cosmonauts on the moon. *Spaceflight*, vol. 46, ♯5, May 2004.

[13]　Ball, Andrew: *Automatic interplanetary stations*. Paper presented to the British Interplanetary Society, 7th June 2003.

[14]　Clark, P. S. :

　　　—The Soviet Mars programme. *Journal of the British Interplanetary Society*, vol. 39, ♯1, January 1986;

　　　—The Soviet Venera programme. Journal of the British Interplanetary Society, vol. 38, ♯2, February 1985 (referred to as Clark, 1985 – 6) .

[15]　Gatland, Kenneth: *Robot explorers*. Blandford, London, 1974.

[16]　Huntress, W. T. , Moroz, V. I. and Shevalev, I. L. : Lunar and robotic exploration missions in the 20th century. *Space Science Review*, vol. 107, 2003.

[17]　Russia plans new spaceflights, *Irish Times*, 13th April 1964.

[18]　Huntress, W. T. , Moroz, V. I. and Shevalev, I. L. : Lunar and robotic exploration missions in the 20th century. *Space Science Review*, vol. 107, 2003.

[19]　Golovanov, Yaroslav (ed.): *Russians in space*. Compact Books, Moscow, 1997 (DVD); H. H. Kieffer, B. M. Jakovsky, C. W. Snyder and M. S. Matthews: *Mars*. University of Arizona Press, Tucson, 1992.

[20]　Grahn, Sven: Radio systems of Soviet Mars and Venus probes. Posting at *http: //www. svengrahn. ppe. se*, 2005.

[21]　Lepage, Andrew L. : The mystery of Zond 2. *Journal of the British Interplanetary Society*, vol. 46, ♯10, October 1993.

[22]　Semeonov, Yuri: *RKK Energiya dedicated to Sergei P. Korolev 1946 –96*. RKK Energiya, Moscow, 1996.

[23]　Perminov, V. G. : *The difficult road to Mars –a brief history of Mars exploration in the Soviet Union*. Monographs in Aerospace History, no. 15. NASA, Washington DC, 1999.

第 4 章　拉沃奇金设计局

我在喷气推进发动机领域工作已经超过了 40 年，我曾认为至少还要数个世纪我们才能够到达火星。但随着时间的快速流逝，我确信你们中的大部分人都会见证探测器飞出大气层到达月球和火星的首次飞行。

——康斯坦丁·齐奥尔科夫斯基

（1933 年 5 月 1 日从卡卢加发向红场的广播）

尽管科罗廖夫领导的设计局——第 1 设计局当时几乎是独家参与和控制了苏联空间探索的各个项目，但探测器 2 号却为科罗廖夫设计局参与苏联行星际项目划上了句号。1964 年 8 月，苏联共产党和政府下定决心，计划赶超美国阿波罗项目进度，把航天员送上月球。从那时起，科罗廖夫的主要精力便集中到了登月项目上，即修改 N-1 火箭设计，用于执行月球任务，并发射联盟号宇宙飞船，之后设计局为此开展了大量的工作。第二年春天，政府和科罗廖夫决定拆分第 1 设计局的部分部门，划分至其他设计机构。例如，当时位于克拉斯诺亚尔斯克的俄罗斯应用力学科学生产联合体（NPO-PM）设计局就负责通信卫星（如闪电号卫星）的研制。当时，所有行星际探测器，连同问题重重的 Block L 的设计任务，均分配给了拉沃奇金设计局。

4.1　拉沃奇金第 301 设计局

拉沃奇金设计局于 1937 年 7 月由航空设计师谢苗·A·拉沃奇金（Semyon A. Lavochkin）（1900—1960 年）主持设立。战争期间，拉沃奇金设计局曾为红军设计过多款战斗机，后又继续建造喷气式战斗机（其设计的后掠翼 La－160 截击机和突破音障的 La－176 截击机，La－176 截击机也是当时苏联首款突破音障的截击机），之后该设计局还设计生产了防空导弹、冲压喷气发动机及无人机等产品。谢苗·拉沃奇金及其同事都希望设计局的空间业务能向前更推进一步，1959 年设计局招募了 15 名年轻设计师从事月球探测器研究。谢苗·拉沃奇金特地到莫斯科国立技术大学——也就是著名的鲍曼学院，以及莫斯科喀山航空研究局招募毕业生。

谢苗·拉沃奇金

　　1960 年 6 月，谢苗·拉沃奇金与世长辞。同年 12 月，设计局的部分工作人员重新分配给了谢尔盖·科罗廖夫，他们参与了 1MV 和 2MV 系列的设计工作。这些设计人员中的大部分都是负责军事和反舰导弹的研究工作的，之后他们又辗转至弗拉基米尔·切洛梅领导的第 52 设计局二部，但最后这里也只剩下了寥寥几人。

　　1965 年 3 月 2 日，原先拉沃奇金领导的设计局重新进行了调整，

格奥尔吉·巴巴金

并命名为 GSMZ 设计局（根据字面意思理解，指的是为纪念谢苗·拉沃奇金而成立的国家联合机械生产企业），通俗地讲即拉沃奇金设计局，同时第 301 设计局的代称仍然使用。总设计师格奥尔吉·巴巴金（Georgi Babakin）被任命为设计局新领导。50 岁的格奥尔吉·巴巴金与众不同，他自学成才，并对正规教育持怀疑态度。巴巴金 1914 年 10 月 31 日（西洋旧历）出生于莫斯科，年少时便对

无线电电子学产生兴趣，后于 1931 年成为莫斯科电话公司的一名高级无线电技师。1936 年他加入红军的无产阶级步兵师，在部队时他是一名无线电操作员，6 个月后他因身体原因退役。之后他返回学校并完成考试，并于 1951 年加入了拉沃奇金设计局成为一名自动驾驶仪专家，后升任为副总设计师，当时设计局正在从事飞机设计工作。1957 年，巴巴金获得大学学位[1]。谢苗·拉沃奇金死后，巴巴金进入弗拉基米尔·切洛梅设计局，之后又被召回重新组建的第 301 设计局。

1965 年 4 月，谢尔盖·科罗廖夫第一次也是唯一一次视察拉沃奇金设计局，他会见了全部高级设计人员，正式将第 1 设计局的设计图交给他们，明确表示移交这个沉重的任务，并提醒说如果他们没有办法承担起项目，项目还将会被收回[2]。拉沃奇金的军用飞机制造经验为他提供了优势，因此公司将重点放在了地面试验上，以便提前排除系统故障。科罗廖夫向拉沃奇金设计局的设计人员承认，第 1 设计局在飞行探测器领域的大部分工作太过急功近利，他们也因为将过多的精力放到了其他工程上而使其颇受影响。第 1 设计局的官方经历表明，探测器的研制可能是一项复杂的、雄心勃勃的工程，这项长期任务对质量和可靠性的要求，已经超过了当时苏联精密工程所能达到的水平。

从第 1 设计局转至拉沃奇金设计局的人员并不多。奥列格·伊万诺夫斯基（Oleg Ivanovsky）是其中之一，他本身是一个无线电狂热爱好者。在战争期间，此人是一名哥萨克骑兵，并受重伤，战争结束后，他被登记为终身残疾。他面对的是一个没有工作的残酷未来，更为严重的是，甚至连工作配给卡都没有。在一位老朋友的努力帮助下他进入了第 1 设计局，在那里他的无线电技能很快得到了赏识。科罗廖夫让他在人造地球卫星、1959 年的月球探测器及随后的东方号载人飞船的无线电仪器研制中担当重要角色，当时科罗廖夫直接陪同尤里·加加林进入他的座舱。在新的拉沃奇金设计局设立之际，科罗廖夫任命奥列格·伊万诺夫斯基为副总设计师，位置仅次于巴巴金[3]。新的设计局里另外一个重要人物是弗拉基米尔·佩尔米诺夫（Vladimir Perminov）（1931 年出生），他毕业于喀山航空研究局，之后成为一名航天飞机专家，现在被委任重新设计 3MV 系列。

一次意外事故，改变了 1MV、2MV 和 3MV 系列的设计师格列布·马克西莫夫，他参与行星际研究的步伐就此停止。他后来在第 1 设计局又工作了 3 年，之后加入空间研究所，

奥列格·伊万诺夫斯基

在那获得博士学位后，他进入莫斯科高级技术学校任教。

4.2　三部门重新构建：拉沃奇金设计局、政府部门、研究所

将行星际探测器研制移交给拉沃奇金设计局，仅仅是苏联空间项目大规模重组工作的一部分，此次重组也与 1964 年 10 月的苏联权力交接有关。直到此次重组，苏联空间项目在决策方面还未形成可以遵循的正式制度模式。当时在西方国家中，苏联被刻画为——也可能是苏联自己刻画的形象——指令性经济国家，在这个国家，党和政府从服务社会、经济和科学发展利益出发指导并发布指令，但真实的情况并非如此。早期的空间项目实际上是"下级领导"，即总设计师谢尔盖·科罗廖夫向党和政府领导层提出建议，之后这些建议被浓缩后提交至尼基塔·赫鲁晓夫手上。在早期空间项目期间，谢尔盖·科罗廖夫负责向党和政府提交备忘录，在提交之前他会花费较多时间去获取科学院、航空部和国防部专家的支持，一旦他得到这些关键人员的支持，政府基本上已经到了做好项目批准的阶段。与此不同的是，其他国家有组织性的空间项目都需要经过国家空间

项目负责机构的审批，如美国国家航空航天局（1958 年），法国国家空间研究中心（1962 年）。西方分析人士曾试图在苏联找到一个类似机构，但终无所获，并认定是因为苏联将这样的机构隐藏得太深。他们始终没有想到，真实的原因是这类机构实际上根本就不存在。

在早期的苏联空间项目中，科罗廖夫的权限很大，他能够很容易获得科学家、部长、党和政府领导人的支持。不久后，作为竞争对手的其他设计师发现，这是一项他们也可以玩得起的游戏。一些设计师，如弗拉基米尔·切洛梅和瓦连京·格鲁什科等人，发现他们也能够采取这些手段和实施此类策略。这个苏联"系统"事实上是一个无序组织，远没有达到决定性的指挥-控制系统的水平。在这个混乱无序的竞争场上，存在冲突的团体相互竞争、竞争对手无序竞争，决策被快速制定并反复修改，造成了大量损失。到了 1959 年的时候，科罗廖夫和克尔德什均表示需要成立专门进行空间研究的机构，1963 年，克尔德什再次提出了此类建议。

谢尔盖·科罗廖夫和姆斯季斯拉夫·克尔德什

太多的原因导致密谋者采取措施反抗尼基塔·赫鲁晓夫，他们发动了一场不流血的政变，其中过度的个人权力集中便是原因之一。这些人认为苏联必须采取措施，以免再受冒险主义的损害，而这种冒险主义对内已给国家的经济和农业带来灾难性的后果，对外也对古巴危机的应对政策造成影响。因此，实行了党、政分开制度［列昂尼德·勃列日涅夫（Leonid Brezhnev）成为总书记，阿列克塞·柯西金（Alexei Kosygin）当选总理］，至此"集体领导制度"建立起来（或者说是再次确立起来），这时权力得到分散，各部门也重新进行了改革。这个过程持续了数月，并于 1965 年春夏之交画上句号。年轻、聪慧、更能胜任职务的列昂尼德·勃列日涅夫对历史情况进行了回顾，承诺将以饱满精神，构建更加务实、理性、重视技术、实力强大的有组织的领导层。

作为此次重组的一部分，当局决定成立一个部门负责空间项目，明确其政府和部级机构职责范围，并在设计办公室和政府与党之间设立了一个决策机构，新的部门被命名为通用设备制造部。选择"通用设备制造"这个响当当的名称，旨在隐藏其真实意义，这类名称有着明显的苏联政府特色（中型机械制造指的是核工业部；但苏联也采取了一些真实指代的措施混淆此类取名方法，比如重型机械制造部，其确实负责起重机和挖掘机等重型设备事务）。

之前曾隶属于各个部（例如航空部、国防部）的不同设计办公室现在统一归属于通用设备制造部。谢尔盖·阿法纳萨耶夫（Sergei Afanasayev）被任命为通用设备制造部部长。谢尔盖·阿法纳萨耶夫时年 47 岁，是一名国防经济学家，曾获得"大铁锤"的绰号。尽管空间领域有很多人

谢尔盖·阿法纳萨耶夫

惧怕且并不喜欢这位部长，但是他充沛的精力、执行任务的能力及清除官僚障碍的决心等还是为他赢得了尊重。关于通用设备制造部的真实情况从未对外公布，不论部长谢尔盖·阿法纳萨耶夫，还是其他主要设计人员，基本上没有公众形象。

通用设备制造部于 1965 年 3 月 2 日正式成立，就在同一天，拉

沃奇金设计局也重新设立，最后一步，也是该系统机构重组的第三部分于当年夏天展开。科罗廖夫和克尔德什提议最后设立一个空间研究机构，这个提议得到重视，空间研究所（Institut Kosmicheski Izledovatl，IKI）最终得以成立。该研究所第一任所长为航空动力专家格奥尔吉·彼得洛夫（Georgi Petrov）；理想情况下，该研究所将帮助设立一个更加合理、有序的苏联空间项目规划框架，在这个框架下，科技方面的考虑是至高无上的。新政府决定将空间研究所设在科学院内部，在斯大林时期，科学院便已获得国际声誉，国内外均将其视为空间项目的指代机构。

新的机构花费了一些时间来确认其角色和地位。到 20 世纪 70 年代前期，空间研究所已经具备确定苏联空间项目优先发展哪些项目的能力，并且不限于行星际项目，能够进行研究室任务分配及其任务监管。1965 年 7 月 14 日，空间研究所正式成立。研究所位于莫斯科西南部的一个古老村庄，科学院的数学和化学系也随之移至该村庄的两座办公大楼，大楼周边为平房，是工人的工作场所。20 年后，空间研究所的员工总数达到了 1 500 人。空间研究所的另一项任务是确保苏联行星际探测器仪表化研制的连贯性，瓦西里·莫罗兹（Vasili Moroz）、弗拉基米尔·克拉斯诺波尔斯基（Vladimir Krasnopolsky）和列昂尼德·克桑福尔马利季（Leonid Ksanformaliti）受命负责未来火星和金星探测器的仪表化研究[4]。

1965 年 3 月开始实行的体制改革之后证明远未新的具有灵活性的机构来得有效。在有些方面，新成立的部门仅仅是提供了一个新的战场，在这里各竞争团体再次展开竞争。在月球项目上尤其明显，决策的质量和连续性并未获得改善，还使得苏联在月球探测竞争中损失了大笔资金。新的系统未能形成一种稳定局面，直到 1974 年 5 月发生了新的动荡后才稳定下来，但我们还是能够看出，这种稳定状态仍然不时被打破。在行星际项目方面，它确实允许了苏联空间研究所的成立，并在恰当的时候将国际协作推到了一个新的水平上。

4.3　拉沃奇金设计局的重新设计

　　火星任务的下一个窗口在 1967 年出现，这个窗口当时成为拉沃奇金设计局的主要任务。设计局抱定不让美国水手 4 号经历重演的决心，打算做出更大的努力。受季霍夫（Tikhov）思想和当时时代智慧的影响，2MV 和 3MV 火星着陆器的设计思想建立在"火星大气压相当于地球大气压 0.1～0.3 之间的水平，基本不低于 80 mbar"这一推断之上。到了 1965 年，拉沃奇金设计局已经提出多种 3MV 项目着陆器的改进方案，以确定着陆器是否能在当时已被水手 4 号证实的更稀薄的大气环境下软着陆，得出的结论是：即使携带大型降落伞，仅仅 25 s 的下降过程只能为探测器下降提供非常有限的大气层缓冲，因此硬着陆并损毁的风险依然存在。1965 年 10 月，3MV 火星项目设计工作停止，而针对具有更厚大气层的金星探测器的设计工作仍然继续。针对金星任务，拉沃奇金设计局虽已对 3MV 系列实施了大量改进，但是金星 4 号的制造还是使用了第 1 设计局的设计文件[5]。巴巴金想要同过去的设计有所区别，因此给该探测器取名 V-67（在发射那年之后），但是科罗廖夫时代的老命名系统还是不定时地起作用，系统还使用了 4V-1 的指代名称（之后分别为 4V-1M 和 4V-2）。这说明对于火星探测及后期的金星探测，还需要开发新一代的探测器。

　　1966 年 3 月 22 日，格奥尔吉·巴巴金在其下属设计师的建议下，决定研制新一代火星和金星探测器。与 1MV 系列、2MV 系列及 3MV 系列设计相似，新设计同样包含绕飞探测器和着陆器，同时还考虑增加母船进入目标行星轨道（当时建议的高度为 2 000～40 000 km）的功能。其中火星着陆器必须进行专门的改进，使其能够适应火星比较稀薄的大气层环境。格奥尔吉·巴巴金将数据传输定为需要解决的一个关键问题，并将绕飞及轨道器飞行期间的数据传输速率定为不低于 100 bit/s，而着陆器的数据传输速率则需达到

4 000 bit/s，而实际上应该更大。

对新一代空间探测器已设定了雄心勃勃的科学目标。对火星任务而言，设定的科学目标包括：

- 软着陆，对火星表层及植被进行拍照。
- 测量火星表面主要的环境情况（温度、气压、风速等）。
- 测量火星土壤成分，包括构成、温度、密度等。
- 探测微生物情况。
- 探测器在火星轨道绕飞期间，研究大气层情况，编制放射热图，绘制火星卫星分布图，对火星表面进行成像以确定"海洋"、"运河"及季节变化。

金星探测器任务的具体科研目标如下：

- 绘制金星表层基本情况，包括温度、压力、化学构成及光照情况。
- 对金星表面进行成像。
- 测试金星土壤的机械特性。
- 研究金星大气层，编制放射热图。
- 由金星轨道器对金星进行成像。
- 探测金星微生物情况。

水手 2 号和水手 4 号获得的行星际探测数据，粉碎了加夫里尔·季霍夫对于生命形式的幻想。另外，探测器在飞向目的地途中还进行了火星和空间辐射情况、流星以及磁场、电子、重力及辐射环境的研究。

对大气层进行科学研究的任务分配给了基里尔·弗洛伦斯基（Kiril Florensky）（1915—1982 年），他是苏联最伟大的行星际地质学者。弗洛伦斯基于 1935 年加入弗拉基米尔·沃尔纳德斯基地球化学研究所，1958 年，他带领一个探险队远赴西伯利亚探索 1908 年发生在通古斯卡的神秘撞击的秘密，现在看来当时应该是一颗小彗星进行的撞击。弗洛伦斯基后来成为行星表层和大气层研究领域的前沿理论家。当弗洛伦斯基将精力集中在大气层成分研究的时候，另外一位科学家，莫斯科国立大学的维克多·克尔扎诺维奇（Viktor Kerzhanovich）（1938 年）研制了一套系统，用于研究大气层的循环和流动情况。

维克多·克尔扎诺维奇　　　　　　　基里尔·弗洛伦斯基

该系列研究进行的同时，拉沃奇金设计局还设计制造了新一代月球探测器，即月球 15 号～月球 24 号系列。这些探测器的尺寸和质量基本一样，其设计目的也相同，包括轨道绕飞和着陆，其推进系统和燃料贮箱也有许多共同点。

4.4　新一代宇宙飞船：新型 UR‐500（8K82）火箭

8K78 系列和 8K78M 系列火箭只能将质量约 1 t 的载荷送至金星或火星。随着设备微型化及微电子技术的发展，这种承载能力已经不再是一项严重的制约因素，但是在当时，1 t 的载荷上限还是为任务造成诸多限制，特别是对火星探测任务。为了完成雄心勃勃的行星际任务，设计体积更大的火箭势在必行。

苏联的新型火箭可以追溯到 1961 年 10 月，当时苏联在大西洋北部的新地岛投掷了其首颗 5 800 万吨级的热核超级炸弹。该枚导弹由图‐95 型战略轰炸机携载升空并投掷，但是老式的图‐95 型战略轰炸机无法到达纽约，更别说投掷了。因为这个原因，苏联需要一款更加强大的新型火箭。这时尼基塔·赫鲁晓夫找到了弗拉基米尔·切洛梅（赫鲁晓夫给切洛梅组建了一个军用火箭研究组），切洛梅承诺将制造一款有史以来最大的火箭，即 UR‑500，又称通用火箭‑500，设计代码为 8K82。不久，赫鲁晓夫便开始吹嘘苏联的新型"城市破坏者"火箭。

　　但是，UR‑500 火箭始终未能应用于军事领域，不久后其作为军事用途的项目也走到了尽头。1964 年 10 月，列昂尼德·勃列日涅夫上台后便终止了 UR‑500 火箭项目。之后，UR‑500 火箭被用作空间火箭，转为民用。弗拉基米尔·切洛梅机敏地说服克里姆林宫，声称 UR‑500 火箭加上合适的上面级后，可用来发射小型载人月球探测器，之后该型火箭便被用于月球探测项目。格奥尔吉·巴巴金发现，加上更多的上面级后，UR‑500 火箭可用于执行行星际任务，并可将单次行星际任务的运载能力提升 3 倍。跟 R‑7 火箭的情况相似，UR‑500 火箭之后也发展了多种型号，用于执行空间站、通信卫星、深空探测器和导航卫星等发射任务。

　　切洛梅设计的火箭采用了四氧化二氮和偏二甲肼（UDMH）燃料。这些都是硝酸燃料，瓦连京·格鲁什科曾于 20 世纪 30 年代进行过首次试验。它们拥有可储存的优点（这对军用火箭非常重要），火箭发射前可在贮箱中储存较长时间，并且无须冷却设备。该型火箭威力强大，并能在短时间快速提升推力，火箭升空的时候，硝酸燃料会产生明显的黄褐色尾部火焰。

站在黑板前的弗拉基米尔·切洛梅

　　火箭第一级由瓦连京·格鲁什科领导的第 456 设计局制造，其使用 RD‑253 型发动机，RD‑253 发动机也是此后 20 多年间世界上最先进的火箭发动机。它可再利用废气形成一个闭合式涡轮系统。单台发动机重 1 280 kg，但却可以获得数百个大气压的压力。涡轮旋转可以达到不可思议的 13 800 r/min，发动机燃烧室温度可达到 3 127 ℃，因此发动机壁需要镀锌。发动机的海平面推力比冲为 2 795 m/s，真空推力比冲则达到 3 100 m/s。同样显著的一个特点是火箭的燃料贮箱簇拥捆绑在火箭的下面级，铁轨系统可运送直径达 4.1 m 的火箭，因此完全可以转运各型火箭。切洛梅所做的是，芯级发动机仅使用氧化剂，火箭尺寸保持在 4.1 m 内，而燃料贮箱安装在火箭侧面。火箭和发动机分开制造，并分别从莫斯科运送至拜科努尔，之后在拜科努尔的发射架上进行组装。燃料贮箱安装之后，放上发射台的新型火箭的直径达到了 7.4 m。

切洛梅生产的火箭当时在莫斯科州的加里宁格勒（现在称为科罗廖夫）的菲力工厂建造，直到现在还是在那里建造。菲力工厂是一个老式汽车厂，20 世纪 20 年代布尔什维克政府接管了该厂，用于制造德国 Junkers 飞机，之后工厂又被图波列夫公司接管。1960 年，该工厂成为切洛梅的第 52 设计局，其后来成为赫鲁尼切夫航天科研生产中心，也是洛克希德·马丁公司的附属公司。发射新型火箭需要在发射场西北部新建一个发射台。之后发射场建立了 2 套双发射台，分别为第 81 区和第 200 区。每个发射台均有一个左发射台和一个右发射台（代号分别为 81L、81P、200L 和 200P）。火箭发射之前先由火车拖车运送至发射台下面，之后进行竖立吊装。在发射台周边有一个 100 m 高的避雷针和 4 个 45 m 高的探照灯柱，两侧的较浅的火焰沟可以吸收火箭发射瞬间产生的火焰急流。

切洛梅及其领导的第 52 设计局用了 2 年时间（1961—1963 年）研制 UR-500 型火箭，并用了接近 2 年的时间（1963—1965 年）制造该型火箭，之后最引人注目的是该型火箭取消了其军用武器的用途。切洛梅不是一个急功近利的人，因此设计中还进行了大量的地面测试。UR-500 火箭于 1965 年 7 月 18 日进行了首次发射，这次发射如梦幻一般，将在 1965 年至 1968 年间发射的 4 颗大型宇宙射线卫星中的首星送进空间。这些卫星被称为质子系列，首颗卫星为质子 1 号，它也是当时发射的最大的科学卫星，质量超过 12 t。在 UR－500 火箭的前 4 次发射中，仅有一次失败，该型火箭也成为当时最有前途的火箭，当然，首次发射任务也漂亮地进行了对外宣传。尽管首次发射时火箭上涂的名称为海拉克尔，但在首次将卫星发射入轨后，苏联政府决定将该型火箭的名称改为更加通俗的质子系列火箭。可能因为一开始的军事用途定位，苏联在之后的 20 年对质子系列火箭的消息仍比较保密，正如我们所见，这种情况一直持续到 1984 年的维加（VEGA）任务的出现。

　　尽管开始非常光鲜，而且切洛梅付出了全部心血，但是质子系列火箭如同科罗廖夫的 8K78 火箭一样，也经历了让人不悦的发展历史。在之后的 24 次发射任务中，其失败的次数超过 11 次。在那个时候，没有人相信质子系列火箭日后会成为全世界最可靠的火箭型号。到 2005 年的时候，质子系列火箭的发射任务达到了 315 次。尽管末级 Block D 的故障只是偶尔出现，但这说明火箭下面级的故障变得很不正常（20 世纪 90 年代有 2 次，当时处在最严重的经济困境时期，生产工厂的质量控制出现松动）。2001 年，质子系列中性能更强大的新型质子 M 火箭投入使用。

质子号火箭

　　这对格奥尔吉·巴巴金领导的新第 301 设计局（纪念谢苗·拉沃奇金）制定的行星际任务来说是一个完美的选择。

UR－500K 火箭（三级火箭，Block D 为第四级）

火箭长度：44.34 m

火箭直径：4.1 m

第一级（Block A）

长度：21 m

直径：4.1 m

　带贮箱直径：7.4 m

发动机：6 台 RD-253 型发动机

燃烧时间：130 s

推力：894 t

燃料：偏二甲肼和四氧化二氮

设计者：第 456 设计局（格鲁什科设计局）

第二级（Block B）

长度：14.56 m

直径：4.1 m

发动机：3 台 RD-210 发动机和 1 台 RD-211 发动机

燃烧时间：300 s

推力：245 t

燃料：偏二甲肼和四氧化二氮

设计者：第 456 设计局（格鲁什科设计局）

第三级（Block V）

长度：6.52 m

直径：4.1 m

发动机：1 台 RD-213 发动机和 1 台 RD-214 发动机

燃烧时间：250 s

推力：64 t

燃料：偏二甲肼和四氧化二氮

设计者：第 456 设计局（格鲁什科设计局）

第四级（Block D）

长度：2.1 m

直径：4.1 m

发动机：1 台 58M 发动机

推力：8.7 t

长度：6.3 m

直径：3.7 m

燃料：液氧和煤油

设计者：第一设计局（梅尔尼科夫）（Melnikov）

4.5　俄罗斯成为黄昏之星

由于新的设计尚需数年时间，因此格奥尔吉·巴巴金决定保留第一设计局研制的 3MV 系列探测器。

针对 1965 年秋季的金星任务窗口期，苏联共准备了 4 个探测器，包括一个上一年为火星任务窗口期准备但未使用的探测器（Zond）号。此次的前 2 个探测器中，一个为绕飞探测器，另一个为着陆器，2 个探测器均离开地球飞向金星，这也是首次在一个窗口期内连续成功发射多个探测器。其余的 2 个探测器，包括一个绕飞探测器和一个着陆器，均未离开地球进入空间。其中，着陆器因为 1965 年 11 月 23 日发生的第 4 级故障而滞留在地球轨道，当天 Block I 的燃油管路在发射后第 528 s 破裂，导致发动机燃烧室发生爆炸。尽管 Block L 和金星探测器进入轨道，但是燃烧室爆炸还是引发了探测器的滚动，导致无法从地球轨道发射，被命名为宇宙 96 号的这个探测器，最终于 12 月 9 日坠向地球。11 月 26 日，因为着陆器的组装出现困难无法完成安装，导致第 4 次发射中途停止，之后该年度的窗口期便已结束。该窗口期见证了停泊轨道的变化情况。之前停泊轨道的轨道倾角为 65°，载人飞行也是如此。从那以后，停泊轨道使用较低的 51°倾角，从而增加探测器携载能力。这个倾角一直延续用到现在并作为标准倾角，它同样也为国际空间站所用。

1965 年 11 月 12 日，金星 2 号离开地球停泊轨道，其质量为 963 kg。这也是首颗被命名为"金星"的探测器（自动行星际站是其另一个名称），原计划的轨道修正最终取消，因为当时已经很明显，该探测器 1966 年 2 月下旬绕飞金星时的距离已经近到不足 40 000 km。当时苏联非常希望被探测器 3 号成功验证的系统能够在白天飞越期间拍摄到图像。当时的摄像系统是相同的，只是用 200 mm 的镜头替换了普通的 106.4 mm 镜头。当探测器到达金星时，已经完成了 26 次通信会话。事实上，点火离开停泊轨道的过程是非常准确的，最后的绕飞距离仅 23 950 km。当飞越金星时，金星 2 号的照相机和仪器便会调整至工作状态。亚历山大·列别金斯基在探测器上安装了两部光谱仪，用于对金星表面进行扫描。为了保证这些设备能够顺利工作，科学家已经在位于地球轨道的宇宙号卫星上对其进行了测试。

最后一次通信会话原定于 27 日进行，但是在其绕飞金星时未能实现。与金星 2 号的通联此前便已丢失，当局之后承认了通联丢失的情况，但当时探测器飞越时距金星的距离确实很近。事实上，当时的情况甚至更复杂。在探测器飞越金星前的通信会话期间，探测器到达了金星，金星 2 号报告在着陆过程中的温度极速上升。地面控制站发送了上传指令，要求进行绕飞成像，并启动试验程序，但是真实的通信会话因为信号质量差，导致探测器未收到具体指令。当绕飞的时间到来时，地面控制站试图建立联系以进行预定的通信对话，并下载探测器绕飞期间获取的科研数据和图像。但是与探测器的通联一直未获成功，当局于 3 月 4 日承认通联失败。任务结束后的调查显示，探测器接近金星的时候散热器出现故障，进而导致指令、接收和解码系统失效。探测器携载的科研设备可能已经完成了其工作，并对金星进行了首次成像，但是这些科研成果未能传

金星 2 号探测器

回地面站。

　　金星 3 号为着陆器，于 4 天后离开地球。与金星 2 号相比，金星 3 号进入的金星轨道偏差很大，偏离距离竟达 60 550 km。设计师总共进行了 13 000 次计算，试图确定重达 960 kg 的探测器的轨迹。12 月 26 日，控制站及时实施了 19.68 m/s 的轨道机动，当时探测器距离地球约 1 290 万 km。经过机动后探测器的中心瞄向金星，此次机动适时地提升了探测器的速度，便于其实现目标。

金星 2 号、金星 3 号飞行中的探测设备及其设计者

磁强计　　　　　　　　　　　　　　什迈亚·多尔吉诺夫

宇宙射线探测器　　　　　　　　　　斯拉瓦·斯雷什

低能带电粒子探测器　　　　　　　　克鲁皮尼奥（Krupenio）

太阳等离子体探测器　　　　　　　　康斯坦丁·格里高兹

微流星体探测器（金星 3 号未携载）　塔蒂安娜·纳扎罗娃

氢/氧光谱仪　　　　　　　　　　　　弗拉基米尔·库尔特

150 m、1 500 m 和 15 km 频带的无线电探测器

金星 2 号绕飞中的仪器

200 mm 相机　　　　　　　　　　　阿诺德·谢里瓦诺夫
　　　　　　　　　　　　　　　　　（Arnold Selivanov）

红外光谱仪　　　　　　　　　　　　亚历山大·列别金斯基

摄谱仪　　　　　　　　　　　　　　亚历山大·列别金斯基与
　　　　　　　　　　　　　　　　　弗拉基米尔·克拉斯诺波
　　　　　　　　　　　　　　　　　尔斯基

光谱仪　　　　　　　　　　　　　　亚历山大·列别金斯基与
　　　　　　　　　　　　　　　　　弗拉基米尔·克拉斯诺波
　　　　　　　　　　　　　　　　　尔斯基

金星 3 号着陆器携载的实验仪器

温度、密度和压力传感器　　　　　　维拉·米赫涅维奇

气体分析仪　　　　　　　　　　　　基里尔·弗洛伦斯基

光度计	亚历山大·列别金斯基与弗拉基米尔·克拉斯诺波尔斯基
运动探测器	亚历山大·列别金斯基与弗拉基米尔·克拉斯诺波尔斯基
伽马射线计数器	

金星 3 号探测器

金星 3 号探测器的目标是将重达 383 kg、直径 90 cm 的杯状下降舱释放至金星，释放角度为 43°～65°，释放时将使用降落伞，降落伞装在底部的一个小型容器中。在飞行 105 天之后，金星 3 号于 1966 年 3 月 1 日抵达金星，成为从地球到达另一星球的首个探测器。金星 3 号在那里留下了代表苏联政府和列宁的三角旗。

据说，金星 3 号确实飞到了金星附近，但是最后一刻的失误导致金星 3 号像金星 2 号一样未能完成任务。其实，早在 2 月 15 日，地面站与金星 3 号的通信对话便已中断，但是《真理报》却隐瞒未报此事。苏联的着陆声明基于这样的设想（这种设想也许已经实现，但是仍无法证实），如果金星 3 号飞行轨道准确的话，它将已经撞击金星。苏联的官方声明对支撑这些设想的数学计算进行了详细解释，显然这些解释是站得住脚的。苏联声称在其实施的 63 次通信对话中，共进行了超过 5 000 次的速度计算及 7 000 次的角坐标计算。即便考虑合理的误差范围，但最终的结果还是撞击，可能的位置位于北纬 20°至南纬 30°、东经 60°～80°的区域内。我们不清楚下降舱是否能成功实施分离，尽管自动控制系统可能已经下达了分离指令。金星 3 号到达金星被赞为巨大的成功，但是令人兴奋的成果掩盖了一个事实，那就是苏联截至当时已经发射了超过 18 个金星探测器，但是没有一个真正完成其使命。

任务结束后的分析显示，金星 3 号遇到了同金星 2 号类似的热控制故障。半球形罩的涂装系统发生故障，这是一系列不良制造的经典问题之一。不论具体的原因是什么，可以确定的是，苏联之后采取了一系列热防护系统改进措施。到这个阶段，苏联科学家终于改变了主意，认为金星是一个难以对付的、温度过高的星球。科学院院长姆斯季斯拉夫·克尔德什之后在 3 月 6 日发表了一篇署名文章纪念金星着陆的实现，同时他也表达了个人观点，认为金星表面温度达到了 300～400 ℃，并声称金星的温室效应是在过去的岁月中积累的。

之后向外公布飞行期间的仪器探测结果[6]。太阳风探测器记录了太阳能量的盛衰情况，包括 12 月 15 日发生的一次尖峰信号。科学家还计算出太阳风经 7 个小时便可到达地球。

金星 2 号和金星 3 号是拉沃奇金时期发射的前 2 颗探测器，这 2 颗探测器遇到的问题迫使格奥尔吉·巴巴金重新进行设计。第一，整流罩和液体散热器进行了改动。散热器从太阳能电池板移到了高增益抛物面天线的底部位置。此次设计师摒弃了液体，而采用气体冷却方法。高增益天线也进行了改进，可以作为散热器使用，将向阳面吸收到的热量传至背阳面。作为维持通信对话的额外预防措施，探测器的天线一直朝向地球。第二，拉沃奇金于 1967 年 1 月完成了新型热测量室的设计，使得设备测量能够在极端高温及真空状态下进行。第三，拉沃奇金制造了一个 500 g 离心机。该型离心机首次对已有的 3MV 着陆舱进行了测试，但是着陆舱很快损坏，该项测试也表明探测器结构还不够稳固，新型着陆器尚需加强其强度，才可能有机会生存下来。此时，探测器的底部和侧面使用了烧蚀材料和三层吸附材料。

4.6　第一次下降

1967 年 6 月苏联实施了两次金星探测任务。2 颗探测器的质量更大，达到了 1 106 kg。其中，火星 4 号探测器于 6 月 12 日成功发射升空，5 天后，第二颗探测器发射进入轨道，但是不久便失败，后被命名为宇宙 167 号。由于涡轮泵在点火前未能成功冷却，导致 Block L 上面级未能成功点火，而失败的真实原因最有可能是火箭组装不当。

重新设计后，探测器又进行了许多改进。其中，全向天线被更换为低增益锥形天线，并安装至太阳能电池板上的一个支架上。天文导航系统安装了低推力发动机，用于执行中途机动制导任务。探测器舱可以抵御 100 个大气压、11 000 ℃ 的高温及 300 g 的压力，即便坠落至海洋也可以漂浮，尽管基本上没人认为这种情况会发生，并且取消了移动探测试验。金星 4 号探测器高 3.5 m，携载的太阳能电池板展开长度为 4 m，面积为 2.5 m²，其高增益探测器的直径达到了 2.3 m。探测器的下降舱重 383 kg，携载了仪器、高度计、热控系统、电池及 2 套转发器，这些设备均安装在耐压壳体之下，上部有一个盖罩和降落伞。金星 4 号携载了与探测器 1 号相同的气体分析器，但另外还携载了流速表，用于测量金星大气层的水蒸气情况。2 套转发器可以 1 bit/s 的速度通过 922 MHz 频道传送遥测信号。着陆舱插上了一枚小红旗，并印上了红色的苏维埃社会主义共和国联盟字样（即苏维埃社会主义共和国联盟的斯拉夫字母）。在降落伞打开瞬间，携载的一部雷达将开始工作，用于回传 26 km 高度至着陆瞬间期间的高度数据。按照设计，承受 0.6 个大气压时，降落伞便会打开。一些科学家，同样也是季霍夫的弟子，均希望能够在金星表层发现地表水。金星 4 号携载了糖锁（Sugar Lock），当下降舱溅落时，糖锁可以释放一个转发器。

7 月 29 日，金星 4 号在距离地球 1 200 万 km 的位置进行了轨道修正，以确保能够在 10 月 18 日到达金星，而如果不进行轨道修正，则金星 4 号会在距离金星 60 000 km 处掠过。金星 4 号探测器共飞行 128 天 3.38 亿 km，期间共实施 115 次通信会话。在飞行阶段，探测器携载的 2 m 长磁强计负责测量。探测器携载的由弗拉基米尔·库尔特（生于 1932 年）研制的紫外线光谱探测仪用于探测飞行过程中及金星周边的气体。

组装中的金星 4 号探测器

这次，当探测器接近金星时，通信会话启动，此时信号开始回传至地面控制站。位于英国焦德雷尔班克的大型抛物面天线对任务进行跟踪，观察信号中断情况。在那个时候，当黎明前的黑暗慢慢退去的时候，听众便可在广播中听到各种来自金星的清晰的无线电信号。听众起初推测他们听到的信号来自金星表面。

金星 4 号着陆舱所携载仪器

温度计和气压计	维拉·米赫涅维奇
无线电高度仪	
气体分析器	基里尔·弗洛伦斯基

金星 4 号母船所携载仪器

磁强计　　　　　　　　　　　　什迈亚·多尔吉诺夫

宇宙射线探测器　　　　　　　　谢尔盖·维尔诺夫

离子探测器　　　　　　　　　　康斯坦丁·格里高兹

光谱仪　　　　　　　　　　　　弗拉基米尔·库尔特

事实上，真实发生的情况更加复杂。金星 4 号探测器母船确实进入了准确的金星任务轨道，并在金星夜间一侧高空 44 800 km 的高度释放了着陆舱。当时温度上升到 11 000 ℃，着陆舱的速度被大气层顶部打乱，其在第一个阶段的承受压力达到重力的 450 倍，即 450 g，当其速度减至 1 032 km/h，这时着陆舱打开 2.2 m² 的浮标降落伞，之后总面积达到 55 m² 的主降落伞打开。着陆舱自 52 km 高空降落的过程中开始摇摆，其所携载的仪器开始传回温度、压力及大气层化学成分（气体分析器）等相关科研数据。着陆舱的温度控制在 −8 ℃ 的水平，具体降落点为北纬 19°，东经 38°，位于 Eisila 地区。

首次记录到的温度为 39 ℃，压力小于一个大气压，但是不久开始上升。着陆舱的降落伞可以抵御高达 450 ℃ 的高温。在金星 4 号下降过程中，气压不断上升，先是 10 个大气压，之后相继达到 20 及 22 个大气压。试验设备共传回 23 组记录数据。93 min 后，着陆舱裂开，可能是在其最脆弱的顶部。金星 4 号降落过程中穿过了 26 km 的雾层，但是当任务结束时，着陆舱距离金星仍有一段距离，大概是 25~27 km。当时的大气压力为 22 个大气压，温度为 277 ℃，且大气中含有大量二氧化碳，其中的氧气含量为 1%。

开始的时候，焦德雷尔班克观测站以为这些信号为表层信号，而非下降过程中产生的无线电遥测信号。苏联方面开始时也这样认为，因为最终温度及气压数据与他们所期待的情况非常相近。可以进一步佐证的是，高度计应该在高度 26 km 的位置启动工作，而空气动力数据也显示探测器已经下降了 26 km。所以，探测器一定到达了金星表面。

然而，高度计未被准确校准——一般而言，在另一个世界（环

金星 4 号探测器着陆舱

境）进行高度计校准是非常困难的事情——其校准高度变更为52 km。在进行数据解译阶段，苏联人甚至滑稽地认为金星 4 号可能降落到了金星表层的某处高山上。我们现在知道的金星 4 号的高度是距金星表面 26 km 或者 22 km，不同历史时期认定的最终高度数据也稍有不同。

金星 4 号探测器的下降暴露了苏联新闻管理体制中存在的问题，即讨厌的不确定性。可能仍然对焦德雷尔班克观测站前一年"窃取"月球 9 号图片的情况心存不满，苏联政府立即发布公告，否认了焦德雷尔班克观测站关于探测器已经到达金星表层的观点[7]。之后，航天部门决定正式对外宣布，金星登陆已经取得成功。在苏联科学家对数据重新进行分析，并与美国获取的最新信息进行比对证实后，苏联政府的官方立场越来越站不住脚。在当年的金星窗口期里，美国单独发射了一个探测器，即水手 5 号探测器。水手 5 号探测器重245 kg，从 3 991 km 的高度飞越金星，这个高度较之前的水手 2 号要近，并对金星大气层和电离层的成分及构成情况进行了测量。尽管金星 5 号探测到了 267 ℃的温度，但是近距离的观测显示金星表层的温度比此温度要低。这些数据显示，金星的温度和压力更大。在之后的 2 年，美国和苏联科学家曾多次（分别在亚利桑那州图森、基辅和东京）召开会议，旨在对金星 4 号和水手 5 号探测器所获的数据进行综合分析，并形成连贯的照片[8]。最终他们得出结论，金星 4 号到达金星表面之前就已损毁。苏联媒体对其此前关于探测器着陆的声明进行了修改，意识到在这也是难以完成的任务。

金星 4 号探测器发现的科学成果

- 二氧化碳浓度：90%～95%；
- 氮气浓度：7%；
- 氧分子浓度：0.4%～0.8%；
- 水蒸气含量：0.1%～1.6%；
- 温度：探测器损毁时的温度为 270～280 ℃；
- 压力：探测器损毁时为 20 kg/cm^2，即 15～22 个大气压强度；
- 未发现辐射带和磁场。

金星 4 号的科学发现成果也是苏联截至当时最大的金星探索成果。根据金星 4 号的探测成果并与金星 2 号和金星 3 号实验成果进行比对，可以证实，随着太阳活动周期的增加，太阳辐射水平也会相应增加。金星周围没有辐射带和磁场，而即便有，其也不足地球的万分之三。探测器携带的弗拉基米尔·库尔特研制的紫外线光谱仪探测到金星周围存在微弱的氢气层，厚度相当于地球的千分之一。金星电离层也比地球的电离层要弱，位于背阳侧高度大约 9 900 km 的位置，而在 10 000 km 的高度还探测到存在微弱的氢原子。这些研究成果表明，在很久之前有水分从金星大气层渗透出去。液体比重计发现金星大气层基本为干燥状态，也从侧面否定了金星存在较厚云层的论点。关于二氧化碳的发现成果很快引发争议，苏联研究金星的科学家期待金星二氧化碳和氮气的成分应该是另一种结果，而美国科学家很快也认定此项探测结果不准确。总体而言，探测结果让持金星存在水分的支持者很快改变观点，这也是最后一个携带"糖锁"的探测器。

　　一些苏联科学家还抱有他们已经实现了金星软着陆的幻想，但是却难以找到证据，而金星表面的温度和压力可能更高。在接下来的一个月，他们不得不接受金星 4 号确实在金星大气层损毁的消息，而金星的大气层厚度确实比他们所预想的要厚。他们过度低估了金星大气层密度及探测器达到金星表层的时间。拉沃奇金设计局很快发现其正处于一个非常不合理的学习曲线中。他们认为下一个探测器需要更加坚固，并且需要采用更加快速的下降速度，才能有机会降落到金星表面。提高下降速度可以通过减小降落伞大小来实现，但这样的话探测器会以更大的速度着陆，这就要求着陆舱能够抵御更大的冲击力。

　　领导进行探测结果沟通的苏联专家为米哈伊尔·马洛夫（Mikhail Marov）（生于 1933 年），他之后也成为苏联行星际任务的联络人。1958 年起，米哈伊尔·马洛夫在第 1 设计局工作了 4 年，之后进入克尔德什应用数据研究所的行星物理与高层大气物理学部门工作。他在金星 4 号的科学发现基础上制出了金星模型，并发表了多篇苏联金星和火星探测器的论文。他还完成了后期探测器的大部分试验。

米哈伊尔·马洛夫

4.7　金星 5 号和金星 6 号探测器

　　从积极的一面看，金星 4 号已经完成其各项预期任务，未能到达金星表面很难说是探测器的故障所致。金星 4 号在执行任务过程中未遇到设备故障，这在苏联行星际探测器任务中尚属首次。下一个窗口期在 1969 年 1 月，苏联针对这个窗口期共准备了 2 个 3MV 系列探测器，当时巴巴金设计局的工程师已将其改称为 V‑69 任务。

这2个探测器于1月5日和10日分别从地球发射，均取得成功，发射成功率达到了100%。其中，金星5号发动机点火离开地球停泊轨道花了228 s。如果不进行轨道调整，金星5号和金星6号将分别偏离金星25 000 km和150 000 km。根据计划，金星5号于3月14日在1 550万 km高度进行了轨道调整，当时的速度调整了9.2 m/s。金星6号于3月16日在1 570万 km高度进行了轨道调整，当时的速度调整了37.4 m/s。2个探测器的轨道转移时间均为130天。当金星5号5月17日到达金星时共实施了73次通信会话，而金星6号于5月18日抵达金星之前共实施了63次通信会话。

降落过程中的金星5号探测器

苏联科学家对金星系列探测器的设计进行了重要修改。在其中一件事情上出现了意见分歧，一种理论认为应对金星表面温度和压力情况持乐观态度，将V-69任务探测器送至金星表面；另一种理论认为应该将探测器送至金星大气层更深层处，获取更好的科研数据，而这也是大部分科学家所希望的。着陆舱进行了加固，它的温度容许限值达到了320 ℃，其压力限值从18个大气压上升到36个大气压，这样着陆舱抵御重力的能力从300 g提升至450 g。降落伞的尺寸减小了，其直径减至15 m。金星5号和金星6号的质量均为1 130 kg，着陆舱重405 kg。着陆舱的高度计进行了改进，以便能够准确判断探测器是否抵达金星表层，并对下降过程中的高度进行有效测量。着陆舱组合设备中还加入了光度计。尽管探测器原定在背阳面降落，但是经过长期观察金星背阳面存在一定的亮光（科学家希望这些光线存在），这样携载的仪器可对其实施测量。

金星5号着陆舱在距金星约37 000 km处与探测器分离，并以

11.18 km/s 的速度、65°的进入角下降，其压力值较金星 4 号高约
50%。由于大气层的影响，着陆舱的速度降至 210 m/s，这时小型降
落伞打开，开始下降，并开始向地球发送信号。当压力超过 27 个大
气压、温度超过 320 ℃时，探测器开始扭曲并发出声响，最后解体。
在产生压力前，着陆舱内部的温度从 13 ℃上升到了 28 ℃。各仪器
读取的数据每 45 s 传输一次。金星 5 号穿入金星云层深度达到
36 km，进入距离金星 16~26 km 高度的区域，其数据传输共持续了
53 min。着陆点坐标为南纬 3°、经度位于 Navka 平原以东 18°。下降
过程中，探测设备首次试图获得光亮度，光度计在着陆舱解体前共
进行了 4 min 的探测，检测到的光亮度为 250 W/m^2，设备获取了
0.6~5 个大气压条件下的完整化学成分取样。

　　第二天，金星 6 号探测器着陆舱在 25 000 km 高度与母船分离
并进入大气层，进入金星云层约 37.8 km，在碎裂之前同样进行了
51 min 的数据传输。金星 6 号探测器着陆点坐标为南纬 5°、经度位
于 Navka 平原以东 23°，距离金星 5 号着陆点大概有 300 km。金星 6
号探测器的光度计出现故障，因此金星 5 号所获得的数据无法得到
有效验证，但金星 6 号的下降高度更大，达到了距离金星表面 10~
12 km 的位置，具体地点的大气采样可能为 2~10 个大气压强度。
在这 2 次任务中，2 颗探测器均对金星大气层成分进行了详细验证，
也对金星 4 号探测器所获探测结果进行了佐证。

　　在 2 次任务中，苏联人再次期待成功获取金星表面信号，或者
来自金星表面山脉顶部的信号。金星 5 号和金星 6 号证实苏联的探
测器还是仅仅穿入金星大气层，并未真正到达金星表面。在大众面
前，苏联媒体降低了对于实现金星表面信号传输的期待，指出可能
会在下次实施着陆。金星 5 号和金星 6 号所获的科学数据与金星 4
号所获数据相似，苏联探测器再次发挥了其所能发挥的最佳性能。
对于苏联而言，金星 5 号和金星 6 号的成功来得很及时，因为这是
在美国将阿波罗 10 号送入月球前一周抢先实现的。

　　到了这个阶段，关于金星是否存在生命的争论才开始平息。金

星 4 号探测器发射之后，认为金星存在动物生命的观点已不复存在，关于金星存在石炭纪沼泽的观点也消失了，但仍有人坚持金星表面可能存在吸收二氧化碳的简单植物形态[9]。当时，苏联《真理报》刊登了一篇文章，一名匿名的金星系列探测器主设计师承认，金星不是特别适合生命存在，而人类可能永远也无法着陆金星。还有一些固执的死硬派坚持称金星漂浮着基于硅元素的细菌，即便其环境非常差[10]。

金星 6 号探测器

金星 5 号和金星 6 号探测器所获科学成果

- 二氧化碳：$93\%\sim97\%$；
- 惰性气体：$2\%\sim5\%$；
- 氮气和氧气：低于 0.4%；
- 水蒸气容量：微量，$4\sim11\mu g/L$；
- 温度：$327\ ℃$（高度 18 km，金星 5 号），
  $294\ ℃$（高度 22 km，金星 6 号）；
- 气压：27.5 个大气压（金星 5 号），

19.8 个大气压（金星 6 号）。

下降期间信号传输持续时间

- 金星 4 号探测器：93 min；
- 金星 5 号探测器：53 min；
- 金星 6 号探测器：51 min。

4.8　新型跟踪系统

当金星 5 号和金星 6 号飞向金星时，出海执行跟踪任务的跟踪舰队力量也随之加大。跟踪舰队旨在为 1960 年 1MV 火星探测器任务和在地球停泊轨道重要的点火任务提供保障。之后因为要保障月球和载人项目任务，跟踪力量不断增强，他们也在行星际任务中起到了重要的作用。

最初的跟踪船包括伊尔切夫斯克号、克拉斯诺达尔号和多林斯克号。之后又加入了第二个船队，包括由商船改装的里兹纳（Ristna）号和比兹特萨（Bezhitsa）号。再往后加入了 4 艘第三代跟踪船，包括波洛维奇（Borovichi）号、科戈斯特洛夫（Kegostrov）号、摩尔佐维茨（Morzhovets）号和尼维尔（Nevel）号。这些船只排水量达到 6 100 t 吨位，船员达到 36 人。

当时引进了大批专用跟踪船只。第一艘大型跟踪船为 17 000 t 的航天员弗拉基米尔·科马罗夫号，该船于 1967 年夏季出现在英吉利海峡；之后相继引进 21 250 t 的谢尔盖·科罗廖夫院士号跟踪船和尼古拉·皮柳金院士号跟踪船。这些白色、体积庞大、现代化程度极高的跟踪船有着巨形圆顶和天线，也是一个真正能让其船员在海上度过数月的海上之家。之后体积稍小、排水量为 9000 t 的跟踪船于 20 世纪 70 年代早期加入，包括帕维尔·别利亚耶夫（Pavel Belyayev）号、格奥尔吉·多布洛夫斯基（Georgi Dobrovolski）号、维克多·帕特萨耶夫（Viktor Patsayev）号和弗拉季斯拉夫·沃尔科夫（Vladislav Volkov）号跟踪船等。

　　在地面上，苏联也建立了新的跟踪站，构筑的外层空间任务跟踪网络包括 3 个跟踪站。首先，在叶夫帕托里亚设有系列跟踪站——之前已经对这些跟踪站进行过描述——适用于执行外层空间目标跟踪任务的西部跟踪基地。第二个跟踪站位于乌苏里斯克，在苏联东边，建有 70 m 直径的抛物面天线，是位于东部地区执行深空目标跟踪的基地。最后一个，也是第三个，位于莫斯科附近，称为贝尔湖跟踪站。起初贝尔湖跟踪站的建立旨在跟踪印度巴斯拉 2 号地球资源卫星，但之后用于执行行星际任务。在贝尔湖跟踪站建有 64 m 天线接收站，接收站的高度达到 15 层楼高。在空中，有经过改装的伊尔-18 螺旋桨飞机执行火箭升空期间的信号遥测，被称为伊尔-20RT（又称中继站），4 架这样的飞机自 1972 年起部署在拜科努尔航天发射场[11]。

航天员尤里·加加林号跟踪船

　　对信号越来越微弱的深空卫星的具体位置的计算工作由指挥和测量综合体完成。该综合体初期包括 15 个科学测量点（位于苏联），分散于苏联领土的多个地方。起初，这些测量点的选取旨在完成 1957 年 8 月 R-7 型火箭的发射跟踪任务，之后其任务不断扩展，作为军事任务的一部分，最后开始综合无线电、雷达、光学设备执行各类空间目标跟踪任务。这些测量点接收到数据之后传至由科学院领导的一个大型计算协调中心。当行星际探测器离开地球时，跟踪系统的光学设备的跟踪效果最佳，其中最主要的光学跟踪站就位于莫斯科附近的兹韦尼哥罗德，而位于克里米亚的无线电天文站及位于高加索的视觉跟踪站可以提供所需的跟踪结果补充[12]。

火星、金星探测器系列

1MV 系列	1960—1961 年
2MV 系列	1962 年
3MV 系列	1963—1972 年（金星任务），1964 年（火星任务）
M69 系列	1969 年，火星任务
M71S、M71P 系列	1971 年，火星任务（轨道器和着陆器）
M73S、M73P 系列	1971 年，火星任务（轨道器和着陆器）
4V1 探测器	1975—1978 年，金星任务
4V1M 探测器	金星 13 号和金星 14 号，金星任务
4V2 系列探测器	金星 15 号和金星 16 号，金星任务
5VK 系列探测器	维加（1984 年）
UMVL 系列探测器	1977—1996 年（火卫一，火星 96 号）

大型跟踪抛物面天线

4.9　新的管理体制之下

苏联行星际项目从由科罗廖夫领导的第 1 设计局向由拉沃奇金领导的第 301 设计局移交的工作在 2 年后取得成功，金星 4 号的着陆舱成功进入金星大气层，便是最好的证明。而金星 5 号和金星 6 号的相继成功，证明这不仅仅是一个幸运的结果，而是可靠性得到了根本改善。尽管火箭的发射并非始终完美，但实际上这些探测器基本完成了预定任务，并发挥了其设计所能达到的极限性能。拉沃奇金设计局仍然面临着考验，因为虽然其设计的首个国产火星探测器研制成功，并安装至弗拉基米尔·切洛梅的质子号火箭上，但是真正的行星际任务尚未得到验证，这种结合能否取得比之前各种系列和闪电（Molniya）系列探测器更加成功的结果呢？

谢尔盖·科罗廖夫于 1966 年辞世

这个时候，谢尔盖·科罗廖夫从公众视野中消失了。1966 年 1 月 5 日，科罗廖夫参加了一项例行操作，他原本期望 14 日那天能以良好的状态返回庆祝自己的生日，结果操作出现严重错误，最终科罗廖夫牺牲在了操作台上。这位组织能力超强、曾推进苏联空间项目及行星际任务的天才人物就此逝去。苏联当局给这位总设计师举行了隆重的葬礼，这也是斯大林之后最大规模的葬礼。葬礼悼词提到，科罗廖夫的逝世是对苏联空间项目的致命打击，给空间项目造成了巨大损失。可能有人认为，悼词中关于科罗廖夫将苏联这个灾难深重的国家带到了宇宙探索前沿领域的华丽辞藻过于夸张。但事实上，这种描述并不夸张。

参 考 文 献

[1]　Tyulin, Georgi: Memoirs, in John Rhea (ed.): Roads to space — *an oral history of the Soviet space programme*. McGraw – Hill, London, 1995; for a broader description of the changes at this time, see Siddiqi, Assif: *The challenge to Apollo*. NASA, Washington DC, 2000.

[2]　Harford, Jim: *Korolev*. John Wiley & Sons, New York, 1996.

[3]　Ivanovsky, Oleg: Memoir, in John Rhea (ed.): *Roads to space – an oral history of the Soviet space programme*. McGraw – Hill, London, 1995.

[4]　Mitchell, Don P. :
　　—Remote scientific sensors
　　—Biographies at *http: //www. mentallandscape. com*

[5]　Huntress, W. T. , Moroz, V. I. and Shevalev, I. L. : Lunar and robotic exploration missions in the 20th century. *Space Science Review*, *vol.* 107, 2003.

[6]　Gringauz, K. I. , Bezrukih, V. V. and Mustatov, L. S. : Solar wind observations with the aid of the interplanetary station Venera 3. *Kosmicheski Issledovanya*, vol. 5, ♯ 2, Nauka, Moscow, 1967, as translated by NASA Goddard Space Flight Centre, 1967.

[7]　MacPherson, Angus: Venus – on target. Daily Mail, 19th October 1967.

[8]　Mitchell, Don P. : *Plumbing the atmosphere of Venus*, *at http: // www. mentallandscape. com*

[9]　MacPherson, Angus: Venus – on target. *Daily Mail*, 19th October 1967.

[10]　Moscow cheers landing on Venus. The *Observer*, 18th May 1969.

[11]　Gordon, Yefim and Komissarov, Dmitry: *Illyshin* – 18, – 20, 022 – a *versatile turboprop transport*. Midland Counties Publication, Hinckley, UK, 2004.

[12]　Smid, Henk: Soviet space command and control. *Journal of the British Interplanetary Society*, vol. 44, ♯11, November 1991.

第 5 章　首次金星和火星着陆

过去，人们认为研究天体的构成是没有意义的。如今这种观点已经改变。现在研究人员希望从几十英里的距离观测火星并在其卫星甚至火星表面着陆——还有什么比这更不可思议的呢？但是，随着反作用装置的进步，一个伟大的新天文学时代即将到来。

——康斯坦丁·齐奥尔科夫斯基文集。莫斯科，1956 年

5.1　首次金星着陆

金星 4 号、5 号和 6 号探测器的降落过程显示出金星大气层的高密度和难穿透性。另一个金星探测窗口出现在 1970 年 8 月。科研人员再次采取措施加强 2 个即将要发射的探测器的降落舱。无论金星 5 号和 6 号的任务目的是什么，新型探测器的目的从一开始就被设定为完好无损地在金星表面着陆。即使这意味着需要采用超高建造标准，而且几乎不携带任何科学仪器。

降落伞变得更小，并在金星 5 号和 6 号的基础上进行了多项改进。科研人员咨询了潜艇设计工程师，以便确保航天器舱体能够承受高强度压力。这可能导致舱体大幅加重，达到 490 kg。航天器采用了新材料，例如钛。舱体被建造成一个完美的球体，没有孔、焊缝或子结构，仪器位于顶部下方；降落伞通过放气方式释放。外壳使用吸震材料进行加固，以承受更高的压力（介于 100～180 个大气压）和温度（530 ℃），确保硬着陆。预计将经历 90 min 的表面热传导时间。在进入大气层之前，舱体被被冷却到 −8 ℃。在地面试验期间，降落舱被放入热真空室，加压到 150 个大气压，并升温至 540 ℃，然后充入二氧化碳，以在地球上尽可能地模拟金星大气环境。

设计工程师试图在尽可能快的降落与尽可能软的着陆之间取得

均衡。为了做到这一点，降落伞采用双绳索系统。为了加快初始下降，降落伞只是在尼龙绳下方部分打开。降落伞的硝酮玻盐绳索设计为与尼龙绳索固定在一起，然后，随着尼龙绳熔化，降落伞将完全打开，进行最后降落阶段的减速。作为再一次突破以往惯例的设计方法，着陆器将不会在远离大气层时展开。相反，母航天器将与着陆舱连在一起，直到 2 个舱体在金星高大气层分离——但是直到最后分离之前，冷却剂在此过程中都会帮助降温。

金星 7 号

科研人员已经准备了 2 个 3MV 系列航天器，在 1970 年发射窗口进行发射（拉沃奇金，V-70 任务）。金星 7 号进入 182～202 km、51.7°停泊轨道，燃烧 244 s 后于 8 月 17 日 07：59 离开地球轨道，到上午 10 点，与地球的距离为 40 000 km。第二颗探测器发射表明，8K78M 上面级的问题仍然没有完全解决，8 月 22 日再次发生第 4 级故障。有效载荷被留在 208 km×890 km、51.1°轨道上。由于某种变压器故障，Block L 点火时间迟于计划时间，而且在点火 25 s（而不是原定的 244 s）后中断。Block L 在欧洲上空飞行一圈之后，姿态失去控制，发生了大幅度的翻滚[1]。此次失败的任务被命名为宇宙 359，航天器于 11 月 6 日坠落地球。

金星 7 号仪器

母航天器

- 宇宙射线探测器；
- 太阳风探测器。

着陆器

- 温度计；
- 压力计。

10 月 2 日，进行了金星 7 号的第一次轨道修正，此时距地球 1 700 万 km，这次修正显然还不能满足要求，于是在 11 月 17 日进行了第二次修正，此时距地球 3 100 万 km，这是金星任务首次进行的 2 次点火。在飞往金星的航程中，金星 7 号在 1970 年 12 月 10 日捕获了一次强烈的太阳耀斑信号，这次太阳耀斑也被在月球表面工作的苏联月球车（Lunokhod）观测到。金星 7 号计划在飞行 120 天后于 12 月 15 日抵达金星。在抵达金星之前，已经进行了 124 次通信会话，现在金星距离地球 6 100 万 km，信号通信需要花费3 min 22 s的时间。在与金星交会前 3 天，着陆舱被激活，电池开始充电。

这一切都是按原计划进行的。航天器以 11 km/s（724 km/h）的速度飞行，与水平线呈 70°角，经受 350 g 过载，其热屏蔽表面温度达到 11 000 ℃。进入区域位于金星背阳侧，距离金星的白昼区约 2 000 km。预定着陆点的纬度为 5°S，经度为 351°，位于 Navka Planitia 区域的东边。降落伞计划在金星表面上方 60 km 高度时打开，由检测器在云层起始位置记录到 0.7 个大气压时触发。

一整天，人们都在等待来自莫斯科的声明，但是没有声明，人们担心发生了最糟糕的事情。3 天后，莫斯科广播电台报道称，在降落期间收到了 35 min 的信号，此后，降落舱发生了故障。显然，仅仅对降落舱进行改造是不够的。

在降落期间，仪器记录了温度和压力。降落伞打开时，温度为 25 ℃，压力为 0.6 个大气压。一切都还正常，13 min 后，降落伞尼龙绳熔化，主降落伞打开。6 min 后，降落开始出现严重的问题：降落伞被撕破，降落舱开始大幅度摆动，几分钟后一起失去控制，使舱体在剩下的时间呈自由落体式坠落，此时记录到温度为 325 ℃，压力为 27 个大气压。碰撞速度为 17 m/s，稍低于 60 km/h。随后信号衰减，然后重新恢复为完整信号强度的时间约 1 s，之后完全消失。

对消失的航天器进行侦听通常不会取得什么结果，就像多年前寻找猎兔犬-2（Beagle 2）火星着陆器一样。更糟糕的是，在降落期间，信号收发器仅从温度传感器读取和发回数据，其他的降落数据全部丢失（尽管在后来可能推算出大气压力）。

金星 7 号顶部天线

这件事情沉寂了一个月，期间经历了新年假期。直到有一天，雷达天文学家奥列格·勒日加（Oleg Rzhiga）（生于 1930 年，也是信号处理专家）决定对降落信号磁带重新进行分析。这是一项烦琐而且考验耳朵的工作，需要监听所有的吱吱声、稀疏空气声、信号声、静电声和脉冲声音，并将它们送入读出装置中。这些声音被分析师称为"噪声"。但是，令人惊讶的是，分析师监听到了从金星表面发出的信号，此信号十分难以辨别，而且非常微弱！新信号出现在主信号中断之后不久。后续数据分析表明降落出现了突然加速，重新计算后认定此过程持续了 60 min。科研人员最初以为金星 7 号冲击到了突然下行的空气

奥列格·勒日加

包，从而导致金星 7 号快速降落，信号中断并迅速着陆。更多的最近分析表明降落伞在 3 km 的地方分离，然后探测器自由下降，从而使降落舱幸运地躲过一劫[2]。事实上，着陆信号从一开始就已经中断，从而表明降落舱被弹起，在弹起到最高位置时，完整信号恢复并持续了 1 s。

　　金星 7 号确实在金星表面（在 Navka Planitia 区域，纬度为 5°S，经度为 351°）发送了为时 23 min 的信号。温度是均衡的，这意味着探头不再移动。用于记录压力的数据采集系统发生了故障。但是压力值可以从其他测量值推算得出，该值恒定为 92 个大气压，比 1967 年估算的密度大 5 倍。温度为 475 ℃。科研人员计算得出表面风速为 2.5 m/s。质量为 495 kg 的探测器在表面停泊了 20 min 以上。足以熔化铅或锌的表面高温使探测器被毁。但是任务的目的还是达到了。毕竟，在金星 1 号发射 10 年之后，这颗苏联行星探测器完成了它的使命，在另一个星球上实现了软着陆。无论探测器遇到的大量问题对降落过程造成了多么严重的影响，金星 7 号表明着陆是可以实现的。同一时间，月球车正在穿越月球表面的雨海（the Sea of Rains）区域。因此，苏联在同一时间接收到 2 个天体传送的信号。

　　信号变弱的原因是，在降落时或稍早时间，发射机产生振动而

偏离原位，偏差达到约50°。这样看来金星7号进行了硬着陆并翻到一侧停止下来。虽然地球位于上方，但是信号指向另一侧，所以信号接收强度只有正常水平的1%～3%。

金星探测器降落伞伞冠尺寸

金星4号	50 m²
金星5号，6号	15 m²
金星7号，8号	2.5 m²

5.2　标杆金星任务：金星8号

在下一个窗口期，即1972年春天，苏联再次进行了一项金星探测任务，此次任务的代号为 V - 72。1972年3月27日，金星8号发射升空，点火飞行243 s后飞出地球轨道。金星8号携带的火箭在4月6日进行了一次轨道修正。

金星8号

金星7号表明，软着陆是可以实现的。既然设计已经趋于完善，则可以在下一个探测器上安装一套尖端仪器，从而从根本上改进获得的科学知识的水平，包括在降落期间和着陆后获取科学数据。金星 7 号的设计承压为 180 个大气压，远高于现在已经确定的金星表面压力（即 90 个大气压）。因此，金星 8 号的最大压力承受能力为 105 个大气压，节省下来的质量被用于热保护装置、科学仪器和更高强度的降落伞。然后，在风洞和模拟金星大气层（包括二氧化碳）试验中进行新型号试验。

金星 8 号携带了光测量指示仪、氨气检测仪、速度指示仪和用于土壤测试的 γ 射线光谱仪。由于搭载了新仪器，着陆器质量再度上升至 495 kg。金星 8 号首次设计为在白昼降落，仪器将测量光照度，为以后携带摄像机的航天器铺平道路。

金星 8 号仪器：母航天器

- 太阳风探测器；
- 宇宙射线探测器；
- 紫外光谱仪。

着陆器

- 温度和压力传感器；
- 风速计；
- 光度计；
- γ 射线光谱仪；
- 气体分析仪；
- 高度仪。

这一次，携带了用于测试金星土壤性质的仪器。这些仪器由莫斯科维尔纳茨基地球化学研究所的瓦列里·巴尔苏科夫（Valeri Barsukov）（1928—1992 年）开发，该研究所曾经主持了月球 16 探测器带回的月球岩石样本的研究工作。

与上次发射情况一样，末级火箭发生故障（宇宙 - 482）。这是 8K78M 火箭最后一次未能将航天器送至另一个星球，也标志着 8K78M 火箭用于行星际任务以及 3MV 系列的使命结束。虽然 1972 年以后 8K78M 在执行其他任务时也发生过失败，但是很罕见。由于计时器故障，Block L 仅点火 125 s，将速度提升至 1 498 m/s，而不是 3.4 km/s，使宇宙-482 留在 205 km×9 805 km 的极端轨道，并在 6 年后分解。探测器原定降落在暗面，以便与金星 8 号的日照面探测结果进行比较。此次事件显示，1972 年 7 月预编程着陆器确实与主航天器分离，并进行了降落，但是却进入了地球大气层[3]。

在离开地球时，金星 8 号获得了 41 433 km/h 的逃逸速度。117 天之后，金星 8 号抵达金星，指向金星月牙形日照面的中心区域，此区域像一个细长的清晨月牙，从 1.08 亿 km 之外的叶夫帕托里亚市看，只比地平线略高一点。降落舱从距离地球 110 万 km 的位置进行电池充电，制冷系统通过风扇将 −15 ℃ 的冷空气输送至舱体各个部位，以延长仪器的使用期。分离发生在接近速度为 41 696 km/h，进入大气层之前约 53 min 时。金星 8 号的进入角为 77°，速度为 11 km/s。如果进入角过大，航天器将会烧毁，如果过小，则可能会反弹回太空。

准备中的金星 8 号

当金星 8 号减速进入金星上层大气，高度为 67 km 时，速度降低为 250 m/s。降落伞在距表面大约 60 km 时收起，然后将在 30 km 时完全打开。这次的降落伞直径只有 2.5 m，相比金星 4 号的 50 m 大幅减小。一个像 H 形电视天线的雷达在降落舱的侧面打开，向下扫描。着陆目标地点纬度为 10°S，经度为 335°，位于 Navka Planitia 区域的东侧。着陆区域的直径不到 500 km，必须位于金星日照面，而且处于叶夫帕托里亚市的视线范围内。

在距金星 50 km 高度时，光度计、温度和压力传感器、氨分析仪和雷达高度计等仪器打开。首个雷达读数信号出现在 45 km 高度时，最后一次读数信号出现在 900 m 高度，接收了 35 次数据。在其 53 min 的降落过程中，降落舱侧向移动了 60 km，移动速度略大于 1 km/min（超过 60 km/h）。雷达能够生成沿降落舱侧向移动方向的地形图，对 2 座山体（一座高度为 1 000 m，另一座为 2 000 m）、一个向下坡面、一个 2 000 m 深的空谷和一个延伸至着陆点的向上缓坡地进行了成像。

经过 53 min 的下降后，金星 8 号重重地撞击到金星，降落伞绳被切断并释放，就像以前那样。在那里，着陆器传送了 63 min 的信号。管形着陆器的顶部是锥形主天线、光度计、氨气检测器、温度和压力传感器。这一次，航天器携带了一个全向天线，以确保不会存在信号强度或方向问题。此时地球在地平线上方 30°的位置。天线设置在三脚架台上，从蛇形电缆上伸出着陆器数米之外。这是为了抵御大风，并保证在着陆时即使被吹倒或吹翻时，仍然能够正常工作。关于使用全向天线这里还有一个小故事：2003 年在火星着陆的猎兔犬-2 探测器失去联系的原因之一被认为可能是天线指向了错误的方向——这是俄罗斯人早在 1970 年就已经吸取的教训。

在任何情况下，航天器主天线都应能够正常工作。首次数据来自于主天线为时 13 min 的信号流传输，包括温度、压力和光照水平等数据。然后，全向天线发射了 20 min 的信号流，主天线发射了 30 min 的信号流。研究人员发现，金星的白昼面和夜间面的温差不大。金星 8 号携带的 γ 射线光谱仪在下降期间进行了测量，并对金星表面进行了 2 次测量，在着陆后的 42 min 之内将信号传回地球。读数显示钾含量为 4%，铀浓度为 2×10^{-6}，钍浓度为 6.5×10^{-6}，表明为碱性玄武岩。随后的地质分析表明，金星探测器着陆于由花岗岩、流动熔岩和小火山组成的区域。土壤密度为 1.5 g/cm^3。在降落期间，雷达高度表有能力估算出表面层密度，计算得出的值为 800 g/m^3（原文如此——译者注），有一点像花岗岩。着陆区是山地平原，估计属于约占金星面积的 65% 的典型地貌。金星 8 号仪器的花岗岩类岩石探测结果是有争议的，因为大多数表面是玄武岩，但是后来的成像结果显示仪器是正确的。

　　光照度参数提供了更多的信息。金星 8 号光度计在下降和着陆期间进行了多次测量。金星 8 号似乎在 35 km 高度出离云层，尽管大多数云层的高度为 10 km。金星 5 号在夜间降落期间仅受到一次光照，但是金星 8 号是在白天降落。在下降期间，在 27 个点位进行了测光。在探测器从 50 km 高度到 35 km 高度穿越云层的过程中，光照度稳定下降。从 35 km 往下，过了云层之后，光照度仅仅是稳定降低，与地球阴天时光照度差不多。光度计测得金星表面的光照度不佳，与地球上的日出时段差不多，只有 1% 的太阳光到达表面——这个结果需要谨慎对待，因为此时太阳与地平线的角度只有 5°。32 km 高度以下的大气基本上是透明的。关于云的问题，气体分析仪揭示出干云的神秘面纱，即发现了硫酸成分。现在我们知道，上层云是细硫酸雾。

　　金星 8 号的科学仪器为我们提供了这个星球的基本知识，并通过温度、压力和大气成分[4]等数据进行了验证。仪器首次对岩石的性质和组成进行了探测。金星 8 号对云层进行了分析，发现它更像一个雾层，并且它有 2 个主要层：厚云层在顶层（50～65 km 高度），然后是 35～48 km 高度的薄云层，在此下方没有云，云层或雾层的上层具有很大的风速，但在表面风速比较小。

金星基本情况：金星 8 号获得的科学数据

温度：470 ℃。

压力：93 个大气压。

土壤：松散构成，非压实，碱性玄武岩成分——4％钾，0.002％铀和 0.000 65％钍。

风速：48 km 高度以上为 100 m/s；42~48 km 高度为 40 m/s~70 m/s；10 km 高度至表面着陆点仅为 1 m/s。在 11 km 高度，风向与金星自转方向相同，表面风速为 1 m/s。

大气成分：97％的二氧化碳，2％的氮，0.9％的水蒸气，0.15％的氧气。在 32~44 km 高度，氨气含量为 0.01％~0.1％。

表面密度：1.5 gm/cm³。

云层：基本云层为 35 km 高度，至 48 km 高度为薄云层，至 65 km高度为厚云层。与地球云层相比，金星的天空更像是雾层。

金星 8 号取得的科学成果代表了 3MV 系列金星探测器所能达到的极限。大约在同一时间，美国的小型水手号（Mariner）探测器也取得了成功。水手 10 号在下一个金星窗口飞行。这个重 408 kg 的航天器于 1974 年 2 月从 5 800 km 的距离飞掠金星，成为第一个飞掠金星并对水星拍照的航天器。在抵达金星前 3 小时，水手 10 号打开红外相机，在随后的 8 天里，对金星的自转及旋转云带进行拍摄。

水手 10 号展示了大胆利用跨行星轨道取得的成就。它首次在 680 km 的距离接近水星之后进行了 3 次轨道调整，以便在接下来的 2 年时间里与水星相遇 3 次。水手 10 号对水星的大部分区域进行了拍摄，并测量其温度，发现了磁场并检测到稀薄的大气。

通过金星 8 号任务的成功和 10 多年的努力，苏联实际上已完成了在另一个星球上软着陆和在表面进行信号发射，这种探索任务的困难程度超出了任何人的想象。1973 年 3 月 24 日，在金星探测任务期间，开发更先进的航天器（基于 1966 年的火星探测器设计）的计划得到批准[5]。那么，在此期间，火星探测器又取得了哪些进步呢？

5.3　巴巴金的第一个设计方案：火星 69 号

在探测器 2 号（Zond 2）失败之后，再加上水手 4 号探测器的探测结果表明火星的大气非常稀薄，格奥尔吉·巴巴金决定不再将

3MV 系列用于火星探测任务。相反，他计划利用新版本的 UR‑500 质子号火箭，开发一种更大的新型航天器，用于火星任务，然后用于金星任务。新火星探测器的开发周期必然是冗长的，这意味着将错过 1967 年的火星窗口，那么第一个切合实际的目标发射日期将在 1969 年春天。火星 69 号（这是他们在拉沃奇金设计局的任务代号）是新一代火星和金星探测器的第一个型号。此系列的后续探测器使用

格奥尔吉·巴巴金，总设计师

它们的任务年份命名（M‑69，M‑71 和 M‑73）。为了节省时间，决定以 Ye‑8 系列月球探测器设计为基础进行 M‑69 设计，然后进行轨道飞行、漫游车和样本返回任务的设计。

UR‑500 质子号火箭为巴巴金设计局的设计师们提供了新的可能性，使他们能够考虑开发重达 5 t 的探测器。原先的两级 UR‑500 质子号火箭可将 12 t 有效载荷送入近地轨道。随后开发了 2 个版本的火箭：一个是三级型号，能够将 20 t 有效载荷送入近地轨道并用于空间站（8K82K，或称质子‑K）；另一个是四级型号，可将 4 t 有效载荷送入地球同步轨道、月球或行星际目标（11S824，或称质子 K‑D）。

格鲁什科设计所的 OKB‑456 设计所研制了头三级火箭，但行星际任务或（月球任务）需要的第 4 级火箭来自于科罗廖夫设计局。第 4 级火箭称为 Block D，由 OKB‑1 设计局的米哈伊尔·梅尔尼科夫负责开发。此火箭使用传统的液氧和煤油作为燃料，这是科罗廖

夫设计局的标志性做法。发动机（代号 11D58）是 8K78M 使用的 Block L 的衍生版本。此火箭级体积较小，直径和长度分别为 3.7 m 和 5.7 m，在脱离地球停泊轨道并进入行星际目标轨道时执行重要的点火任务。它的推力超过 8 t，比冲为 349 s。开发了多个 Block D 版本，用于行星际飞行任务的称为 D 或 11S824（火星 2 号～7 号，金星 9 号～10 号），D - 1 或 11S824M［金星 11 号～16 号，维加（VEGA）］和 D - 2 或 11S824F［福布斯（Phobos），金星 - 96[6]］。配备 Block D 的新型质子号火箭在 1967 年 3 月 10 日的宇宙 - 146 任务中首次进行了试验，因此可用于 1969 年春季发射窗口。

　　1969 年的发射窗口并不是很有利，航天器质量被限定为 3 495 kg，其余大部分质量分配给推力燃料。根据格奥尔吉·巴巴金在 1967 年 11 月批准的初步设计，该航天器的目标是绕火星轨道飞行，然后投放一个降落探测器进行大气层分析，但是不会尝试软着陆。当接近火星时，航天器将会释放一个降落舱，以 10°～20°的角度进入大气层。降落伞会在马赫数为 3.5 的速度时打开。给降落伞的打开留有充分的时间余量，高度介于 31.7 km 与 2.2 km 之间。在到达火星表面之前的信号发射时间为 230～900 s。降落舱将提供大气层的科学图像，这样，在获得的科学数据的基础上，可以为接下来的 1971 年春季火星窗口规划适当的软着陆。

火星 69 号的红外光谱仪是由瓦西里·莫罗兹（1932—2004 年）研制的。自 1954 年在阿拉木图天文台工作起，他就一直在研究火星。后来，他进入航天研究所，成为那里的行星研究负责人。利用红外光谱法，他更加相信火星的大气层压力较低，他想使用此类仪器来绘制详细的火星压力和温度曲线。

瓦西里·莫罗兹

对母航天器或轨道器来说，它将以 1 750 m/s 的制动速度进入近拱点

2 000 km、远拱点 13 000～120 000 km 的火星轨道，轨道周期为
8.5～12 h，倾角为 35°～55°。在此轨道上，航天器将对火星表面拍
照、遥感测量，并确定未来任务的着陆点。轨道飞行计划包括与 2
个火星卫星（火卫一和火卫二）相遇[7]。此任务的一个重要方面是
为未来的任务规划者提供火星轨道、途径和天空飞掠等方面的更多
知识，这些知识被天文学家称为星历书。

5.4　火星 69 号的设计挑战

在 1967—1968 年的设计工作中，遇到了一些重大的问题。燃料
贮箱是问题最多的，例如气泡排放、密封、膜网以及燃料消耗时的
重心计算。设计师们意识到，确保精确的火星抵达轨道对于后续快
速有序进行的活动（分离、进入、降落伞打开和着陆等）来说是至
关重要的。

最初的设计是 2 个哑铃形燃
料贮箱。但是许多设计师开始怀
疑燃料贮箱和发动机系统是否会
正常工作，另外对系统的重心、
平衡和稳定性也心存疑虑[8]。因
此，在 1968 年 2 月，格奥尔吉·
巴巴金放弃了 Ye-8 的初步设计，
而此时距离火星窗口开启只有 13
个月了，他要求设计师设计一种
新的、更简单的贮箱——一种大
型球形贮箱。另外，任务方案也
发生了一些重要的变化。由于轨

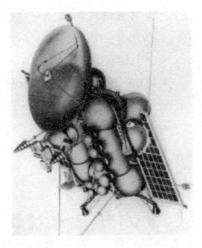

火星 69 号——最初的设计

道的不确定性，决定让航天器先进入火星轨道，此轨道近拱点高度
为 1 000 km（比原计划低得多），远拱点高度为 70 000 km，轨道飞
行周期为 65 小时。航天器的质量现在增加到 3 834 kg，包括着陆器

260 kg。科学仪器 100 kg，其中 15 kg 位于着陆器上。下面是仪器安装清单。

火星 69 号轨道器搭载的仪器

- 磁强计；
- 陨石探测器；
- 低频辐射检测器；
- 带电粒子探测器；
- 宇宙射线和辐射带探测器；
- 低能离子谱仪；
- 辐射计；
- 多通道 γ 能谱仪；
- 氢和氦质谱仪；
- X 射线光谱仪；
- X 光光度计；
- 紫外光谱仪；
- 傅里叶红外光谱仪；
- 3 个相机，分别为 35 mm，50 mm 和 150 mm。

火星 69 号降落舱搭载的仪器

- 气体分析仪；
- 压力检测器；
- 大气密度探测器；
- 温度检测器。

泽廖诺格勒（Zelenograd）市的 NPO Guskov 设计局为科学仪器开发了一个重为 11 kg 的数据处理系统，这是当时最先进的数据处理系统。控制系统由斯坦尼斯拉夫·库利科夫（Stanislav Kulikov）开发，很久以后他成为了该设计局的主任。陀螺仪是由科学研究所应用力学院士维克多·库兹涅佐夫（Viktor Kuznetsov）研制的。不同于 1MV 系列的太阳和星敏感器组合体，这次采用了 4 个太阳敏感器、2 个星敏感器、一个地球敏感器和一个火星敏感器，这些敏感器由中央设计局列宁格勒的地球物理和军械设计局研制。对于飞行方向控制，火星 69 号有 9 个氮气加压罐，为 8 个推进器供应氮气——2 个推进器用于俯仰，2 个用于偏航，4 个用于滚动。高压氮发动机由列宁格勒燃料自动化中央科学研究所研制。此发动机项目是汽车工业的组成部分，选择此发动机的依据是，由于在地球上汽车发动机经常启动数万次，因此，他们具备必要的经验，能够确保姿态控制系统在接近火星时可以进行频繁的重新启动。无线电遥测系统的质量为 212 kg，由航天仪器中央科学研究所研制，此仪器的组成部分包括：

- 3 个应答器接收机，工作频率为 790～940 MHz，功率为 100 W；
- 2 个 6 GHz 脉冲发射机，最大功率为 25 000 W，发送图片时，数据率为 6 kbyte/s，功率为 25 W；
- 2 个 790～940 MHz 发射机，数据率为 128 bit/s，用于遥测、距离、速度和指令等；
- 500 信道遥测；
- 天线：3 个飞行用半定向低增益天线，一个 2.8 m 高增益天线，用于火星抵达。

相机系统设计为每一侧能够存储 160 张 1024 像素的图像，并有一个内置扫描系统。共有 3 个摄像机，一个是 35 mm 规格，一个是用于 1 500 km×1 500 km 地面目标跟踪的 50 mm 规格，以及用于 100 km×100 km 拍摄的 350 mm 规格，这些相机使用了多种滤色器：红色、绿色和蓝色。特写拍摄系统预计能够发现火星上小至 200 m 宽度的特征形态。太阳能电池板面积为 7 m²，为储电能力为 110 A/h 的镉镍电池输送 12 A 电流。

拉沃奇金设计局决定加快进度，以及时完成 2 个火星探测器的研制。工程师昼夜不停地工作，甚至于在夜间派出专车去唤起管理人员起床，接他们来解决疑难问题。其他专家带折叠床到他们的工作场所。食堂奉命全天 24 小时开放并提供免费餐点，没有加班费。通用机械制造局负责人谢尔盖·阿法纳萨耶夫努力解决分包商和其他航天企业承包商的生产问题。部分供应商分布在很远的地方：燃料贮箱在奥伦堡（乌拉尔南部）制造，推进系统在 Ust - Katavisk 生产，着陆器在鄂木斯克制造。最终，在 1968 年，所有部件都汇合在一起，进行组装和测试。在 1968 年 12 月 31 日最后期限前 1 小时，2 个航天器组合体的组装和测试才宣告完成。一月份进行最后测试，二月份航天器被运送到拜科努尔航天发射场。

火星 69 号——二次设计

完成的火星 69 号

振动试验对于拉沃奇金设计局来说是一个挑战，因为它需要的
振动程度和规模远远超出飞机振动试验的水平。因此，火星探测器
被带到位于 Reutovo 的另一个工厂进行此项试验。与他们预料的一
样，试验结果是，一个金属支架脱离，小型发动机一架一架地脱落。
后来，他们采用了一种新型的加强型支架，重新进行振动试验，第
二次试验取得了成功。

但是航天器是在不带着陆器的情况进行振动试验的，因为着陆器
还没有建造完成。设计师们无法将着陆器及其仪器的质量大小控制在
限制范围之内，也没有足够时间来测试降落伞系统。在最后阶段，决
定仅使用轨道器来执行任务。探测器的最终发射质量为 4 850 kg。

任务方案再次进行了修订，这次将进入 1 700 km×3 400 km，
倾角为 40°的轨道，飞行周期为 24 小时——称为捕获轨道。飞行几
周之后，发动机点火，将轨道降至 500 km×700 km，以进行为期 3
个月的更近距离的成像和实验。抵达日期定为 1969 年 9 月 11 日和
15 日。

5.5 破碎的窗户，破碎的希望

1969 年 2 月初，拉沃奇金设计团队护送他们的 2 个火星航天器
到达拜科努尔航天发射场。该航天发射场的一部分已在当月月初首
次发射的 N-1 探月火箭的爆炸中遭到破坏。N-1 火箭的爆炸还摧
毁了拉沃奇金工程师驻扎酒店的窗户和中央供暖系统，使他们暴露
在-30 ℃的草原寒风之中。窗户被重新修缮，但是恢复已经结冰的
中央供暖系统需要较长的时间，因此必须提供小型电加热器，使室
温勉强保持在零摄氏度以上。航天器被安装到首枚质子号火箭上，
此型火箭是为了将探测器送到火星而专门建造的。

首次火星 69 号任务于 1969 年 3 月 27 日失败，当时，质子号火
箭第三级的转子发生故障，造成涡轮在第 438 s 起火，信号中断，火
箭残骸坠落在 Atlai 山脉。如果这次任务取得成功，将会命名为火星

2 号，因为它携带了一枚纪念勋章，向太阳系展示上面刻着的"火星2 号，1969 年"字样。

4 月 2 日，第二枚质子号火箭起飞，在升空后仅 0.02 s，右发动机立即涌出黑烟。其他 5 个发动机继续燃烧，巨大的火箭很快就失去了方向，开始侧向飞行，而不是向上飞行。其余发动机被关闭，40 s 后火箭第一级发生爆炸，产生密集的黑烟，距离发射场仅3 000 m。令人惊讶的是，第二级仍然完好无损，躺在地面上，但是随时可能爆炸。质子号火箭经历了其起步维艰的早期阶段的最糟糕时期，在此期间，大量的月球探测器经历了失败。格奥尔吉·巴巴金与他的工程师 2 年多来付出的所有努力倾刻间化为乌有。

令人更加难堪的是，那一年，美国人的火星探测取得了巨大的成功，先后发射了水手 6 号和水手 7 号探测器。就在尼尔·阿姆斯特朗（Neil Armstrong）、迈克尔·柯林斯（Michael Collins）和巴兹·奥尔德林（Buzz Aldrin）从月球胜利返回后的几天之后，2 个水手号探测器到达火星，飞过火星南部极地地区白雪覆盖的火山口，发回低分辨率但信息丰富的照片。水手 6 号发回了 75 张照片，水手7 号发回了 126 张照片，成像覆盖范围占整个火星表面的 9%。在为月球任务取得的成功而感到欢欣、如释重负而又精疲力竭的美国，这些显著的成就并没有引起多大的注意。

质子号火箭的问题使火星 69 号探测器毁于一旦，而且使下一年的月球任务陷入困境。最终，格奥尔吉·巴巴金说服部长谢尔盖·阿法纳萨耶夫引入重审查程序。这些工作在 1970 年春天和夏天展开，其中的一项重要工作是在 8 月 18 日进行了一次亚轨道试验。这些工作彻底改善了探测器的性能。但是，如果更早进行这些改变，苏联的太空历史可能会更乐观。

4 月 2 日的灾难对俄罗斯的火箭技术发展产生了重要的影响。发射工作引起了一位军方高层人士的注意，此人被航天工业的工人称为党和政府的"老板"。爆炸中喷发的硝酸有毒燃料扩散到很广的范围。发射场区周围的污染情况令人感到震惊，事实上，没有制定任

何清理程序：唯一的办法就是等待雨水将残留物冲洗干净。3 年后，
相关单位制定了一系列的长期设计研究计划，以满足苏联的未来火
箭需求，此计划代号为 Poisk，该计划的第一个建议是不再使用有毒
燃料，这意味着将重新使用煤油。

5.6　火星-71S：为着陆航天器打头阵的轨道器

1969 年的失败，让科研人员全力建造航天器的疯狂努力没有得
到回报。不仅如此，这次任务失败也意味着拉沃奇金设计局的科研
人员无法获得轨道数据和其他数据，而这些数据是保证计划于 1971
年进行的软着陆的成功所必需的。为此，格奥尔吉·巴巴金与他的
同事们最初考虑在 1971 年重新执行火星 69 号任务，这意味着需要
将着陆计划推迟到 1973 年。问题是，这将会浪费条件十分有利的
1971 年发射窗口，此窗口允许发射轨道器和着陆器的组合体，并可
携带更多的有效载荷。与此相反，在条件更不利的 1973 年窗口，着
陆过程困难重重——轨道器和着陆器必须被分割成两个任务部分。

为此，1971 年的任务决定使用 2 个软着陆器，并且采用一个轨
道器，为地面控制人员提供足够的信息，使他们可以精细调整软着
陆器的飞行路径，以紧紧跟随轨道器。这 2 个着陆器将使用一个预
编程系统执行火星轨道进入，但是地面控制人员可以利用轨道器的
新数据对系统进行更新。在抵达火星的一两个星期前，将会利用轨
道器的新星历数据对预编程系统进行更新，以确保良好的进入角和
轨道进入点火。M-69 设计被放弃，采用了一个更大规模、更新的
设计方案。

此策略将使苏联在火星轨道进入方面打败美国。但是，这虽然
很重要，却只是无奈之举。轨道器将尽早地在此窗口期发射，并额
外增加 800 kg 燃料，这是正常负荷的两倍。在科学院院长姆斯季斯
拉夫·克尔德什召集的任务规划师会议上，此项新计划获得一致同
意，此次会议于 1969 年 5 月下旬在位于应用数学研究所的原克尔德

什办公室举行。

新轨道器命名为火星–71S（S代表人造卫星或轨道器）。更多的燃料要求对贮箱系统重新设计。此项任务由 V·A·阿休什金（V. A. Asyushkin）承担，阿休什金后来成为了福布斯航天器推进系统的设计师。第三种贮箱设计方案是一个圆柱体。这次将系统作为一个整体重新设计也带来了一些好处，尤其是在试验过程中，可以方便地检修航天器的仪器，能够取出和重新装上各个部件，而不需要重新布线。其质量为 4 549 kg，其中包括 2 385 kg 燃料和气体。

火星–71S 轨道器

火星–71S 仪器

- 成像系统；
- 磁强计；
- 宇宙射线探测器；
- 2 个辐射计（一个红外）；
- 3 个光度计（一个红外，一个紫外）；
- 光谱仪；
- 带电粒子光谱仪。

对于火星–71 任务，巴巴金决定将控制系统的开发工作交给自动装置和仪器开发科学生产协会（NPO AP），后者是由尼古拉·皮柳金负责的大型公司；尼古拉·皮柳金是科罗廖夫设计师理事会（可以追溯到 1946 年）的原设计师之一，他出生于 1908 年 5 月 5 日，是制导领域的权威，他在进行战后德国 Wasserfall 防空导弹（一种比 V-2 更复杂的导弹）的制导系统分析工作中掌握了制导技术。对于一个为 M-69 探测器进行内部开发的系统来说，为什么选择由尼古拉·皮柳金负责控制系统的研制，原因尚不清楚。对于哪一种系统最合适，巴巴金与尼古拉·皮柳金长期存在争议。尼古拉·皮柳金想要使用他已经开发完成的 N-1 系统（但是巴巴金说太重），而不是在 1973 年之前提供更轻系统（巴巴金说太迟了）。

最后，产生了一个折衷方案：尼古拉·皮柳金的火星探测器新控制系统不仅控制火星探测器，而且控制质子号火箭的第 4 级即 Block D，从而使质量下降至 167 kg。他保证此系统将足以精确地完成机动、轨道飞行和降落。

轨道器-着陆器是 2 个大型航天器。它们被称为火星-71P，P 代表 pasadka 或着陆器。每个航天器都是一个类似于甜甜圈的圆柱形，高度为 3 m（加上顶部舱体后的高度为 4.1 m），配有大型抛物面天线、全向天线和 2 个硅太阳能电池板。一个轨道修正火箭装在底部。散热器进行惰性气体散热。着陆器封装在顶部。外面是天文导航传感器、2 个锥形低增益天线和磁强计。太阳能电池板的背面是圆锥形衰减天线。它们用于与降落舱进行数据链路通信。火星轨道器-着陆器的最终质量设定为 4 650 kg——轨道器重 3 440 kg，着陆器和锥形天线重 1 210 kg，都是加注燃料后的质量。轨道器干重为 2 265 kg。航天器包括：

• 推进系统，位于底部，包括存储硝酸燃料和氧化剂的分离部件及万向架支承发动机；

• 着陆器，位于顶罩内；

• 2 个太阳能电池板，2.3 m×1.4 m，展开宽度为 5.9 m；

• 2.5 m 的抛物面高增益天线；

• 928.4 MHz 主天线和太阳能电池板上的小型天线——用于与

着陆器通信；

　　• 导航仪器：用于测量行星角度的敏感器、地球敏感器、星敏感器，高精度太阳敏感器和粗精度太阳敏感器；

　　• 实验仪器。

5.7　如何抵达和软着陆？

　　火星抵达是一个关键阶段，航天器必须确定其确切位置，在准确的降落位置投放着陆器，然后进行发动机点火以正确进入火星轨道。这是一次关键性的导航试验，要求具备非常精确的火星星历知识。虽然苏联天文学家掌握了良好的火星光学信息，但是只有美国的航天器曾经绕火星轨道飞行。OKB 拉沃奇金设计局的规划师们详细研究了美国的水手 4、6 和 7 号任务报道。他们曾非正式地请求美国提供未公开的火星星历资料，但是美国并不打算提供给他们[9]。

　　飞行计划是这样的：在抵达火星前 7 小时，此时距离火星50 000 km（称为第一个测量点），光学测量系统将调整航天器的方向，以实现与火星交会。然后，锥形着陆器分离，以进行独立飞行。发动机喷嘴转向飞行路径，并执行 100 m/s 制动机动，然后，开始降落。对于主航天器，将在距离火星 20 000 km 时进行"二次测量"，这将计算进入火星轨道的发动机点火点，此位置应该是距火星最近的点，距离为 2 350 km（±1 000 km）。计划点火时速度达到1 190 m/s。

　　与多年后美国人和欧洲人在土卫六着陆的惠更斯探测器任务相比，这是一种不同而且更复杂的机动方法。在土卫六任务中，卡西尼主航天器和惠更斯着陆器组装成一体，进入土卫六的撞击轨道。主航天器投放着陆器，然后进行机动以避免撞击。对苏联火星探测任务来说，有一种极为普通的调整方向手段。但是分离后，着陆器将不得不进行自己的发动机点火，当主航天器进行自己的入轨机动时，着陆器进入火星大气层。

设计师花了很多时间来考虑将着陆器投放到火星表面的最佳方法，并思考如何应付密度尚不能确定的火星大气层。最后，他们决定使用一个直径为 3.2 m 的 120°锥形结构。他们希望采用宽度最大的圆锥体，以在进入过程中具有最大的稳定性、最快的制动，以及降落伞能以最快的速度打开。他们刚开始时考虑仅使用火箭发动机进行着陆，但是，由于对空气密度了解有限，这种方案被认为成功机会很低，因此改为降落伞与火箭系统组合方案［在决定海盗（Viking）号火星探测器的着陆方案时，美国人也经历了类似的选择］。降落伞将在马赫数为 3.5 时打开。

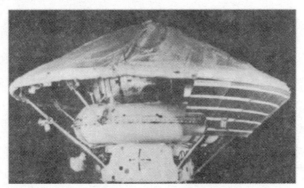

锥形的火星-71P 着陆器

对于最后着陆阶段，则考虑了更多的方案。着陆将由雷达高度计触发，雷达高度计将决定最后的发动机点火时间，并发出指令引爆火药火箭，使降落伞脱离。他们考虑使用橡胶袋，因为橡胶袋曾经被成功地用于月球 9 号的月球软着陆中。但是设计师们认为存在这样的概率：发动机的气体会使橡胶袋破裂并导致它们发生爆炸。因此，最后决定在着陆器周围使用 200 mm 厚的高强度保护性塑料泡沫，提供最终着陆时的缓冲。降落到火星表面后，4 个塑料泡沫片将打开，使着陆器保持正确的姿态，并打开仪器。

值得庆幸的是，当进行降落伞系统试验时，N·A·洛巴诺夫（N. A. Lobanov）研究局的降落伞着陆设施研究（NII PDS）已经

尤里·科普托夫

具备了高速降落伞展开经验。N·A·洛巴诺夫研究局自己建造了一个 13 m² 的减速伞和一个 140 m² 的主降落伞。他们建造了一个小型气球，以将着陆器模型提升到 32 km 高度，然后投放进行着陆试验。后来，模型被提升到更高的高度，达到 130 km，由 M - 100B 气象火箭发射升空。这样的试验共进行了 15 次。带领火星着陆空气动力学试验团队的是尤里·科普托夫

(Yuri Koptev)，后来，他曾经担任俄罗斯航天局局长（1992—2004年）。共建造了 5 个着陆器模型用于高空试验，并建造了不同直径尺寸的降落伞用于试验。弹射器也被用于触发着陆器模型以模拟火星表面上点火，水平冲击速度为 28.5 m/s，垂直速度为 12 m/s，着陆器设定为能吸收最高 180 g 的冲击力，并进行了全模拟着陆。在一次试验中，进行了真空设施中的着陆器着陆，整个过程为 25 min，一个漫游车进行短程行进，并承受了 25 小时的 6 mbar 压力和 25 m/s 风速及极端温度的环境。以后，又重复进行了整个试验周期，包括全新的通信联系。真实着陆器在发射之前进行了消毒，以防止污染。

所有这一切都意味着，着陆器将会完成艰难的火星大气层进入。下降舱是一个直径为 2.9 m 的平顶锥形。姿态控制由一个气体燃料小型发动机和 4 个火药发动机完成。进入程序包括以下几个重要阶段，每个阶段用一个 T 代号表示。

- 在距火星 46 000 km 处进行分离。
- 900 s 后，火药发动机点火，以 120 m/s 的速度开始进入。
- 1 250 s 后，调整进入方向。用锥体边缘处的小型喷嘴进行旋转。
- 以 5 800 m/s（100 s）的速度进入火星大气层，有以下 10 个

关键点（T）：

T1　　由加速度计提示，在马赫数为 3.5 时启动降落伞；

T2　　10 s 后，拉出收拢的主伞；

T3　　激活仪器；

T4　　12.1 s 后，主降落伞完全充气；

T5　　14 s 后，释放圆锥体；

T6　　19 s 后，激活着陆高度计——这时以最大 65 m/s 的速度开始降落；

T7　　25 s 后，软着陆发动机从着陆舱顶部拉出，挂在降落伞下方；

T8　　27 s 后，低空雷达激活，发动机点火，此阶段可能持续 20～200 s；

T9　　高空雷达探测 16～30 m 范围内的火星表面，并启动软着陆发动机；

T10　　低空雷达显示速度低于 6.5 m/s，命令软着陆发动机解除降落伞。

着陆之后（着陆速度不能大于 12 m/s），将有 15 s 的延时，使着陆舱稳定下来。15 s 后，一条指令将操作压缩空气打开减速伞盖。然后，仪器被激活，将以 72 000 bit/s 的速度进行双信道数据传送，传送 500×6000 像素的全景图像。每次通信会话时间为 18～23 min。将进行三四天的信号传送。

着陆器是一个蛋形舱，重 358 kg，宽度为 1.2 m。其目标是：

- 在火星表面软着陆；
- 返回 2 个具有 360°视野的电视摄像机拍摄的火星表面图像；
- 利用风速计、温度计和压力计提供火星气象条件数据；
- 测试火星土壤的机械和化学属性；
- 提供有关火星大气成分（质谱仪）的信息。

实验仪器重 16 kg。着陆器有一个质谱仪用于研究大气成分、温度、压力和风速；一个样本采集斗进行表面土壤采集和试验；4 个天

火星-71P 着陆器

线与轨道器进行通信；电池可以提供数天的电力供应，另外还有热控系统。不同探测器携载的仪器差别不是很大。

5.8　小型漫游车

着陆器携带一个小型步行机器人或滑动漫游车，其代号为 PrOP‐M，质量为 4.5 kg，通过电缆连接到着陆器，以进行通信。PrOP‐M 是 Pribori Otchenki Prokhodiwiosti‐Mars 的缩写，字面意思是"评估越野运动的仪器"。这些设备由亚里山大·克穆尔德日安（Alexander Kemurdzhian）（1921—2003 年）开发，亚里山大·克穆尔德日安是贮箱设计师，他负责的 VNII Transmash 公司建造了月

亚里山大·克穆尔德日安

球漫游车——"月球车"（Lunokhod）。该滑动漫游车是一个 250 mm×200 mm×40 mm 的矮箱体，配有动

力触探仪和辐射密度计。PrOP - M 设计为能在滑板上行走 15 m，这是连接电缆的最大距离限度。它被设置为每行走 1.5 m 后停下来进行一次测量。滑动漫游车内置人工智能：当它遇到一个障碍时，会使用另一侧的滑板绕过障碍。直到 1992 年 4 月，漫游车的存在才得到了确认。

为进行表面拍摄，着陆器携带了精确光度计相机，其类型与用于月球 9 号首次软着陆时使用的相机相同。虽然经常被描述为一个电视摄像机，但是它更准确的名称应该是精确光度计，它采用了圆柱体结构，为扫描镜留出空间，以进行侧面目标扫描。这些相机是光机电相机，并不使用普通意义上的胶片，而是扫描光亮度，以视频（模拟或数字信号方式）返回不同光亮度的图像。

瓦季姆·伊斯托明

质谱仪由大气科学家瓦季姆·伊斯托明（Vadim Istomin）（1929—2000 年）研制。他的这种质谱仪曾经进入地球大气层（搭载探空火箭），灵敏度非常高，曾发现了气态陨石的离子。

火星 - 71S 和第二个着陆器配备了一个法国实验设备，这是首次在行星际任务中搭载国外设备。此设备名为“立体声”（Stereo），用来研究 169 MHz 太阳辐射，以 T 形天线的形式安装在太阳能电池板上。这次仍然采用保密的习惯做法：法国仅提供实验设备，不仅未参与他们的实验设备与航天器的组装工作，甚至不许查看组装图纸[10]。法国人只是得到通知，告之他们的设备已经完成安装，但是没有告诉安装在哪里——实际上，一台设备安装在火星 - 71S 上，另一台设备安装在火星 3 号上。

轨道器的任务目标是：

• 对火星表面和云层进行成像；

• 确定火星表面的物理和化学特性；

- 测量大气特性；
- 监测太阳风、行星际和火星磁场；
- 作为着陆器的通信中继。

环绕火星轨道飞行的主航天器携载大量的仪器，每个航天器搭载的仪器基本相同。火星 3 号的仪器重 89 kg。火星 2 号和火星 3 号都是第一次使用 Zufar 相机（350 mm）和 Vega 相机（52 mm），这些相机由空间设备工程研究所的阿诺德·谢里瓦诺夫（Arnold Selivanov）设计。每台相机重约 9 kg。作为对火星 69 号相机的改进，它们携带了足够多的胶卷，可以拍摄 480 张照片。以 12 张为一组进行拍摄，每组间隔时间为 35～40 s。计划在火星轨道飞行的前 40 天在最接近火星的位置点完成大部分图像的拍摄。虽然无法获得火星-71S 的仪器清单，但是已经知道至少包括一个辐射计和一个磁强计。

火星-71P 照片中继传送系统

火星-71P 轨道器实验设备

• 8～40 μm 波长红外辐射计——能够测量最低 －100 ℃ 的温度。

• 光度计，用于分析水蒸气浓度。

• 红外光度计。

• 紫外光度计，用于检测氢气、氧气、氩气。

• Lyman－α 传感器，用于检测大气中的氢气。

• 可见光光度计，研究表面和大气反射性。

• 直径 3.4 cm、高 60 cm 的射电望远镜，用以确定表面和大气反射率，由此推演出低于火星表面（50 cm）的温度。

• 红外光谱仪，用于测量二氧化碳。

• 图像电视设备——配有 350 mm 相机（Zulfar）和 52 mm 广角相机（Vega），带有红、绿、蓝和紫外线滤色器，使用 1 000 线和 10 m 分辨率扫描系统。

• 无线电掩星实验设备，用于获取大气结构信息。

• 质谱仪，用于寻找水蒸气和二氧化碳。

• 辐射计，用于确定表面温度。

• 磁强计。

飞行实验设备

• 用于测量银河系宇宙射线和太阳粒子辐射的仪器。

• 8 个静电等离子体传感器，用于确定 10 000～30 000 eV 太阳风的速度、温度和成分。

• 三轴磁强计，用于从太阳能电池板臂杆位置测量行星际火星磁场。

• 磁通门磁强计。

• 宇宙射线粒子探测仪。

• 电子和光子带电粒子光谱仪。

着陆器

• 质谱仪。

- 温度和压力传感器。
- 风速计。
- 相机。
- 土壤分析仪。
- 滑动漫游车 PrOP - M。

5.9　火星-71S 的失踪及其后果

苏联已经知道了美国 1971 年的火星探测计划。在 1969 年水手 6 号和 7 号取得成功之后，美国计划发射水手 8 号和 9 号，这次将绕火星轨道飞行。虽然苏联的轨道器将在水手 8 号发射后一天进行发射——这是因为在两个不同发射场的发射窗口有所不同，但是苏联的航天器仍然会超过水手 8 号而率先到达火星。

在 1971 年 5 月 9 日水手 8 号坠入大西洋之后，苏联的压力得到了缓解。第二天，苏联的火星-71S 轨道器按时发射，质子号火箭首次将火星探测器送入地球停泊轨道（145 km×159 km）。一个半小时后，火星-71S 应该在地球轨道上飞经几内亚上空。但是，一个错误的八位数字代码被发送给航天器以进行 Block D 点火，导致发生事故。此次任务代号为宇宙-419，2 天后航天器从轨道坠落。对于拉沃奇金设计局来说，这是新一代火星探测器的一个令人沮丧的开端。质子号火箭的 3 次发射全部以失败告终，让他们备感失望。在此期间，法国丢失了他们的"立体声"实验设备，但是他们对此一无所知。

火星-71S 轨道器的失败造成了无法获得导航和轨道数据的严重后果，这意味着苏联将不会得到良好的火星星历数据。他们无法利用最新的星历数据来更新他们预设定的进入指令和轨道点火机动指令。取而代之的是，2 个探测器在到达火星时，将不得不对它们的位置进行精确的光学测量，并实时修改预设定指令。这是一个复杂、冒险的方案，比他们以前尝试过的任何方案都更加复杂。

5.10　最后的航程

现在就看火星-71P系列探测器的表现了。5月19日，火星2号进入137 km×173 km，87.44 min，51.8°的地球停泊轨道。这一次点火很成功。当火星2号距离地球248万km时，在9天后的5月28日，火星3号探测器也跟随而来，并且直接宣布其目的是进行软着陆。

虽然公告称火星2号表现完美（事实也是如此），但是，法国人对于他们没有获得其太阳辐射仪器的任何数据感到诧异。因此，苏联人不得不解释说，仪器发生了电子故障，现在还不能返回数据。多年后，法国人发现，他们的仪器实际上安装在已经被毁的火星-71S轨道器上。在发射窗口的最后一天，即5月30日，美国的水手9号发射升空。这一次，美国的做法比苏联更聪明，因为使用了更快的轨道，除非水手9号发生故障，否则苏联将不会成为第一个把航天器送入火星轨道的国家。

到7月底，火星2号距离地球1 700万km，火星3号紧随其后，二者相距200万km。随着与地球的距离越来越远，探测器记录到地球磁场尾部延伸距离达到1 920万km。6月17日，火星2号用其火箭发动机改变轨道，6月8日火星3号也进行了相同的轨道调整。在整个夏天，莫斯科电台不断地播报这两个航天器的飞行状况，声称它们正在以每24小时192 000 km的速度飞离地球。几乎每天都进行通信联系，事实上，是在每个晚上进行通信联系，因为叶夫帕托里亚市只有在晚间其视线才对着航天器。事情似乎进行得很顺利。

火星3号的太阳能电池板上安装了第二组法国制造的"立体声"实验设备，以测量太阳射电辐射。这是第一次在飞行实验中提供这样的测量结果。在8月底，"立体声"设备记录到了速度为300 km/s和600 km/s的太阳风中的氢粒子。

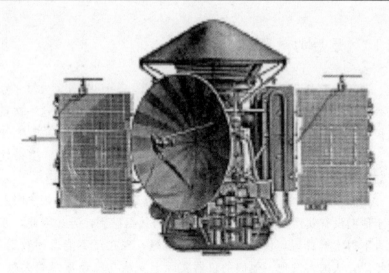

火星 2 号

5.11　格奥尔吉·巴巴金，1914—1971 年

事实上，虽然在莫斯科广播电台乐观的报道中并没有被提及，但是地面控制人员已经克服了一个严重的问题。在 6 月 25 日出现了一个危机。两个航天器上的分米波段发射机几乎同时出现了故障。每个航天器都切换到备用的发射机，但是它们同样也很快失效了。厘米波段发射机也被启动，虽然做出了反应，但是它的指向显然偏离了地球。在两个航天器上同时发生完全相同的三重失灵非同寻常，这让地面控制人员非常困惑。当时所有的民用航班都挤满了兴高采烈去黑海度假的旅游者，因此拉沃奇金设计局的人员不得不乘坐军用飞机前往叶夫帕托里亚。到达那里后，他们立刻开始试图重新修复造成通信失败的状况。他们设法使原来的发射机重新发射，但是传送速率有所降低。他们始终没有能够将厘米波段发射机修复，之后开始采取预防措施，以避免这些天线受到阳光照射。

8 月 3 日，设计局的首席设计师格奥尔吉·巴巴金突发心脏病去世，年仅 57 岁。他此时正处于极富创造力的年龄，并且已经在计划新的任务[11]。在 301 设计局（OKB－301）负责行星际任务之后的 6 年中他一直担任拉沃奇金设计局的领导工作。在深空任务方面，他是科罗廖夫当之无愧的接班人。他见证了金星 7 号在金星上成功软着陆，而他的两个新探测器也正处于迈向征程的最后阶段。拉沃奇金设计局中的科研单位就是以他的名字命名的。

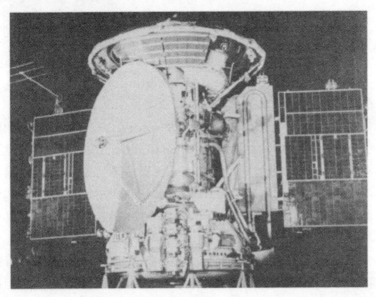

火星 3 号

在巴巴金的设计局工作了仅 1 年的谢尔盖·克留科夫（Sergei Kryukov）接手了他的工作。10 年前（1961 年），科罗廖夫曾经指定他为副总设计师，与瓦西里·米申等人一起工作，因此他有着很好的声望。希蒂奇（Siddiqi）[12] 称他是一个身材高大、带眼镜、不太爱说话的人。谢尔盖·克留科夫 1918 年 8 月 10 日出生在克里米亚的巴赫切萨拉伊，父亲是一名水手，母亲是护士。克留科夫幼年时母亲一直生病，并在他 8 岁那年去世。年轻的克留科夫在一家孤儿院度过了童年的大多数时光，不过他的亲戚最终从孤儿院将他接走，以保证他能受到教育。在学业上他很快就赶了上来，1936 年进入了斯大林格勒机械研究所，然后进入了它的炮兵工厂，并且在斯大林格勒被德军围攻的时候一直在该工厂中工作。战争结束后，他进入莫斯科高等技术学院继续学习，同时在那里的第 88 炮兵学院工作。不久，他就被送到德国，任务是对德国先进的"蝴蝶"地空导弹进行反向工程。回国后，他被派往第 1 设计局（OKB-1）为谢尔盖·科罗廖夫工作，他在那里开发了 R-3、R-5 和 R-7 火箭。

谢尔盖·克留科夫

在 R-7 的设计中，他是排在科罗廖夫、米申、吉洪拉沃夫之后的第四号人物。他因自己的贡献而获得了列宁勋章。完成 R-7 的设计后，克留科夫继续开发火箭上面级，主要是闪电号的 Block I 级和 Block L 级。被分配到开发质子号 Block D 和 N-1 的工作中后，他与瓦西里·米申在 1970 年产生龃龉，并设法转到了拉沃奇金设计局。当时他完全没有想到能够在 1 年后成为那里的主管。

就像巴巴金的死亡带来的打击还不够似的，计划中即将进行的着陆出现了不祥的征兆。美国的水手 9 号在 10 月底开始对它的相机进行测试。这带来了令人不安的消息。火星本来应当是寒冷、安静的南方春天，但是现在这个星球却遍布着肆虐的沙尘暴。整个火星都被翻滚着的红色和棕色云团笼罩，什么都看不见。而火星 2 号和 3 号已经经过预编程，将会降落到其中间。水手 9 号还为美国赢得了一个不同寻常的"第一"——它于 11 月 14 日进入火星轨道，成为第一个绕另一个行星轨道飞行的探测器。云风暴对水手 9 号来说并不是一个严重的问题，它只需等着风暴过去，然后就能继续执行有史以来最为成功的火星地图绘制工作。

5.12　第一次到达火星表面

　　火星 2 号和火星 3 号在接近风暴席卷的火星时，进行了最终的轨道修正。火星 2 号在 11 月 20 日修正了路径，并在抵达日（27 号）那天进行了最终调整。火星 3 号在抵达日（12 月 2 日）进行了路径修正。

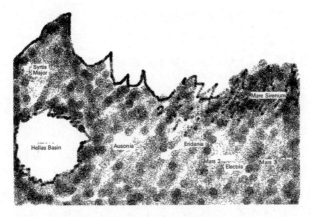

火星 2 号和 3 号的着陆地点

　　经过 192 天的航程后，火星 2 号于 1971 年 11 月 27 日如期抵达。着陆之前 7 小时，在指定的时刻进行了光学定位，目的是保证着陆器的正确下降角度和母航天器进入火星轨道的正确制动点火时间。虽然以前没有经过测试，但是 GNC 系统还是工作得非常完美，将着陆器正确地对准进入和着陆方向。火星 2 号当时处于着陆器分离和点火进入轨道的完美路径上。可是，在这一阶段出现了一个电子故障，而悲剧的是新的方位并没有传送给主计算机[13]。不管怎样，着陆和轨道进入操作还是进行了，但是却是按照之前 5 月计算出的旧的、预编程的轨迹，而不是新的、现场更新的轨迹朝向。着陆器被分离，它的发动机进行了制动点火，将飞行器减速以进入火星。4 小时后，这一锥形体以 21 600 km/h 的速度进入火星大气。在这一过程中形成了激波，使它的温度达到了数千摄氏度。由于无法纠正轨迹，使其下降角度过于陡峭，在降落伞能够打开之前几分钟就撞到了火星表面上。着陆器还没来得及传送信息，火星 2 号就已经粉身碎骨了。我们可以确定的是，这个带有苏联旗帜的着陆器成为了第一个到达火星表面的地球物体，地点是南纬 44.2°、西经 213°，位于一个被称为 "Eridania" 的圆形空地中，在海拉斯（Hellas）盆地以东 480 km。

至于轨道器，它的发动机进行了点火，不过按照的是之前 5 月计算的时间点进行的。这个后果没那么严重，而且没有影响探测器进入火星轨道，只不过进入的并不是预想的轨道。

5.13　火星 3 号：第一次软着陆

火星 3 号在距火星 2 号 100 万 km 的后面飞行。经过 188 天的航程，它于 12 月 2 日到达距离火星 70 000 km 的地方，并调整自己的方位，准备进行一系列复杂的机动动作。这一过程同样也进行得非常顺利。火星 3 号使用自己的光学导航系统来正确地调整方位。不过，这一次用于着陆器分离和确定后续轨迹的导航数据得以正确地传送。

分离在进入火星之前的 4.5 小时之前进行。舱体进行旋转以获得稳定性，然后火箭进行短暂的点火，将锥形体设置好，准备进入火星。之后它开始降低旋转速度，以免降落伞缠绕到一起。火星 3 号开始在南半球被称为 Electris 和 Phaetonis 的浅色区域降落。火星 3 号穿过大气层和打开降落伞的时间只有 3 min。加速度计触发一个引导伞，然后是收起的主伞，此时它仍然处于超音速状态。当速度降低到马赫数为 1 的时候，主伞展开。变得又红又热的防热罩被抛弃，无线电发射机开始发送数据。高度计也被打开。正在下降的舱体在狂风中飘摇，飘过布满尘土的红色火星表面。当距离火星表面 25 m 时，舱体上方的一个小型火箭将降落伞弹开，以免它落到

450 kg 的着陆舱上面，而另一个火箭的短暂点火则用于减缓着陆速度。这是一套复杂的机动操作组合，用来尽量减小下降和着陆冲击力，同时保持较小的质量。

软着陆是在 1971 年 12 月 2 日 16：50：35 实现的。4 个瓣式罩打开，圆顶形状的着陆舱停在火星的沙地上，这是有史以来的首次软着陆。之后天线展开，向天空搜索，TV 相机开始扫描。视频传送在 90 s 后的 16：52：05 开始，通过 2 个独立的信道以 72 kbyte/s 的速度传送。但是令人气恼的是，传送在 14.5 s 后就中断了。

火星 3 号传来的火星边缘图像

这里开始出现了太空时代的一个谜团。当时，没有人知道为什么链路会中断。莫斯科广播电台声称在接收到的视频中"没有明显的异常"，但是却没有公布这段视频。一些人认为是传送故障，另一些人则认为是母航天器出现了故障，还有一些更加阴暗的说法是根本就没有接收到任何信息，这只是一个骗局。美国解读数据后认为火星 3 号差不多进行的是 20.7 m/s 硬着陆，但这可能对解释故障原因没有什么帮助，因为莫斯科广播电台声称，着陆舱的设计不仅可以承受硬着陆，而且能够耐受火星表面 360 km/h 的风速。着陆地点为南纬 44.9°、西经 160.08°，距离南极极冠最北边缘不远。

地面控制人员过了一段时间后才意识到这一情况。着陆器并不是直接向地球传送数据，而是通过轨道器进行传送。这时，又几近发生一个新的灾难。轨道器需要在轨道进入半小时后使用它们的太阳敏感器稳定自身。采用这一延迟的原因是要让发动机刚刚点火造成的烟灰散去，不会弄脏太阳敏感器脆弱的光学仪器。几分钟后，当太阳敏感器启动时，出现了故障，这可能是由于灰尘和航天器失去稳定性造成的。幸运的是，还有一个备用的太阳敏感器，按照指令应当在1小时后打开，此时烟灰应当已经散去（因为保持锁定）。地面控制命令航天器将表面传送的磁带录音中继过来。在所有的重放中，传送都在14.5 s后失败了。更加让人沮丧的是，他们对为什么2个独立的发射器会同时出现故障茫然不解。后来，设计师弗拉基米尔·佩尔米诺夫获悉在第二次世界大战期间沙尘暴和电晕放电是如何对无线电传送产生奇怪效应的，而这可能就是当时发生的情况。

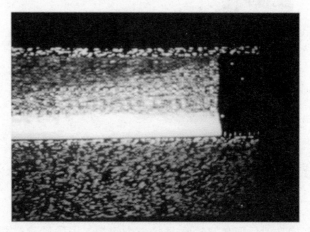

火星3号拍摄的火星表面图片

增强后的火星3号地平线图像

若干年之后，在苏联公开化（glasnost）的日子里，一些研究人员在翻阅维尔纳茨基研究所的莫斯科档案时惊奇地发现了来自火星的第一张照片。这一信号被再次打印出来，结果是一个地平线和岩石前景的图片！这一照片的质量虽然不能赢得摄影大赛的奖项，但是它证明了当时确实接收到了图像。显然，那时候苏联的审查人员认为图像的质量太差而无法发布，并且认为没有图片要比一张糟糕的图片要强。即使是今天，照片分析人员仍然对火星 3 号的图片存在争议。一些人认为图片确实显示了地平线，而增强后的照片并没有成功地显示令人满意的更多细节。另一些人则坚持认为因为探测器被风吹翻，因此图像实际上是上下颠倒的。不管怎样，可以确定的是，火星 3 号确实实现了软着陆，确实从火星表面传回了一些信号，而它的任务就此提前结束了，原因可能是沙尘暴。

5.14　轨道任务

虽然火星 2 号着陆失败，火星 3 号的信号中断并且轨道切入有误，但是 2 个母航天器都成功地完成了 9 个月的科学任务，一直到 1972 年的 9 月份为止。在考虑火星 2 号和 3 号任务的时候，人们往往忽视了这些成功。实际上，返回的数据是非常丰富的[14]。火星 2 号和 3 号检测了火星周围和行星表面的环境（火星的总体大气状况，特别是沙尘暴），特别是它的热分布。这些成果的了不起之处在于，因为厘米波段发射机的损耗，来自火星轨道的数据本来很可能是非常有限的。幸运的是，无线电设计师梁赞斯基在关键时刻伸出援手，他找到了一种方法，可以显著提高分米波段发射机的数据传送率。

火星 2 号进入了一个 1 380 km×25 000 km 的近轨道（其远拱点低于原来的计划），以 48.9°的倾角每 18 h（原来计划 25 h）围绕火星飞行一周。火星 3 号有着类似的近拱点（1 500 km），但是飞行的距离要远得多（远拱点为 190 000 km），需要 12 天 19 小时才能完成倾角为 60°的一圈轨道飞行。一些人估计火星 3 号的轨道可能延伸得更远，达到了 209 000 km[15]。火星 3 号的轨道过远，以至于影响到了它的科学数据采集。造成轨道过远的原因并不清楚。这可能是因为当确定方位时，修正进入点火的数据没有被传送给计算机（虽然对于着陆器来说这一点成功地实现了，而且发动机也根据预先编程的信息进行了点火）。另一个更加简单的可能性是点火的时间过短[16]。

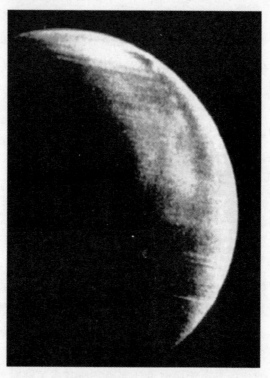

火星 3 号发回的火星新月照片

事实上，这种相当不同的轨道可能获得了比预期更加丰富的科学成果。通信会话是每天都进行的。大多数信息是在 1971 年 12 月到 1972 年 3 月间传送的。不过信号传送一直持续到 1972 年 8 月 22 日，这是任务正式结束的日期，此时火星 2 号已经绕火星飞行了 362 圈，火星 3 号飞行了 20 圈。在这么长的时间里，火星与地球之间的距离在不断增加，最后已经达到 2.3 亿 km 之遥。火星 2 号出现了严重的遥测问题，因此大多数科学数据都是由火星 3 号提供的，这并不是偶然的。

　　就像他们的月球轨道器那样，苏联的火星轨道器也被设计为到达轨道后很快就开始执行成像任务。这有着若干主要原因。首先，当初在月球 9 号任务中，他们第一批月球图像就被英国的焦德雷尔班克射电天文台夺去了功劳，因此他们希望能够保证自己第一个获得数据。其次，苏联的宇宙飞船要比同时期美国的航天器设计寿命短得多，因此应当快速完成任务。成像具有最高的优先级，因此应当首先执行，特别是在可用最大的太阳能时。虽然原来计划在飞行的最初 40 天内获得大多数照片，但是由于沙尘暴而不得不推迟了，第一批图片直到 1 月 22 日才在莫斯科的电视节目中展示。

火星 3 号拍摄的远距离火星照片

对火星的照相受到 2 个因素的限制。首先，沙尘暴吞没了火星，这意味着到 1972 年之前火星表面都是不可见的。其次，相机设置得过亮，因此它们的照片看起来过度曝光。和水手 9 号的情况一样，1972 年沙尘暴减弱后，照相数据开始改善。第一批图片显示了有着环形山的区域、高达 15 km 的山脉，以及没有环形山的平原（大概是海拉斯盆地）。图片显示了高达 3 100 m 的山峰和低于参考线 1 200 m 的凹坑。科研人员还观察到高出基准线 22 km 的火山山峰（现在估计巨大的奥林匹斯山达到 24 km）。

广角相机和窄焦距相机都是用滤镜来获得光谱不同部分的测量值。火星 2 号关注于近距离成像，而火星 3 号则在较远的距离上获取广角图像，而且它当时处于一个很好的位置，可观察遍布这个星球的沙尘暴。火星 2 号和 3 号发回了 60 张照片（大多数是火星 3 号获得的），这些胶片以 1 000 行进行扫描，并以电子方式发送回地球，就像 1959 年的自动行星际站和 1965 年的探测器 3 号那样。火星 3 号拍下了一些引人注目的照片，包括在其轨道远拱点上拍到的新月形火星图像。正常的程序应当是在最接近行星的地方将主扫描仪器打开大约 30 min。例如，在火星 3 号上，射电望远镜在轨道延伸 1 500～5 000 km 时被打开，并在一段时间内覆盖 200 km² 的范围。这两个火星航天器关注从北纬 30° 到南纬 60° 的区域。火星 3 号主要的照片在 4 个会话过程中采集：12 月 10 号和 12 号、2 月 28 号和 3 月 12 号。在第一批照片中，有一张照片显示了大气层的边缘，以及在稀薄空气中翻滚的尘沙。火星 3 号本来应当用两个发射机来发送照片，但是其中的大功率脉冲发射机出现了故障，因此只能使用低分辨率发射机来发送 250 行分辨率的图像。射电望远镜是由无线电天文学家阿卡德·库兹明（Arkady Kuzmin）（生于 1923 年）研制的，他多年来用仪器测量行星大气、压力、密度、成分和温度。

一个早期发现是轨道异常，这在 1972 年 1 月的第一周变得很明显，它类似于月球的质量密集区，并且火星的两极有着大约 35 km 的明显扁平。火星 2 号的近地点在一个月内从 1 250 km 变为

1 100 km，而到了 4 月，测量到的异常值达到了平均 150 km。

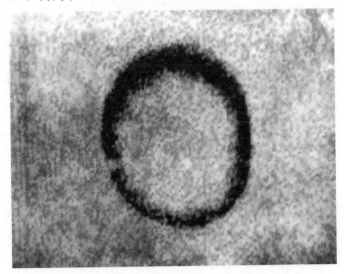

火星 3 号拍摄的火星陨石坑

火星 3 号拍摄的火星山脉

　　探测器绘制了火星大气与太阳风之间的交互作用。探测器在带电粒子区域有所进出，因此火星似乎形成了抵御太阳风的激波。法国"立体声"仪器在 2 月 25 日被关闭，此时它已经提供了超过 185 小时的 1 MB 数据，这在当时还是很可观的数据量[17]。磁强计的读数表明火星存在着非常微弱的磁场，但是对这一数据更可能的解读是这实际上是因行星际磁场的失真，而不是由火星内核形成的真正磁场。

　　2 月 16 日，火星 2 号飞过了 Hellespont，Iapygia 和 Syrtis Major，标记出高达 12 km 和 15 km 的地形升起，测量了大气压（5.5～6 mbar）和温度。火星 3 号发现了水[18]。在海拔高度为 40 km 的地方检测出云层粒子。湿度或水蒸气的比例很小，"只有头发丝那么细"，水的浓度只有地球的 1/2 000～1/5 000，而大多数水都是在赤道地区发现的。如果大气中所有的水都被冷凝，那么覆盖到地表上也只有 15 μm 厚。不过，火星上还是有足够的大气，使得夜间在明暗交界线后方 200 km 处出现了可察觉的气辉。在大气层很高的地方，紫外线滤镜发现了又长又薄的云层。在 100 km 的高度，二氧化碳大气趋于分解为一氧化碳和氧气。在高达 800 km 的地方也可以发现微量的氧，而在火星上方 10 000～20 000 km 的地方发现了氢冕。

　　火星 2 号和火星 3 号发现沙尘暴在大气中可以达到 10 km 的高度。在关于 1971 年火星大沙尘暴的报告中，苏联科学家得出如下结论：

　　• 沙尘暴持续了 3 个月，而且性质极不规律，在星球的某些部分非常强烈，在另一些部分则不那么强烈；

　　• 沙尘颗粒主要由硅酸盐构成，质量非常轻，需要几个月的时间才能沉降下来；

　　• 尘云可达 8～10 km 高；

　　• 在沙尘暴肆虐的时候，地表温度能够下降大约 25 ℃，而大气温度则因为吸收太阳辐射而变暖。

　　$8\sim40\ \mu m$ 的红外辐射计在随后的轨道飞行中测定了条状区域中的表面温度分布。火星 3 号在接近火星表面时打开了一系列仪器，在火星地貌上标记了一个轨迹。主要的会话是在 1971 年 12 月 15 日和 27 日、1972 年 1 月 9 日和 16 日，以及 1972 年 2 月 28 日进行的。射电望远镜可以测量 50 cm 深的表面温度。火星 2 号和 3 号编制的火星热分布图表明：

　　• 在夏天正在过去的南半球，温度范围为 $-13\sim-93\ ℃$；

　　• 在处于隆冬的北极，温度下降到 $-110\ ℃$；

　　• 土壤温度在白天没有变化，但是在日落之后，地表温度迅速冷却，这表明火星上有着低导热性和很干的砂质土壤；

　　• 火星上的阴暗区域（"海"）要比明亮区域（"大陆"）冷却得更慢一些；

　　• 存在着一些热点区域，那里的温度要比周围的区域高不少（可以高出 10 ℃）；

　　• 表层下方 0.5 m 处的温度从来不会高于 $-40\ ℃$；

　　• 赤道带的土壤温度平均为 $-40\ ℃$，但是在南纬 60°处，无论白天还是黑夜，温度均下降到 $-70\ ℃$。

　　至于火星表面，可以估算出土壤密度在 $1.2\sim1.6\ g/cm^3$ 之间。不过，这一密度并不是一成不变的。在 Cerberus 区域（这是一个较热的区域），计算出的密度为 $2.4\ g/cm^3$，而有些地方密度则达到了 $3.5\ g/cm^3$。人们认为火星表面覆盖着主要成分是氧化硅的尘土，但是尘土的平均厚度仅有 1 mm。

　　在西方的舆论中，火星 2 号和 3 号的成功被水手 9 号盖过了风头。虽然与苏联的航天器相比，水手 9 号的个头很小（包括燃料在内，它的质量仅有 1 031 kg），但是它携带了全套的科学仪器，这些仪器对行星周围大气、温度、压力和环境方面的成功测量完全能够与火星 2 号、3 号媲美。水手 9 号绘制了 70% 的火星表面，获得了 7 000 张图像，与火星 4 号、6 号和 7 号在绕飞火星时传回的暗淡图像相比提供了更加详细的细节。水手 9 号让科学家们惊叹不已，它

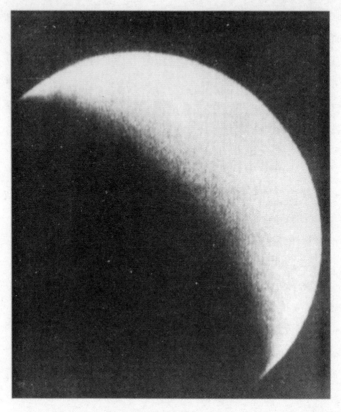

从火星 3 号上看到的火星

发回了关于环形山、火山、河床、峡谷和沙丘的引人入胜的图片，这些图片明白无误地表明这一星球过去是有水的。火星突然变成了一个非常有意思的探索之地。第二年秋天（1973 年），瓦西里·莫罗兹向在阿塞拜疆巴库举行的国际宇航联大会提交的论文认为，虽然火星现在是干燥的，但是过去可能有着丰富的水资源——而且可能就在 25 000 年前。

在以后的几年中，火星 2 号和 3 号的科学成果在论文里发表，一些论文关注于火星表面探测结果，一些论文关注于大气，另一些论文则关注于火星周围的空间环境。总的来说，火星 2 号和 3 号取得了很大的成就，扩展了我们关于火星的知识，就像下面总结的那样：

火星 2 号、3 号的科学成果：主要发现

- 质量密集区对轨道路径的影响可达 150 km；
- 两极扁平，达 35 km；
- 沙尘暴高度达到 10 km；
- 抵御太阳风的激波；
- 表面温度、压力、密度；
- 下层大气和上层大气的成分；
- 二氧化碳在 100 km 的高度分解；
- 确定白天和夜晚地表温度分布。

火星 2 号、3 号的科学成果：火星表面

- 温度：$-110\sim13$ ℃；
- 压力：$5.5\sim6$ mbar，是地球大气压的 $1/200$；
- 表面密度：$1.2\sim1.6$ g/cm^3，有些地方可达 3.5 g/cm^3；
- 成分：灰尘主要由氧化硅构成，厚度为 1 mm。

火星 2 号/3 号的科学成果：大气

- 成分：二氧化碳，90%；氮气，0.027%；氧气，0.02%；
- 水蒸气：$10\sim20$ μm，是地球的 $1/2\,000\sim1/5\,000$；
- 氩-40：0.016%。

火星 2 号、3 号的科学成果：环境

- 电离层底部：$80\sim110$ km；
- 非常弱的磁场；
- 氧气达到 800 km 高度，氢气达到 10 000 km 高度；
- 氢冕达到 $10\,000\sim20\,000$ km。

5.15　大型火星编队：2T-212 的问题

苏联决定利用 1973 年的发射机会全面进军火星探测。美国在水手 9 号成功后计划在 1975 年发射 2 个大型、昂贵的轨道器-着陆器，即海盗（Viking）号火星探测器，这成了苏联最为重要的考虑因素。1973 年的发射窗口是苏联在美国的海盗号探测器到达火星之前获得火星表面信号传送的最后机会。鉴于火星 3 号已经非常接近目标，因此这次的成功率预期得非常高。

美国不会对苏联的意图产生很多误解。1973—1975 年是东西方的缓和期，而尼克松总统和苏联领导人列昂尼德·勃列日涅夫已经达成协议，认为应当在 1975 年进行联合载人任务（阿波罗-联盟号）。双方成立了多个联合工作组，以促进多个领域的空间合作，例如生物学、医药学和行星探索。在第一批协议中，苏联向美国提供了来自火星 2 号、3 号和金星 8 号的数据。作为回报，苏联请求美国提供他们的火星大气模型、1974 年春的火星环境的预报，以及水手 9 号对 2 个着陆区域绘制的地图。

1973 年的火星发射窗口不像 1971 年的那么好，无法发射轨道器-着陆器组合体。因此，4 个航天器被分为 2 组，每组 2 个：火星 4 号和 5 号仅为轨道器（火星-73S，S 代表人造卫星），这 2 个航天器除了自己的科学计划外，还将作为着陆器的中继器；火星 6 号和 7 号（火星-73P，P 代表着陆），它们的母船将飞越火星，不会尝试进入轨道[19]。一个重要的变化是，着陆器被设计为在打开降落伞下降的过程中也会传送数据，就像"金星"探测器进入金星大气所做的那样。航天器的高度为 4.2 m，底座直径为 2 m（太阳能电池板展开后宽 5.9 m），质量为 3 895 kg，其中母航天器重 3 260 kg，着陆舱重 635 kg。遥测数据以 928.4 MHz 的频率传送。

火星 4 号和 5 号上的实验仪器（火星-73S）

- 磁强计；
- 红外辐射计，研究表面温度；
- 等离子体离子捕捉器；
- 无线电掩星设备，用于确定大气密度分布；
- 射电望远镜旋振计，用于探测火星表层以下；

- 2 个旋振计，用于确定表面纹理特征；
- 光谱仪，用于研究上层大气放射；
- 窄角静电等离子体敏感器，用于研究太阳风；
- 莱曼-阿尔法光度计，用于搜索上层大气中的氢；
- 3 个相机：Vega 相机（52 mm），Zulfar 相机（350 mm），全景相机；
- 二氧化碳光度计；
- 水蒸气光度计，用于检测大气中的水；
- 紫外光度计，用于测量臭氧；
- Stereo 2，用于研究太阳放射（法国）；
- Zhemo：太阳质子和电子（法国）；
- 光度计（4 个）；
- 旋振计。

火星 6 号和 7 号绕飞舱上的实验仪器

- 远距光度计；
- 莱曼-阿尔法光度计，用于搜索上层大气中的氢；
- 磁强计；
- 离子捕捉器；
- 窄角静电离子传感器，用于研究太阳风；
- 太阳宇宙射线传感器；
- 带电粒子探测器；
- 微陨石传感器；
- 太阳辐射计（法国）；
- 无线电掩星设备。

火星 6 号和 7 号着陆器上的实验仪器

- 相机和远距光度计；
- 温度计；
- 压力、密度、风速传感器；
- 加速度计；

- 大气密度计；
- 质谱仪，用于分析大气成分；
- 土壤活化分析实验仪器；
- 机械属性土壤传感器。

火星 4 号和 5 号轨道器携带着 Vega、Zufar 和全景相机，这些设备比 1971 年的任务有了很大改善。航天器上携带了前所未有的大量胶卷，长度不少于 20 m，能够拍摄 480 张照片。能够以 1/50 s 或 1/150 s 的速度拍摄。可以选择至少 10 种扫描速度，而不仅仅是快/慢 2 种扫描模式。事实上，共使用了 3 种模式：预览（220×235 像素）、正常（880×940 像素）和高分辨率（1760 × 1880 像素）。照片以 6 kbit/s的速度转发回来。2 个全景相机是光学-机械直线类型的，使用一个镜子来组成图像，可以从行星的一个地平线到另一个地平线跨越 30°，扫描速度为 4

阿诺德·谢里瓦诺夫

行/秒。这些相机要比着陆器中使用的光学-机械圆形画景相机先进，因为直线型相机用于移动、绕飞或轨道飞行的航天器。这些相机是由阿诺德·谢里瓦诺夫设计的，首先在 1971—1972 年由月球 19 号在月球轨道中进行了测试，然后才用于 1973 年的火星探测器中。构成一幅全景照片的时间为 90 min。着陆器携带着瓦季姆·伊斯托明设计的光谱仪，该仪器曾在火星 3 号中首飞。

在“立体声”实验设备成功后，便安装了更多的法国设备。“立体声”再次被搭载，并且还有一个新的实验设备：是由巴黎默东天文台的奥杜因·多尔菲斯（Audouin Dollfus）和列昂尼德·克桑福尔马利季（Leonid Ksinformaliti）合作建造的一个目视旋振计，称为VPM-73（Visual Polarimeter Mars 1973）。

发射准备工作进行得相对比较顺利，但是到航天器集成测试时就出现了问题。所有 4 个航天器上的电子系统都在测试中失效，而罪魁祸首原来是沃罗涅日工厂制造的一个不起眼的晶体管，叫做 2T - 212。为了省钱，沃罗涅日工厂将指定的金制耐用引线换成了便宜的铝制引线。问题在于，腐蚀往往会导致铝制引线在 1 年半或 2 年后失效。沃罗涅日工厂的晶体管是 1 年前制造的，因此当探测器接近火星时它们"很可能失效"。所有的航天器上都安装着许多 2T - 212 晶体管，因此它们几乎需要全部拆卸，同时还要组织新的镀金生产线，这需要 6 个月的时间，早就超过发射日期了。已经没有时间来拆卸航天器并安装新的高质量标准电路，因此另一种方案就是推迟 2 年。

他们展开了大量的风险评估工作，以检查这种晶体管在其他一些不相干行业中的失败率。给出的故障概率是五五开。为了急于打败美国人，这一概率被认为是可以接受的，因此通用机械制造部决定不管怎样还是继续执行原来的计划。而对于科学家们来说，他们或许是担心如果任务推迟 2 年，那么可能最后根本就不会发射，那样就完全没有成功的希望了[20]。

在发射前又出现一个危机，第三个航天器（后来的火星 6 号）的电源控制系统发生了短路。调查结果发现，虽然有工程监理，但是有一个技术人员还是把上百根线端给接反了。如果采取保守的措施，那么应该取下并更换受损的电源控制系统。但是因为担心这会影响探测器的按时发射，因此技术人员将线端以正确的方向重新连接，检查之前的测试没有造成明显损坏后，就得出了集成测试没有进一步事故的结论。

5.16　在途中

所有 4 个航天器都发射成功。火星 4 号是在 7 月 21 日发射的，当火星 5 号于 25 日升空时，火星 4 号已距离地球 130 万 km 之遥。第一次航向修正分别在 7 月 30 日和 8 月 3 日进行。4 艘跟踪船在大西洋对任务进行跟踪。火星 6 号和 7 号分别于 8 月 5 日和 9 日从地球升空。莫斯科广播电台在 9 日晚上自豪地给出了火星编队与地球的距离：火星 4 号距地球 640 万 km，火星 5 号为 500 万 km，火星 6 号为 150 万 km，而火星 7 号则距离地球 10.2 万 km。这是第一次连续 4 次发射全部成功的记录。火星 6 号在 8 月 13 日进行了轨道修正，火星 7 号则在 8 月 16 日进行了轨道修正。

令人担心的计算机问题果然还是发生了。火星 6 号不仅像其他航天器那样有着不好的晶体管，而且在集成测试中也受到过损伤，因此是第一个垮掉的，它在 9 月底停止了信号传送。当时罗奥德·萨格杰耶夫（Roald Sagdeev）及时通报了这一点，但是没人太重视[21]。地面控制人员仍然抱着一线希望，不相信航天器已经完全失败了，希望这只是一个孤立的故障，因此还在继续发送指令，孤注一掷地希望接收机仍然能够工作。接着，火星 7 号也过早地出现故障，只有一个发射机工作。接着倒下的是火星 4 号，计算机的 3 个通道有 2 个都失效了，因此第二次中途轨道修正已经变得不可能完成。

直到 15 年后的"公开化"期间，晶体管问题才被揭开。当火星编队离开地球时，苏联媒体曾经大肆宣扬，但是后来的报道却偃旗息鼓，让人觉得媒体的期望被有意地降低（如今我们将这叫做"新闻管制"）。很快，相比于火星 2 号、3 号任务，火星编队的进展已经很少在苏联媒体上出现，似乎是要抑制人们的期望。如今我们知道这是为什么了。

由于火星 4 号的计算机故障以及没有完成第二次轨道修正，因此无法到达进入火星轨道所需的准确位置。它以 1 844～2 200 km 的距离掠过火星，因为距离火星太远而无法进行点火进入轨道。尽管如此，地面控制人员决定利用接近火星的时候来执行 6 min 的照相扫描。火星 4 号确实对火星南半球的条带区域拍下了 12 张 Vega 照片和 2 张全景照片，从西到东，包括火星 6 号的预定着陆区域，发回了无线电掩星数据，并继续在太阳轨道上发送数据。在那里，它以每 567 天的周期继续进行着 22°、1～1.63 AU 的轨道运行。

　　3 月 9 日出现了类似的失望局面，火星 7 号给出了正确的设置和指令来让着陆舱分离、点火和下降，而程序看来都是正确的[22]。分离按照计划完成，一切似乎都很顺利，但是着陆舱中有故障的计算机逆转了 15 min 后点火的指令。结果，着陆器以 1 300 km 的距离掠过火星，追随着它的母航天器进入到太阳轨道中去了。火星 7 号本来几乎肯定会降落在南纬 43°、西经 42°的 Argyre Planitia 的 Galle 环形山中，这也是苏联请求美国提供的水手 9 号着陆器地图中的另一个区域[23]。掩星数据在绕飞期间传送。法国"立体声"设备从发射起，一直工作到 1974 年 5 月。火星 7 号的数据传送至少一直持续到 1974 年 9 月，它是 4 个航天器中最后一个停止发送信号的。

火星 4 号飞过火星

到达火星的时间，1974 年

2 月 10 日	火星 4 号
2 月 12 日	火星 5 号
3 月 9 日	火星 7 号
3 月 12 日	火星 6 号

5.17　火星 6 号到达红海

　　地面控制人员几乎已经放弃了火星 6 号，它在 3 天后的 3 月 12 日到达：自从去年 9 月开始，从火星 6 号听不到任何消息。虽然没有人知道，但是火星 6 号（虽然出现了发射机故障）仍然继续对地面指令做出响应，并进行自主操作。计算机将航天器正确地定位于火星上方，并按照火星 2 号和 3 号的方式正确地调整了轨迹。着陆器适时地以 55 000 km/h 的速度分离，而母航天器则以 1 600 km 的距离飞过火星，在太阳轨道巡航飞行。火星 6 号确实执行了一项无线电掩星实验，其结果可以与火星 4 号和 5 号的实验媲美，而这些实验发现在黑夜一侧的电离层的电子密度为 4 600 cm^{-3}。

安装于着陆器供下降用的额外通道现在证明了其价值。当航天器在离火星 4 800 km 的高度，以 11.7°的角度向火星俯冲时，向地面发回了多普勒信号，这时地面控制人员第一次知道了航天器仍然在工作。着陆点位于南纬 23°54′、西经 19°25′的红海（Mare Erythraeum）。

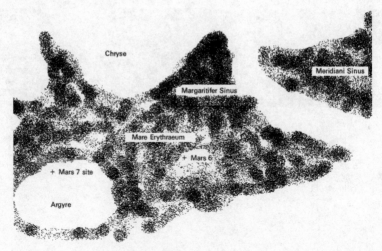

火星 6 号、7 号的着陆点

在离火星大约 45 000 km 远的距离，1 210 kg 的着陆舱以 5.7 km/s 的速度分离，在 3 月 12 日的 11：53：38 进入火星大气。高空制动作用将着陆舱速度降到 600 m/s，在 20 km 高度上，在高空雷达指示下，降落伞收帆，然后在 645 kg 的着陆器上方完全打开。这时科学仪器全部开启，以 122.8 MHz 和 138.6 MHz 的频率和256 kbit/s的速度向母航天器发送中继信息。它们开启了 149 s，但是当航天器以 61 m/s 的速度撞到火星表面时信号传输就中止了，这是标准的下降速度，但是要远高于 6.5 m/s 的预期着陆速度。1.3 s 后完全失去了信号。

当地时间为 15：30，正值春季，刮着 8～12 m/s 的轻柔东风。我们不知道到底哪里出了差错。可能是航天器没有能够经受住撞击，但是这些机器的构造非常坚固，而且撞击时的速度也在试验的限度之内。航天器经受的最大应力是在 75～29 km 的快速下降阶段（这仅仅形成 1 min 的黑障期），因此，与火星撞击时航天器已经经过了最为困难的阶段。也可能是最终的着陆火箭点火发生故障，不过低空雷达似乎工作正常。我们不知道这是怎么回事，而火星 6 号也不是最后一个在着陆后失去联系的着陆器。

下面是着陆时间表：

11：39：07	从着陆器接收到多普勒信号，4 800 km
12：06：20	因黑障信号传输中止，75 km
12：07：20	黑障期后重新获取信号，29 km，开始传送数据
12：08：35	降落伞展开
12：08：44	降落伞充气
12：11：04	在火星表面上失去联系

当时，苏联人宣布在下降过程中传送了信息，但是却没有再多说些什么，公告内容为——当下降时，火星 6 号对火星大气的化学成分进行了第一次直接测量，确定它主要是由二氧化碳组成的，但是在大气中也找到了氩气。发生的情况似乎是，本想着陆后再传送整套数据，但在下降过程中仅返回了若干有限的光谱仪数据，因此所得到的分析结果是基于有限的下降数据的。对数据的研究一直持续了几年，并经过多次修改。

下降过程中的实况传送确实给出了有关压力、温度和大气成分的数据，因此可以编制大气分布图[24]。压力读数表明，高层大气压

火星 6 号即将着陆

为 2 mbar，当降落伞展开时达到 3 mbar，降落时大气压上升到了 5.45 mbar。温度读数表明，在 29 km 的高度上温度为 -131～ -109 ℃，到 12 km 的高度上升为 -63～-58 ℃，而在着陆时达到了 -27 ℃。在 7.3 km 到 200 m 之间的高度获得风力测量值，读数在 12 m/s 和 15 m/s 之间波动。获取了减速测量值，标记了在进入、降落伞展开和着陆时的重力，表明重力达到 9 g。计算出着陆点距行星中心 3 388 km。与 1971 年的情况有所不同，下降过程中的能见度非常好，因此搭载的光度计在下降过程中获取了大气的彩色滤光图像[25]。自从探测器 1 号 1964 年飞往金星时光度计就被搭载在行星探测器上，而第一批这样的探测结果是由金星 6 号在 1969 年返回的。

对下降过程中测得的大气化学成分有一些矛盾的报告，即确定它主要是二氧化碳，但是也发现了氩气[26]。化学成分数据波动很大，表明有很高的水含量和氩气含量，有些地方高达 25%～45%。现在我们已经知道实际的比例大约为 1.6%，因此可能是仪器出了故障。萨格杰耶夫的观点是，数据受到晶体管故障的影响，因此是错误的[27]。

火星 6 号获得的接近火星表面的探测结果

风速　　　　　　　8～12 m/s
表面温度　　　　　−27 ℃（246 K）
表面压力　　　　　5.45 mbar

从火星 3 号到火星 6 号，苏联积累了下降数据（火星 6 号）并估算了表面数据（火星 2 号、3 号），为以后的火星着陆计划打下了坚实基础。不过，到目前为止，火星 6 号仍然是最后一个到达火星表面的苏联探测器。

5.18　火星 5 号的短暂成功

火星编队中另一个获得成功（虽然很短暂）的是火星 5 号，它于 1974 年 2 月 12 日准确地进入倾角为 35°19′17″、周期为 24 h 52 min 30 s、5 154 km×35 980 km 的火星轨道。刚进入火星轨道不久，它的内务数据管理仪器就报告增压密封仪器舱出现了缓慢的泄漏。因此，原来计划的 3 个月的科学计划被突然压缩到了 3 个星期。

每次接近火星时，相机会拍下大约 12 张照片，主要的扫描活动发生在 2 月 17 日、21 日、23 日、25 日和 26 日。5 张全景照片扫描了 30°的条带区域，每个扫描线达到 512 像素，获得的全景照片覆盖了从北纬 5°到南纬 20°、西经 130°到西经 330°的条带，包括水手峡谷（Mariner Valley）。在获得的 108 张照片中，有 43 张质量不错，并组成了 5 张全景照片。这些照片显示了火山、干枯的河床、构造断层、沙底的火山口，以及地貌侵蚀。苏联科学家对火星 4 号和 5 号拍摄的火星照片特征进行了研究，找到的一些东西被解读为是曾经的河谷、冰川地带和河流，并推论火星过去有着众多的河流，而且气候也暖和得多。火星 5 号是第一个携带了照相偏振测量仪的行星探测器，用于测量大气浊度及表面尘土和砂粒。这一法俄合作研制的仪器能够读取火星表面上的细节。例如，红海就像是一个布满灰尘的月海，而且其他区域则看起来像沙丘（Claritas Fossae，Thaumasia Fossae 和 Ogygis Rupes）。在 Lampland 和 Bond 火山口中有一些大石头，不过已经风蚀了。

火星 5 号

火星 5 号获得了有关火星大气的一些重要发现。沿着飞行轨迹，火星 5 号的仪器发现大气湿度波动的数值相差 5 倍。火星 5 号的光度计发现了 80 μm 的水蒸气，而火星 3 号的数据则是 10～20 μm（后来海盗号确定了更高的数值，发现极地区域的水蒸气高达

100 μm)。如果这些水蒸气冷凝到表面上，那么将覆盖火星表面达到
100 μm 的深度。此外，火星 5 号的仪器还发现从一个区域到另一个
区域水蒸气含量有很大不同，之间相差 4 倍。火星 5 号在赤道上方
30 km 处发现了臭氧层，并再次确认了 20 000 km 外有氢原子存在，
其浓度为地球的 1/1 000。氩气的存在也被确认。在 Tharsis 发现了
较高的水蒸气含量（100 μm）。还检测到沙尘暴并进行了跟踪[28]。
二氧化碳光度计绘制了 6 个大气层二氧化碳分布曲线。在高层大气
中发现了类似于卷云、带有细微尘粒的黄色云层。在经过近地点时，
对表面温度进行了测量，读数为从白天的 −1 ℃ 到夜间的 −73 ℃。
一些地方火星表面的大气压（可能是位于火星 6 号着陆地点下面一
点的位置）达到了 6.7 mbar。

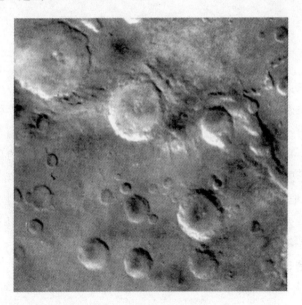

火星 5 号拍摄的环形山

　　火星 5 号携带了一个 256 通道的 γ 射线光谱仪，获得了 9 h 长数
据集：距离地球 6 100 万 km、8 500 万 km、9 300 万 km，以及来自
火星轨道的 6 个数据集。γ 射线光谱仪在低空掠过 Thaumasia，

Argyre，Coprates，Lacus Phoenicis，Sinus Sheba，Tharsis 和 Aria Mons 火山时打开，探测包括从北纬 20°到南纬 50°、从 Amazonis 到红海的巨大条带区域，覆盖面积达到 40 万 km^2。火星表面的铀、钍和钾的含量与地球上的基性火成岩差不多，但是比例有所变化，这取决于相关岩石的年龄，以及它们是比较年久的高原结构层还是年轻的火山结构层[29]。分析的岩石尺寸范围为从风吹地区的 0.04 mm 颗粒到其他地区的 0.5 mm 颗粒。发现了以下火星岩石成分。

火星岩石成分（火星 5 号）

氧	44％
硅	17％
铝＋铁	19％
钾	0.3％
铀	$0.6×10^{-6}$
钍	$2.1×10^{-6}$

来源：Surkov（1997）[29]

有关火星磁场的问题继续吸引人们的注意。火星 2 号和 3 号的数据表明，火星的磁场强度为地球的 0.015％，但是苏联科学家并不确定这是真正的本地磁场还是太阳风粒子在行星阴影处的聚集而造成的磁场假象。现在他们似乎更加确定这是一个磁场，位于偏离中心 15°的地方，目前正处于南半球。火星 5 号的数据帮助科学家们绘制了围绕火星的 3 个等离子体区。太阳风在 350 km 之外以马赫数为 7 的速度撞击火星，并形成了弓形激波。

火星 5 号的发现

- 火星岩石成分；
- 大气湿度变化；
- 水蒸气的水平；
- 30 km 处的臭氧层；
- 存在氩气；
- 表面温度：白天－44～－2 ℃，夜间－73 ℃；

- 外大气层温度：21～81 ℃，从 87 km 到 200 km 下降 10 ℃；
- 弱磁场：0.003%；
- 表面大气压力：6.7 mbar（结合火星 4 号、6 号数据）；
- 电离层电子密度：110 km 处为 4 600 cm^{-3}。

2 月 28 日，经过 22 圈飞行后，火星 5 号因减压而最终失效。这可能并不算是个大问题，因为苏联的航天器被设计为能在很短的周期内采集大量的信息，而不像美国的航天器那样需要较长的周期。

虽然在西方的报道中，1973 年的火星编队基本上是失败的，但它们其实也获得了一些重要成果。火星 6 号提供了火星大气分布曲线，而火星 5 号在火星 2 号和 3 号轨道器的基础上又添加了大量的信息。火星 4 号、5 号拍摄的火星照片具有科学权威性并且非常美观，令人印象深刻：A·V·西多伦科（A. V. Sidorenko）在 *Poverknost Marsa* 中对这些任务的科学成果进行了大篇幅的地理、地质和地貌分析[30]。火星 5 号任务的一些特定成果发表在《宇宙研究》（*Kosmicheski Issledovania*）的特刊中（13 卷第 1 期，1975 年；15 卷第 2 期，1977 年），而火星 4 号、5 号和 6 号的成果则

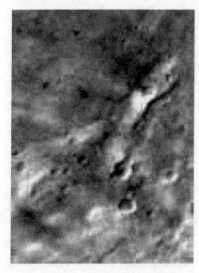

从火星 5 号上看到的火星

在 4 年后由瓦西里·莫罗兹以著书的方式出版成书，书名为《火星物理》（*Physics of the Planet Mars*）（莫斯科科学出版社，1978 年）。这些大部分都被西方所忽视。而在科学界之外，苏联的大众媒体很少宣传火星编队的成功，这可能是因为他们觉得没有实现自己雄心勃勃的目标，不过更可能的原因是担心人们关注到影响计算机电路的问题。

5.19　火星编队的余波

从苏联方面而言，虽然获得了一定的科学成果，但是火星编队的表现还是非常令人失望。1974 年夏天，苏联的行星际计划弥漫着非常沮丧的气氛。通用机械制造部部长谢尔盖·阿法纳萨耶夫（Sergei Afanasayev）决定不再建造这一代的火星探测器，不过当时已经开始了将这类探测器用于较近的金星目标的计划。阿法纳萨耶夫要求谢尔盖·克留科夫开始工作，准备在 20 世纪 80 年代引入通用的火星-金星探测器，这后来成为了 UMV（通用火星-金星）系列。他还宣布晶体管的时代已经结束，以后在 UMV 探测器中将使用电子系统。

接下来的几个月中，苏联航天计划深受打击。1974 年 5 月，谢尔盖·科罗廖夫的继任者、首席设计师瓦西里·米申被解雇，被他最大的对手瓦连京·格鲁什科所取代。这位新首席设计师的第一个决定就是下令对苏联航天计划的核心——月球计划进行彻底审查。科罗廖夫的 N-1 火箭从 1956 年开始，已经发射了 4 次，而第 4 次就快接近成功了，现在则被取消，从而使苏联不仅失去了自己的登月火箭，而且失去了发起火星探测和发射大型空间站的能力。相反，格鲁什科将他毋庸置疑的天才能力集中到强大的新型能源号运载火箭（Energiya）和能够与美国媲美的暴风雪号航天飞机（Buran）研制上。这些新计划的制订是在 1976 年进行的。拉沃奇金设计局除了名字前面加了个 NPO（表示科学和生产组织）外，没有受到这些变动的直接影响。

这一时期的组织动荡也在苏联空间研究所（IKI）中有所体现，虽然这里发生的主要是人事变动而不是组织结构的变化。征得政府同意后，姆斯季斯拉夫·克尔德什将罗奥德·萨格杰耶夫引入到苏联空间研究所担任第二任主管，取代了格奥尔吉·彼得洛夫。罗奥德·萨格杰耶夫 1933 年出生于莫斯科，他从一位数学家转变为一位核物理学

格鲁什科

家，并在科学城（Akademgorodok）度过了自己的职业生涯。科学城是遵照赫鲁晓夫的指示建造的，位于西伯利亚。科学城遵循了沙皇时代迎接流放到西伯利亚的不同政见者的传统：赫鲁晓夫希望他们远离莫斯科受束缚的环境而获得科学（以及一定程度上的政治）自由，但是他（还有他们）知道西伯利亚太远了以致于足以被忽略。时年 40 岁的萨格杰耶夫从西伯利亚带来了他开放、充满质疑的态度，并很快开始了新官上任的三把火。他任人唯贤地聘用年轻的科学家，而不是看他们的政治立场；他招募犹太人，而其中一些人正受到政治怀疑；他争取计算机的现代化，并提出与西方合作的好处，包括与美国合作。他学过英语，争取与国外的科学家交换信息，并且抱怨那些让事情变得复杂的琐碎限制；而他最强烈批评的还是政府对复印机的态度（当时复印机必须注册，以免被不当地用于破坏政府的活动）。实际上，在戈尔巴乔夫（Gorbachev）提出公开化（glasnost）和改革（perestroika）之前，萨格杰耶夫就已经开始实施了。萨格杰耶夫拥有个人魅力，有着明智的政治判断，具有耐心，这些都使他有可能突破更多的障碍[31]。

罗奥德·萨格杰耶夫

　　格鲁什科和萨格杰耶夫的到来提供了重新考虑行星际任务的机会。当萨格杰耶夫到来时，火星编队正在顺利的准备当中。火星编队之后的这段时期后来被称为"星球之间的战争"[32]。科学院的科学家们对争取政治上能获得威望、竞争性任务的热情正在减退，因此提出了他们认为更加合理的日程。他们认为，苏联应当将重点放到金星上，在该领域苏联的专长已经获得了公认，而其他领域的任务应当进行完善而不是直接挑战美国。因萨格杰耶夫力争把注意力放到现已有专长的领域，结果被贴上了"金星人"的标签。并不是所有人都赞同"金星人"的观点，他们指出，从金星能够得到的研究成果有限，而火星才是更加有趣的星球，具有这种理念的阵营称为"火星人"。出乎他们意料的是，"金星人"的观点占了上风，而政治领导人决定在 1975 年的下一个发射窗口不发射火星探测器。金星将是苏联未来 10 年行星探索关注的目标。"金星人"赢得了第一回合，不过我们也将看到，"火星人"只是暂时偃旗息鼓，他们准备着下一步的动作。

事实证明，在 1975 年不与美国针锋相对地竞争是一个明智的决定，因为美国的 2 个海盗号探测器取得了惊人的成就，苏联在那一年没有什么机会能够做得更好。海盗号计划代表了美国行星际探索规模的重大进展，这些大型、复杂的航天器几乎重达 4 t，接近于苏联火星探测器的尺寸。这一计划非常昂贵，成本达到 10 亿美元，并且可以追根溯源到 20 世纪 60 年代初的旅行者号计划。海盗 1 号和 2 号的母航天器进入火星轨道后，它们的相机可以在着陆之前先扫描潜在的着陆地点，这一技术水平是火星 2 号~7 号系列所不能比的。这一功能非常明智，因为最初的着陆场所其实并不合适，需要寻找新的地点。海盗号的着陆方法为锥形头部、降落伞和火箭，这与苏联的火星号计划类似，但在最后 2 000 m 的下降阶段全程使用制动火箭来实现软着陆。海盗 1 号于 1976 年 7 月 20 日着陆（这是登月 7 周年的日子），而海盗 2 号则在一个月后着陆。这 2 个着陆器也很幸运，因为如果它们的着陆地点再偏离几米，那么就会撞上大石头而翻倒。它们在火星表面拍摄了彩色照片，使用机械臂挖掘土壤并放到化学实验室中，它们就像火星上的气象站。它们的母航天器在水手 9 号工作的基础上对火星进行了大量的测绘工作，使人们对这一星球的了解多了一倍。

　　"月球车"（Lunokhod）漫游车在月球上获得成功之后，运输机械控股集团（VNII Transmash）针对火星漫游车提出了一系列的设计，包括六轮车辆、滑雪行走机器，还有带拖车的机器。虽然这些设计完全有可能让美国的成就黯然失色，但是将这些大型车辆安全地运送到火星表面首先就是一个问题，而且成功机会并不太高。

　　火星编队令人失望的结果、"星球之间的战争"，以及不与美国直接竞争的决定，这些都有着广泛的影响。在 20 世纪 70 年代，苏联行星探测的领导地位无疑落到了美国人手里。而在此之前，苏联一直是首先向行星发送探测器的。美国向木星（先驱者 10 号，1972 年）、水星（1973 年）和土星（先驱者 11 号，1973 年）发送了第一个探测器。1977 年，几大行星的排列方式提供了良好机会，使航天器能够掠过木星并到达土星、天王星和海王星，这一任务被称为"大旅行"。美国为此准备了 2 个航天器：旅行者 1 号和 2 号，而它们出色的任务完成情况也创造了历史。在科罗廖夫时代，苏联总是抢先一步。而现在苏联对这样的任务甚至没有加以考虑，这反映了 2 个竞争对手之间的情况发生了变化。直到 1990 年，苏联才开始第一个木星探测器的设计研究。

　　不过，更好的日子还在后面，因为"金星人"的胜利为苏联行星探测高峰期的到来铺平了道路。

参 考 文 献

[1]   Grahn, Sven: *A Soviet Venus probe fails – and I stumble across it*, http: // www. svengrahn. ppe. se

[2]   Kerzhanovich, Viktor and Pikhadze, Konstantin: *Soviet Veneras and Mars – first entry probes trajectory reconstruction science*. Paper presented to the international workshop on planetary probe atmospheric entry and descent trajectory analysis and science, Lisbon, Portugal, 6th – 9th October 2003.

[3]   Objects from the Cosmos 482 launch. *Spaceflight*, vol. 44, September 2002.

[4]   Venus – 470 ℃ in the Sun! *Soviet Weekly*, 16th September 1972.

[5]   Varfolomeyev, Timothy: The Soviet Venus programme. *Spaceflight*, vol. 35, #2, February 1993.

[6]   Clark, P. S. : *Block* D. Paper presented to the British Interplanetary Society, 5th June 1999.

[7]   Huntress, W. T. , Moroz, V. I. and Shevalev, I. L. : Lunar and robotic exploration missions in the 20th century. *Space Science Review*, vol. 107, 2003.

[8]   Perminov, V. G. : *The difficult road to Mars – a brief history of Mars exploration in the Soviet Union*. Monographs in Aerospace History, no. 15. NASA, Washington DC, 1999.

[9]   Huntress, W. T. , Moroz, V. I. and Shevalev, I. L. : Lunar and robotic exploration missions in the 20th century. *Space Science Review*, vol. 107, 2003.

[10]   Ulivi, Paolo: *Exploration of the solar system*. Springer / Praxis, Chichester, UK, 2007, forthcoming.

[11]   Tyulin, Georgi: Memoirs, in John Rhea (ed.): *Roads to space – an oral history of the Soviet space programme*. McGraw – Hill,

London, 1995.

[12] Siddiqi, Assif: *The challenge to Apollo*. NASA, Washington DC, 2000.

[13] Much of our fresh information on the final stages of the Mars 2 and 3 missions comes from [8]: Perminov, V. G. : *The difficult road to Mars - a brief history of Mars exploration in the Soviet Union*. Monographs in Aerospace History, no. 15. NASA, Washington DC, 1999. For an original account, read Belitsky, Boris: How the soft landing on Mars was accomplished. Soviet Weekly, 15th January 1972.

[14] Turnill, Reginald: *Observer's book of unmanned spaceflight*. Frederick Warne, London, 1974. Surkov, Yuri: *Exploration of terrestrial planets from spacecraft - instrumentation, investigation, interpretation*, 2nd edition. Wiley / Praxis, Chichester, UK, 1997.

[15] Clark, Phillip S. : The Soviet Mars programme. *Journal of the British Interplanetary Society*, vol. 39, #1, January 1986.

[16] Huntress, W. T. , Moroz, V. I. and Shevalev, I. L. : Lunar and robotic exploration missions in the 20th century. *Space Science Review*, vol. 107, 2003.

[17] Ulivi: Paolo: *Exploration of the solar system*. Springer / Praxis, Chichester, UK, 2007, forthcoming.

[18] Kondratyev, K. Ya. and Bunakova, A. M. : *The meteorology of Mars*. Hydrometeorological Press, Leningrad, 1973, as translated by NASA, TT F 816.

[19] TsENKI: *The 3MP series of spacecraft*, http: //www. tsenki. com, 2005.

[20] Sagdeev, Roald Z. : *The making of a Soviet scientist*. John Wiley & Sons, New York, 1994.

[21] Mars probe misses target. *Flight International*, 26th February 1974.

[22] TsENKI: *The 3MP series of spacecraft*, http: //www. tsenki. com, 2005.

[23] Klaes, Larry: Soviet planetary exploration. *Spaceflight*, vol. 32, #8, August 1990.

[24] Sagdeev, Roald Z. : The principal phases of space research in the USSR, in USSR Academy of Sciences, History of the USSR, New Research, 5, *Yuri Gagarin - to mark the 25th anniversary of the first manned*

spaceflight. Social Sciences Editorial Board, Moscow, 1986; Kerzhanovich, Viktor V. : Mars 6 – improved analysis of the descent module measurements. Icarus, vol. 30, 1977; Kerzhanovich, Viktor and Pikhadze, Konstantin: *Soviet Veneras and Mars – first entry probes trajectory reconstruction science.* Paper presented to the international workshop on planetary probe atmospheric entry and descent trajectory analysis and science, Lisbon, Portugal, 6th – 9th October 2003.

[25] Mars 5 and 6 flights analyzed. Flight *International*, 4th April 1974.

[26] Lewis, Richard S. : *The illustrated history of space exploration – a comprehensive history of space discovery.* Salamander, London, 1983.

[27] Sagdeev, Roald Z. : *The making of a Soviet scientist.* John Wiley & Sons, New York, 1994.

[28] Dollfus, A. , Ksanformaliti, L. V. and Moroz, V. I. : Simultaneous polarimetry of Mars from Mars 5 spacecraft and ground – based telescopes, in M. J. Rycroft (ed.): *COSPAR Space Research*, papers, vol. XVII, 1976.

[29] Surkov, Yuri: *Exploration of terrestrial planets from spacecraft – instrumentation, investigation, interpretation*, 2nd edition. Wiley / Praxis, Chichester, UK, 1997; See also: Results of geological and morphological analysis of the images of Mars 4 – 5. Icarus, vol. 26, 1975.

[30] Sidorenko, A. V. (ed.): *Poverkhnost Marsa*. Nauka, Moscow, 1980.

[31] Thompson, Dick: The wizard of IKI. *Time*, 5th October 1987.

[32] Sagdeev, Roald Z. : *The making of a Soviet scientist.* John Wiley & Sons, New York, 1994.

[33] Kemurdzhian, A. L. , Gromov, V. V. , Kazhakalo, I. F. , Kozlov, G. V. , Komissarov, V. I. , Korepanov, G. N. , Martinov, B. N. , Malenkov, V. I. , Mityskevich, K. V. , Mishkinyuk, V. K. et al. : Soviet developments of planet rovers 1964 – 1990. CNES & Editions Cepadues: *Missions, technologies and design of planetary mobile vehicles*, 1993, proceedings of conference, Toulouse, September 1992.

第 6 章　苏联行星探索高峰期，1975—1986 年

　　舱体在一个平滑起伏的石质高原区降落。撞击地面时，激起了一片火山灰云雾。天空呈现橙色，而火山灰、石头和沙土则呈现出苍黄色。

——苏联记录的金星 13 号降落时的情况

6.1　新一代

　　金星（Venera）8 号是苏联使用 3MV 系列和 8K78M 系列运载火箭所达到的最高成就。从 1965—1972 年，3MV 系列运载火箭一直用于金星探测器，而不再用于火星探测器。虽然阿法纳萨耶夫部长决定采用一种新型的行星际航天器，不过当时已经决定采用火星（Mars）2 号～7 号型探测器来探索金星。它的正式名称为 4V1 系列，尽管实际上很少使用该名称。

　　新一代金星航天器也是圆柱体结构，其发动机位于底座，着陆器位于顶部，还有 2 个较大的太阳能电池板，与火星 2、3、6、7 号着陆器基本类似。和火星 2 号～7 号航天器一样，新型金星号较大：高度为 2.8 m，其太阳能电池板长度为 6.7 m。探测器有一系列管道，用来排出多余的热量，并在着陆器抵达目标之前对其进行冷却。主发动机称为 KTDU - 425A，可以重复点火 7 次，以便进行中途修正和轨道机动。结构总重 5 033 kg，包括 1 560 kg 的进入探测器，在其内部有 660 kg 的着陆器（金星 10 号图像）。数据传送速率可以增加 2 倍。母航天器携带的框架结构有：

- 2 个太阳能电池板，带有磁强计、定向用的气体喷嘴；
- 冷/热辐射器；

- 姿态控制系统用的气瓶；
- 宽波束天线、窄波束天线；
- 太阳基准传感器、老人星传感器和地球传感器。

母航天器将像以前一样分离一个着陆器，但是会以更小的角度（18°～21°）进入金星大气，可将以前航天器 400～500 g 的重力加速度降低到更容易接受的 150～180 g。

4V1 系列（金星 9 号）

着陆器高度为 2 m，为双半球结构，能够承受 2 000 ℃ 高温和 300 t 的压力。在着陆之前，着陆器将会冷却到 −100～−10 ℃ 之间，这样当温度上升时，其仪器才能工作更长时间。着陆器采用了重新设计过的径向结构。它看上去像一个高压锅和一个水壶的组合结构，周围有一个金属环——这是一个钛空气制动装置或制动盘，其目的是在航天器下降过程中使其减速。以前，降落伞直到降落时才会分离，而现在，降落伞将在 50 km 的高度分离；制动盘会进行合适的定位，以便让舱体尽快接触目标星表面，同时速度又不会过快，以确保在与地面碰撞之后仍能保持正常的功能。1973—1974 年，对新型制动盘进行了风洞测试，并在 14 000 m 的高度从直升机和飞机上进行了跌落试验。另外，还将在模拟的金星土壤（用泡沫混凝土制造）中进行航天器模型跌落试验。

着陆器底座是一个能吸收激波的抗压环体，科学仪器安装在这个环体上。着陆器主体部分通过环体的支柱来支撑。在制动盘正下方有 2 台朝下的相机，每侧各有一台，它们带有似金鱼缸的镜头。两台相机之间相互的角度位置是经过精心设置的，每个相机都能拍摄 180°的全景照片，从而提供 360°信息。这些相机是月球软着陆器（月球 9、13 号等）以及火星 2、3、6、7 号着陆器所用的精密光度计。相机系统的位置是在权衡各种因素后确定的。如果像月球和火星着陆器一样将其安放在顶部，那么大部分视角会被空气制动装置所遮蔽。而如果将其安放在空气制动装置下方，则很难拍摄到较远的距离。最终决定将其安放在空气制动装置下方，不过采用了一种合理的设置，不仅能拍摄到金星表面细节信息，而且能拍摄到侧面的地平线（不过不是直接向前）。另外，还设计了一种特殊的压力窗，以保护相机，使其免受极端压力和温度的影响。因为数据传送速率较低，只有 256 bit/s，所以会以每行3.5 s的速度主动扫描 512×128 像素的图像。不过，只要着陆器能够持续工作半小时，就能发送一张完整的全景图。

在上方圆柱体结构周围缠绕了一个螺旋天线。有 2 个管道从着陆器经过制动盘进入母航天器，在快要进行下降操作时，它们将冷空气抽运到着陆器内。轨道器携带了一系列试验仪器，其中包括光学-机械线性相机，这些相机和火星 4、5 号所选用的类型一致，它们用来拍摄行星图像以供研究。

针对新型金星探测器开发了一套全面探测的仪器。首次安装了由米哈伊尔·马洛夫设计的光散浊度计，供在大气下降过程中测量云层。

新型金星着陆器

金星 9、10 号着陆器上的仪器

- 全景远距光度计；
- 测量大气化学成分的光度计；
- 测量 63～18 km 大气辐射的仪器；
- 温度和压力传感器；
- 测量下降过程中重力作用的加速度计；
- 测量风的风速计；
- 测量岩石中辐射元素的 γ 射线光谱仪；
- 辐射比重计；
- 质谱仪。

在金星 9、10 号轨道器上的仪器

- 全景相机；
- 红外光谱仪；
- 用来测量云温度的红外辐射计；
- 光偏振仪；
- 光谱仪；

- 磁强计；
- 等离子体静电光谱仪；
- 带电粒子收集器；
- 紫外成像光谱仪（法国）。

6.2 金星 9 号在一个山腰上着陆

金星 9、10 号分别于 1975 年 6 月 8 日和 14 日离开地球飞往金星，从而开启了苏联连续成功发射一系列行星飞行器的序幕。金星 9 号进行了 2 次中途修正，在 6 月 16 日，速度变为 12 m/s；10 月 15 日，速度变为 13.5 m/s。金星 10 号也进行了 2 次中途修正，时间分别为 6 月 21 日和 10 月 18 日（速度分别变为 14.5 m/s 和 9.7 m/s）。

金星 9 号在 10 月 20 日接近金星。进入探测器被释放。主航天器继续飞行，为避免与金星碰撞，飞行过程中其发动机点火，速度变为 247.3 m/s，然后进行了一次更大规模的点火，速度达到 922.7 m/s，从而成为第一个进入金星轨道的航天器，轨道为 1 500 km×111 700 km，角度为 34°10′。最终轨道为 1 510 km×112 200 km，周期为 48 h 18 min，倾角为 34.17°（不过不能确定最终数据是来自精确的测量还是发动机的实际变化）。

着陆器以 10.7 km/s 的速度进入大气。在 64 km 高度处释放了 2.4 m 的铝防热层，此时有一个 4.4 m 的金属降落伞从 3 个制动伞中打开，将速度降到 250 m/s。接下来，着陆器冷却到 −10 ℃，以便完成最终下降操作。进入角度为 20.5°的浅角，旨在降低下降过程中所受的应力。

在距金星 50 km 高的云层中抛弃降落伞，然后开始将制动盘作为主减速器。相关仪器将数据流转发到轨道器，以便继续发送到地球，其中一些仪器每秒会被询问 2 次。75 min 之后，舱体接触金星表面，通过减震器辅助降落，降落时间为 10 月 20 日上午 8：28。最终的撞击速度为 7 m/s 或 20 km/h。当时的风速为 1.4～2.5 km/h。

壳体中的金星着陆器

在降落时光线突然变暗，说明着陆器激起了尘土云。着陆点在 Beta
Regio 区，纬度 31.7°，经度 291°。此时，金星 9 号轨道器处于其第
一个轨道上，并通过摇摆方式进入着陆点上方，做好将信息转发回
地球的准备。

随后马上开始了表面试验。借鉴 1966 年月球 13 号探测器检测
月面信息的方法，将一个密度仪插入到金星土壤中。主要试验内容
是拍摄照片。2 min 之后，航天器保护相机的盖子打开。金星 9 号携
带了一个 10 000 勒克斯（lx）的泛光灯，如果光度计认为有必要，
会使用这个泛光灯，因为很多科学家都预计在降落时会遇到云、灰
尘和黑暗环境。金星 8 号光度计提供的数据曾表明金星表面较暗，
不过这一次却没有遇到这种情况（对于金星 9 号，太阳在水平线以
上 54°，远远高于金星 8 号时的情况）。5.8 kg 的 5 W 相机位于金星
表面以上 90 cm，大约在 2 m 高的着陆器一半的高度，并拍摄了 517
行图像。通过用石英制造的 1 cm 厚高压窗口传送图像，共花费了

30 min，其目标是传送一幅完整的全景图。这些图像与其他科学数据交错传送。

地球在 1 小时后收到图像。图像让科学家们感到惊讶，因为他们原本预计只能在附近的前景中看到岩石。实际上，水平线的可视距离达到了 300 m，附近区为暗表面，充满了圆形和弯曲的岩石。金星 9 号在基面或参考线以上 2 500 m 高的一个受侵蚀较少的山腰降落，该基面相当于一个小山或火山侧面的海平面（基面定义为 6 051 km 的火星半径）。它可能位于一个山坡上，其倾角为 15°～20°，或者可能位于一个火山口侧面，其中散布着最近一次喷发所产生的尖锐的和圆形的石头。在 100 m 以外的距离，无法确定灰尘或岩石。可以分辨出大约 35 cm 的尖锐岩石以及它们之间的泥土。表面有一些阳光，因为某些岩石带有阴影。岩石没有被风侵蚀，因此要么说明它们是比较年轻的岩石，要么说明金星上的风腐蚀作用很弱。岩石的辐射化学成分包括 0.3% 的钾、0.000 2% 的钍，以及 0.000 1% 的铀，岩石密度在 2.7～2.9 g/cm³ 之间，更像是玄武岩，而非金星 8 号所发现的花岗岩。

舱体内的温度开始上升，53 min 后达到 60 ℃——此时停止传送数据（这时轨道器也不在联络区内）。唯一让人感到失望的是：一台相机出现故障，因此只返回了一个 180° 的全景图，只拍摄了航天器的一侧。

6.3　金星 10 号

金星 10 号在 10 月 25 日降落。虽然进入角较小，只有 23°，但是温度仍然达到了 12 000 ℃，重力加速度为 168 g。在距金星 49 km 的高度抛下降落伞，光散浊度计表明云层在 30 km 高度消失。在 42 km 高度，温度为 158 ℃，压力为 3.3 个大气压。在 15 km 高度，下降到其制动盘下方以后，温度和压力分别达到 363 ℃ 和 37 个大气压。与此同时，母航天器也制动进入金星轨道。

金星 9 号的第一幅全景图

金星 9 号的第一个图像

金星 9 号的岩石地貌

金星 10 号在一个更熟悉的地貌降落。其着陆点纬度为 16°，经度为 291°，其经度与金星 9 号类似，但是纬度不同，也在 Beta Regio 地区，大约 1 400 km 以外。相关仪器报告的表面压力为 92 个大气压，温度为 465 ℃。

很快发现：金星 10 号着陆区地貌是一个更奇异的地貌——这是一个起伏的平原，表面露出的解晶岩浆岩表明经历了显著的化学风化作用[1]。一些岩石因其形状而被称为"煎饼岩"。使用透度计测量了土壤密度，发现其密度为 2.7 g/cm³，说明了其岩石度。着陆器靠着一个 3 m 的厚板向后倾斜，这样可以在一张全景图中看到更远的水平线。这次仍然有一台相机出现故障，因此只看到了一侧的情况。金星 10 号的表面信号传输时间为 65 min，在母航天器远离信号接收范围后才停止。

金星 10 号的第一幅全景图

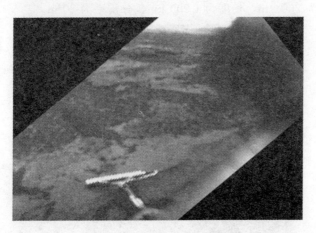

金星 10 号的第一个图像

　　与此同时，母航天器进行了一次 242.2 m/s 的偏转点火，然后进行了一次 976.5 m/s 的制动点火，从而进入 1 400 km × 114 000 km 的轨道，因而最终轨道为 1 620 km × 113 900 km，周期为 49 小时 23 分钟，倾角 29.5°。母航天器在第一个远金点进入金星 10 号降落点上方，做好准备向地球发送信号。

　　2 个轨道器继续从金星轨道进行观测，该计划一直持续到 1976 年 3 月 22 日。轨道内试验包括测量行星的大气、云、成分、温度、颗粒和磁场。仪器检测到一个电离层。轨道器使用阿诺德·谢里瓦诺夫开发的相机拍摄了金星的全景图，每个图像幅宽大约 1 200 km。最重要的是：这些全景图是用滤波器拍摄的，它们能分辨云结构，甚至穿透云层。在 11 月 5 日之前，金星 9 号已经发回了 7 幅图像，金星 10 号发回了 5 幅此类图像，这些图像足以说明：金星表面有平坦区域和山区。这些信号能以慢速和快速传送模式转发回地球。在年底之前，金星 9 号总共拍摄了 17 幅此类图像，拍摄到金星上小至 6.5 km 的详细图像。这些高质量图像似乎只公布了几张。金星 9、10 号携带了一个 32 cm 的无线电雷达，它绘制了 55 个表面条带区，其幅宽为 200 km，长度为 1 200 km，分辨率为 20 m。

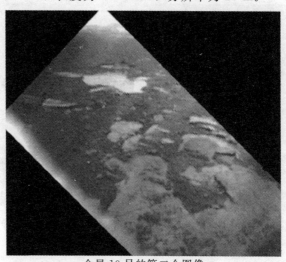

金星 10 号的第二个图像

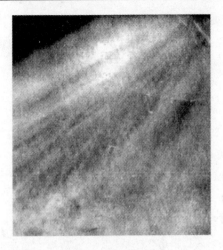

金星 9 号的金星云图像

通过其他一些试验，金星 9 号发现：虽然金星是一个非磁星，但是有一个磁等离子尾。其电离层形成了一个磁屏障，可以阻止太阳风进入行星大气，并在太阳一侧产生冲击波以及在另一侧产生一个尾巴[2]。轨道任务的结果在翌年 2 月 21 日发表在 *Pravda* 期刊上。研究发现：高空云的温度约为 −35 ℃，夜间云温度约比白天高10 ℃。在下降过程中，云温度会下降，不过在 55～66 km 高度温度的变化很大。金星 9 号是第一个显示金星有 3 个云层的航天器。

金星 9、10 号轨道器提供的科学数据

- 云底：30～35 km，云层达到 64 km；
- 云层夜间的发光度；
- 因硫酸而产生强烈腐蚀，尤其在高层大气中；
- 在低层云中有溴和碘蒸气；
- 在赤道处的云密度较大，螺旋状伸向两极；
- 云温度：亮侧 35 ℃，暗侧 45 ℃；
- 最高云温度：表面以上 40～45 km；
- 进入云层之前的温度：−35 ℃；
- 在 38 km 的二氧化碳：水为 1 000∶1。

金星 9 号着陆器提供的科学数据

- 表面有充足的自然光（10 000 lx），可以拍摄图像，不需要使用泛光灯；
- 在着陆时激起尘埃；
- 风速：0.4～0.7 m/s（低于 10 km/h）；
- 温度：480 ℃；
- 土壤密度：2.7 g/cm³～2.9 g/cm³；
- 压力：90 个大气压；
- 云层：3。

金星 10 号着陆器提供的科学数据

- 风速：0.8～1.3 m/s；
- 温度：465 ℃；
- 压力：92 个大气压；
- 表面密度：2.8 g/cm³。

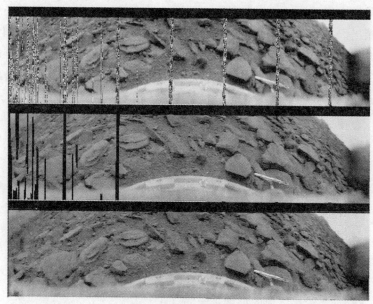

金星 9 号组图

　　金星 9 号和 10 号都取得了巨大的成功。2 个探测器都已经发射，并全面完成了任务。金星探测器采用的新型设计被证明是正确的，着陆器设计方案取得了完美的效果，其中包括新型制动盘。2 个探测器都长时间从金星表面发回信息，它们不仅提供了重要的信息，而且也提供了金星表面的第一批图像。通过轨道任务提供了其他数据——这也是有史以来第一次。有一个人见证了这最后一批金星探测器，这个人一直与苏联行星际探测任务密切相关，正是他计算出了金星初始轨道。他就是 1975 年退休的姆斯季斯拉夫·克尔德什，3 年后因心脏病在家乡逝世。他是一个很平静的人，虽然权力很大，但是使用起来很谨慎，他在政治和数学方面都有独特的才能，对于早期行星际任务所起的推动作用比苏联任何其他科学家都要大。后来陆续有一艘海洋研究船以及一个研究中心以他的名字命名以示纪念。

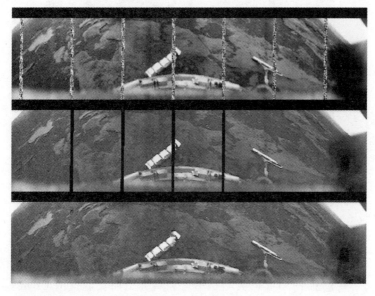

金星 10 号组图

6.4 金星11、12号：首次来自其他星球的声音

金星11、12号分别在1978年9月9日和14日执行了重复的任务，它们仍然被称为4V1系列。在9月16和21日它们分别进行了中途轨道修正。航天器发射时发布的公告很低调，基本没有谈及此次任务的目的，只是提到这两个飞行器与以前的金星探测器相同，不过携带的仪器不同。在金星11号上携带了法国科学设备。这2次任务的科学主管为弗拉基米尔·库尔特，他提供了γ射线暴测量仪。

准备阶段的金星12号

金星11、12号首次利用了进行大幅度升级后的苏联跟踪系统。最初，它包括1960年叶夫帕托里亚和乌苏里斯克制造的64 m抛物面天线的深空控制系统，并在20世纪60年代中期增加了32 m的土星抛物面天线。现在，又在叶夫帕托里亚和乌苏里斯克安装了称为P 2500系统的新型70 m抛物面天线，另外还在莫斯科的卡利亚津和

贝尔湖安装了两个 64 m 抛物面天线，它们统称为 Kvant D 系统。

　　金星 11、12 号是在发射窗口最后时刻发射的，当时发射条件非常苛刻。所以减少了能够携带的燃料的数量，因而母航天器将会越过金星，而不是进入轨道，并在高速飞越金星的过程中投掷着陆器。虽然无法执行轨道任务，但是母航天器在着陆器视野内停留的时间比轨道器还要长，从而增加了接收地面传送信号的时间。它们重 3 940 kg，不过在加了燃料之后重 4 715 kg。

在拜科努尔发射场的金星 12 号

　　在飞往金星途中，借助相关仪器来确定 γ 射线暴源的位置，并对其进行特征分析。其中有一个仪器叫 Konus，它是由弗拉基米尔·库尔特研制的。该仪器收集了 27 次 γ 射线暴，其目标是通过研究来回答问题：这些射线暴来自何方？为此，在 2 个金星探测器之间通过三角测量来确定其来源，后来又通过地球轨道上的一个太阳天文台（名为 Prognoz）进行测量。Konus 仪器还发现了 120 次太阳耀斑和 20 次太阳喷发的 X 射线。通过 KV - 77 仪器测量了高能粒子。在 2 个小时的一个操作周期内，金星 11、12 号的仪器测量了来自强大太阳耀斑暴的带电粒子。另外，还用其他仪器测量了太阳风成分以及与行星际空间的相互作用。

金星 11 和 12 号飞行中携带的仪器

- 全向 γ 射线和 X 射线检测仪（法国）；
- Konus 宇宙射线检测仪；
- KV - 77，用于高能粒子检测；
- 等离子体光谱仪；
- 紫外光谱仪；
- 磁强计；
- 太阳风检测器。

金星 11、12 号着陆器的仪器

- 全景彩色相机；
- 气相色谱仪；
- 质谱仪；
- γ 射线光谱仪；
- 雷电检测器；
- 温度和压力传感器；
- 风速计；
- 光散浊度计；
- 分光光度计；
- X 射线荧光光谱仪；
- 加速度计；
- 土壤穿透器（PrOP - V）。

金星 12 号在 12 月 14 日进行了最终的中途轨道修正，金星 11 号在 12 月 17 日进行了最终的中途轨道修正。它们抵达目的地的顺序相反。金星 12 号着陆器在 12 月 21 日以 11.2 km/s 的速度进入金星大气，穿越云层并在 49 km 高度投下降落伞。在启用空气制动装置并在大气逐渐变得稠密的过程中，下降速度从 50 m/s 降到降落时的 8 m/s。在碰撞过程中激起尘土，过了 25 s 后才沉降下来，并被金星表面风速为 1 m/s 的风吹走。金星 12 号在下降过程中发送了 50 min 的信号，在表面又发送了 110 min。金星 12 号的下降时间是该系列着陆器中最长的，因此为相关测量提供了足够长的时间。

金星 11 号在 12 月 25 日抵达，并投落到该行星较暗的一侧，在降落时没有激起尘土，传送信号的时间为 95 min。这两个着陆器的降落地点彼此相距 800 km。金星 11 号的降落点位于南纬 14°，经度 299°；金星 12 号为南纬 7°，经度 304°——它们都位于 Navka Planitia 地区以东。两个着陆器信号传送中止都是在母航天器驶离信号传送范围后发生的。

两个着陆器都在距离金星表面 12.5 km 的高度遇到了一件奇怪的事情。工程师将其称为"异常情况"，在此过程中所有仪器读数都超出量程，航天器突然放电。

在上述两次任务中，母航天器都在 35 000 km 的高度飞越，进行了偏转机动，但未进行制动机动。金星 12 号的母航天器是苏联第一艘观测彗星的航天器。在飞越金星之后，1980 年，它使用由苏联和法国专家制造的紫外线光谱仪拍摄了 Bradfield 彗星的图像。借助 Konus γ 射线检测仪及法国生产的 Signe 仪器，科学家尝试弄清来自双鱼座的高能暴的本质，经研究认为它是一种脉冲射电源。它是在 1979 年 3 月最先被苏联预报（Prognoz）- 7 地球观测天文台发现的，后来陆续记录了 150 次 γ 射线暴。

多年来，金星 11、12 号一直是苏联行星探索的又一个未解之谜。虽然肯定接收到了从金星表面传送回的信号，但是并没有公布任何照片。在某一阶段，相关方曾明确表示：着陆器返回了远程全景图，这些全景图甚至显示了平坦的岩石地貌，但是从未公布这些图片。有人解释说：因为是在夜间降落，所以无法拍摄图片，但是这种解释并不合理，因为以前的金星号携带了泛光灯，所以这些着陆器应该也会使用泛光灯。某一阶段又有人声称：在金星表面着陆的航天器全部失效，科学数据完全来自于下降过程。

金星 12 号着陆器

实际上，金星 12 和 11 号是一次巨大的进步，它们携带了彩色相机、一个可以钻探和分析土壤的实验室，以及其他新型试验仪器。

弗拉基米尔·巴尔明

在叶夫帕托里亚新建的 70 m 接收站在很大程度上是为此任务而建造的，因为预计相机的传送速率要高得多，会从 256 bit/s（金星 9、10 号）提高到金星 12、11 号的 3 000 bit/s。新系统可以快速传送彩色图像，每 14 min 一幅，而原来的系统只能每 30 min 传送一幅黑白图像。金星 11、12 号携带了第一批能对金星岩石进行钻探和分析的系统。此任务由弗拉基米尔·巴尔明（Vladimir Barmin）（1909—1993 年）管理的总建筑设计局承担。弗拉基米尔·巴尔明是一位与谢尔盖·科罗廖夫关系密切的同事，也是 1946 年早期设计理事会的成员。他是人造卫星发射基地的建筑师，发射基地的建造动用了世界上最重的可移动挖掘机械。他的技能和他管理下的总建筑设计局拥有的技术，使他们有能力制造精密的小型挖掘机器。1976 年，他为月球 24 号探测器在月球 Crises 海地区采集岩心制造了相关钻具。

　　地面控制人员满怀期望地等待，但是并没有得到图像。在金星12 号的镜头盖上安装了经过改良的密封装置，但是它们的密封由于过于紧密，以致于无法弹出来。在金星 12 号钻探土壤时，没有将样本顺利送到实验舱，其原因可能是系统存在泄漏。安装在挖掘臂上的用来检测表面强度的 PrOP - V 穿透器，因为降落时地面崎岖而损坏。PrOP - V 的全称为 Pribori Otchenki Prokhodimosti Venus（亦即评估金星表面特征的仪器）。但它不是一个像为火星 3 号和 6 号漫游车开发的 PrOP - M 那样的移动漫游车。

　　在金星 11 号降落后几天，同样又遇到了使地面控制人员束手无策的问题。尽管如此，金星 11 和 12 号仍然取得了一些科学成果。因为缺少地面图像，所以在西方很少提及。从这些任务的科学成果来看，受到这种待遇可能是不公平的。针对金星 11、12 号的科学成果，苏联用一整期的《宇宙研究》（*Kosmicheskiye Issledovaniya*）来介绍（1979 年 9/10 月刊）。

　　两次任务的表面信号传送时间都超过了一个半小时，这是任务所取得的一个显著成就。在任务中，向地球返回了基本的表面温度和压力数据。两次任务的下降包略有差异，金星 11 号携带了一个光散浊度计，而金星 12 号则在该位置携带了一个悬浮微粒分析仪。

　　大部分数据都来自下降阶段，这些数据完善了金星 7～10 号采集的数据。10 kg 的新气相色谱仪在从 42 km 到触地的下降阶段采集了 9 个样本，将其吸入到多孔材料中，然后测量其成分。这种新仪器是由一位行星结构和大气专家，亦即太空研究院的列夫·穆欣（Lev Mukhin）（生于 1933 年）研制的。该仪器在金星大气中发现了一些氙气。氙气的检出非常重要，因为氙气是钾的衰减产物，而钾

列夫·穆欣

则是火山活动的一个间接迹象。

通过 X 射线荧光发射光谱仪，测量了从 64 km 到 49 km 的下降过程中的云颗粒。但在这个阶段，该光谱仪因为高温而损坏。它发现了硫（0.1 mg/m³）、氯（0.43 mg/m³）及铁（0.21 mg/m³）。金星 12 号对金星大气的测量精度可能是最高的。主要元素当然是二氧化碳，占 97%，氮气占 2%，不过金星 12 号还测量到了微量元素。

下降过程中，在探测器弄清楚了 25 km 高度的云层情况之后，打开了弗拉基米尔·伊斯托明的质谱仪。这个质谱仪与为火星 3 号和 6 号着陆器所开发的质谱仪是同一种类型。金星 11 号发现：在 44 km 的高度，水蒸气含量为 0.5%，到 24 km 的高度则下降到 0.1%。金星 12 号在这两个高度都没有发现水蒸气。共采集了 22 个气体样本，在其下降过程中转发了每个样本的气体成分信息，从而详细说明了氮气、氩气、氖气、氪气和氙气的比例。每个样本都测量了若干次，然后将容器抽成真空，并继续测量下一个样本。

在下降过程中，光散浊度计发送了关于云层的详细信息。最终云层高度在 48~51 km 之间，其下方为雾层。光度计测量了抵达金星表面的日光量。分光光度计发现：云层相对透明，虽然有 3%~6% 的日光抵达金星表面，但是日光的散射度很高，因此始终无法从金星表面直接看到。

金星 11 号和 12 号提供的科学数据

- 表面压力：88 个大气压（金星 11 号）和 80 个大气压（金星 12 号）；
- 表面温度：446 ℃（金星 11 号）和 500 ℃（金星 12 号）；
- 大气中氩-36~氩-40 和氪-56：小于地球含量的 1/200；

- 大规模强雷电和闪电。

金星大气：金星 12 号提供的结果

主要元素

- 二氧化碳：97％；
- 氮气：2％～3％。

次要元素

- 水：百万分之 700～5 000；
- 氩气：百万分之 110；
- 氖气：百万分之 12；
- 氪气：百万分之 0.3～0.8；
- 氧气：百万分之 18；
- 二氧化硫：百万分之 130；
- 一氧化碳：百万分之 28。

也许最有意思的试验是 Groza 仪器试验，它是一个俄语词汇，表示"雷电"。早在 20 世纪 60 年代，哈尔科夫国立大学天文台的主管尼古拉·巴拉巴绍夫（N. Barabashov）就预测：金星的雷暴强度会比地球上任何地方都高 1 000 倍[3]。1956 年从列宁格勒理工大学毕业的列昂尼德·克桑福尔马利季（1932 年）采用了这种理念，他后来在阿巴斯图马尼天文台工作。他为火星 3～7 号设计了辐射计及为金星 9 号和 10 号设计了轨道器中分析金星云层的光谱仪。Groza 仪器用来测量金星上的声音，也就是风、雷电和闪电产生的声音——其测量高度从 62 km 到金星表面。该仪器在 32～2 km 的高度确实发现了这些声音。金星 11 号发现每秒最多有 25 次闪电，金星 12 号则一共检测到 1 200 次闪电。在金星 12 号降落之后，在其附近有一个巨大的雷声回响了 15 min，并且可能对整个行星产生了影响。有一个雷暴对水平 150 km、垂直 2 km 的区域造成了影响。因为云层较高，所以雷电不是在云层到地面之间产生，而可能是在不同的云层之间产生。

Groza 是首次在另外一个星球观测记录声音的仪器。苏联人从未利用此研究成果来推动公共关系的发展，也没有发布 Groza 声音信息。一直到 2005 年欧洲的惠更斯号探测器在土卫六降落，并发回了土卫六声音的麦克风记录信号之后，人们才想起来金星 11/12 号的磁带上是否也应该可以找到声音信号。行星协会联系了列昂尼德·克桑福尔马利季，请其恢复原来的仪器记录，以便对其进行数字化处理，并设法得到能够被人类所听到的声音信号。

列昂尼德·克桑福尔马利季

与金星 11 号和 12 号同样取得非凡成就的还有美国发射的 2 个探测器：先驱者-金星 1 号和先驱者-金星 2 号（Pioneer－Venus）。两者发射时间要比金星 11 号和 12 号早很多：先驱者-金星 1 号是在 5 月发射的，先驱者-金星 2 号是在 8 月发射的。它们在 12 月初先于金星 11 和 12 号抵达目的地。先驱者-金星 1 号进入轨道，它也是美国第一个进入金星轨道的航天器，轨道为 145 km×66 000 km，周期为 24 小时。它在该轨道发送了至少 14 年的信号。先驱者-金星 2 号带有一个母航天器以及一个 317 kg 的大型探测器和 3 个 91 kg 的小型探测器。它是抵达金星表面的首个美国航天器。这个多功能航天器被设计为进入探测器，这很像金星 4～6 号所执行的实际任务，并且没有设计为软着陆模式。虽然在设计方案中并没有着陆相关内容，但是有一个较小的探测器抵达了金星表面，并从该处发送了 67 min 的信号。该轨道器携带了一个雷达高度仪，可以确定金星表面的基本参数，其分辨率达到 75 km，并发现了 2 个确定的高地。其他仪器则测量了金星的云层和风。

6.5　金星 13 号和 14 号：岩石钻孔

为了解决金星 11 号和 12 号所遇到的难题，花费了一定的时间，一直到下一次发射窗口时尚未解决。为此，对金星 13 号和 14 号进行了修改，携带原本为金星 11 号和 12 号设计的任务仪器，并命名为 4V1M 系列。新型着陆器每个重 760 kg——它们采用了苏联新型耐热和润滑剂技术，能够承受极端温度。

金星 13 号是在 1981 年 10 月 30 日发射的，金星 14 号是在 1981 年 11 月 4 日发射的。它们分别在 11 月 10 日和 14 日进行了第一次中途轨道修正。金星 13 号在 2 月 21 日进行了第二次轨道修正。因为金星 14 号的第一次修正不精确，所以不得不又进行了 2 次修正：时间分别在 11 月 23 日和次年 2 月 25 日。在去往金星的途中，金星 13 号和 14 号检测到了 20 次 γ 射线暴和 10 次太阳耀斑。与金星 11 号和 12 号的情况一样，母航天器将飞越金星，并且不会尝试进入轨道。金星 13 号的目标是多山的远古花岗岩地壳，金星 14 号的目标则是比较年轻的低地、熔岩泛平原。金星表面有 80％的区域都是介于这两者之间的地形。与若干年前火星项目的情况类似，美国和苏联科学家在降落地点规划方面进行了合作。苏联人接受了美国地质勘探局提出的建议，将降落地点改为美国人更感兴趣的地点。

金星 13、14 号着陆器携带的仪器

- 重力仪；
- 光散浊度计，用来测量悬浮微粒的浓度；
- 质谱仪，用来确定大气的化学成分；
- 气相色谱仪，用来确定大气的化学成分；
- 光谱仪和紫外光度计，用来测量大气中的太阳辐射和水蒸气含量；
- 远距光度计，用来拍照；
- 在降落环上的透度计，用来检测表面强度；

- X 射线荧光光谱仪，用来钻探土壤并检测其化学成分；
- 雷电检测器（Groza 2）；
- 压力和温度指示器；
- 无线电光谱仪，用来分析电子和地震活动；
- 液体比重计/湿度传感器，用来检测水蒸气含量；
- 试验太阳光检测器，用来测量光强度；
- 加速度计。

金星 13 号和 14 号：母航天器携带的仪器

- γ 射线暴检测器（法国）；
- 宇宙射线检测器；
- 太阳风检测器；
- 测力计。

金星 13 号在 1982 年 3 月抵达目的地，共旅行了 1.30 亿 km。该探测器在距离金星 33 000 km 处释放，并以 11.2 km/s 的速度进入大气。第一批仪器在 110 km 的高度开始发送信号。在 63 km 打开降落伞时，将下降包内的其他仪器激活。降落伞在 47 km 的高度释放了 760 kg 的航天器，航天器在起伏较多的山区 Phoebe Regio 通过制动盘制动，该地区相对基准平面的高度为 1 500～2 000 m。

弗塞沃洛德·阿夫杜耶夫斯基（Vsevolod Avduyevsky）的仪器名为 BISON，它测量了精确的撞击速度。金星 13 号在降落时激起了灰尘云——实际上，它以 7.5 m/s 的速度首先撞击了易碎岩石并产生反弹，然后被弹回来。着陆器的底部环体带有剃刀型锯齿，可以确保在土壤上产生合适的抓握力。航天器外部温度为 457 ℃，压力为 89 个大气压，不过内部温度只有 30 ℃，压力为一个大气压。金星 13 号的着陆点为南纬 13.2°，经度 310°，位于 Navka Planitia 区以东。初始风速为 0.3～1 m/s。

相机镜头立即打开——这一次打开顺利——并开始工作。共拍摄了 8 幅全景图，依次使用了红色、绿色、蓝色和透明滤光器，直到能够拼出彩色图像为止。相机带有一个安装在管内的镜体，向下

金星 13 号的照片

朝向表面，其视角为 37°。降落环体上涂有绿色、白色、蓝色、灰色和黑色，以便参考。它极大地提高了数据传送率，每 0.82 s 即可发送一行，其分辨率增加到 1024×252 个像素。为减慢着陆器失效时间，首先进行一次快速扫描，然后再进行一次慢速扫描。金星 13 号发现了一个石质沙漠区，区内有裸露的岩床，岩床间有下沉区，并分布着松散的细颗粒土壤[4]。

此时开始进行主要试验。首先，对着陆器上的空置化学实验室进行扫描，以便设置基线数据。将一个机械梯子直接在金星表面展开，然后使用螺丝钻头开始钻孔。这些钻头深入到表面以下 30 mm，并采集了 2 cm³ 的样本。通过 3 个锁定的管道将样本吹入着陆器，管道可使样本的压力和温度减小（最终温度为 30 ℃）。着陆器中的 X 射线荧光设备对样本进行分析，通过钚、铀-235 和铁-55 进行辐照，并扫描 38 次。系统必须争分夺秒，因为探测器很快就会受到压力、温度和酸雨的不利影响。在 4 min 内完成了第一次钻孔和扫描，样本的整个恢复和测量时间为 32 min，着陆器能够在此时间内保持正常操作功能。管道内的压力为外部压力的 1/2 000，温度为 30 ℃。

金星 14 号于 3 月 5 日在 1 000 km 以外的地点降落，降落地点为一个低玄武岩盆地，高于海平面 500 m，其压力为 93 个大气压，温度为 465 ℃。金星 14 号的降落点位于南纬 13.2°，经度 310°。该着陆器发送了 57 min 的信号。在经过 12.5 km 的高度时，2 个探测器都遇到了与以前"金星"探测器相同的异常电现象。所获相关照片有所不同，看上去更像是在蛋糕表面上的一层糖衣，莫斯科电台将其更科学地描述为："像砂石一样的带皱纹棕色板"。它看起来像是一个硬度更高、岩石和石头更多、风化程度更高的平原，分布着细颗粒分层岩石，没有松散的表面土壤，连续的岩石裸露层向地平线方向延伸。钻探臂向下操作，将岩石送入到整体密封腔内，并以同样方式对其进行 X 射线和荧光分析，采集了 20 个光谱。着陆器从 30 mm 深处钻探采集了 1 cm³ 的土壤样本。

金星 14 号的照片

每个着陆器都携带了一个地震仪：金星 13 号没有检测到地震活动，而金星 14 号检测到 2 次活动，不过它们可能都是由着陆器本身的操作引起的。金星 13 号和 14 号携带了最初为金星 11 号和 12 号开发的 PrOP-V 透度计。金星 13 号的透度计工作正常，而金星 14 号的透度计碰巧在一个弹出相机镜头盖上方展开，为此分析人员不得不找出透度计停止测量镜头盖强度，而开始测量表面强度的数据点！

很快就返回了岩石分析结果：二氧化硅含量为 45%，钾含量为 4%，氧化钙含量为 7%，常见的成分包括玄武岩、玄武石、碱性钾盐。金星 13 号发现的岩石为碱性玄武岩，与在金星海洋区发现的类型相同，估计占金星整个地貌的 2/3。它们并不是根据金星 8 号提供的预期信息观察到的花岗岩。科学家认为：在金星 13 号降落地点所观察到的是金星较古老的地壳——除了裸露的岩床以外，该地区的表面被严重侵蚀，并分布着很多被压缩的细颗粒物质。

这些表面钻探和分析成果很显著，并且没有对相机产生明显的影响。每个探测器都拍摄了 8 幅橙棕色图像。金星 13 号分别发回了红色、绿色和蓝色的全景图，显示了一个石质起伏高原，远处为弯曲的地平线，整个区域布满了石头、卵石和平坦的岩石。其中有纹理细密的土壤，并散布着直径为 5 cm 的石块。上方为橙色天空。因为大气吸收了光谱中的蓝色部分，所以天空呈现橙色，而熔岩、石头和沙子则呈黄绿色。在降落过程中着陆器激起了一小片浮土。因为着陆器操作了 127 min，所以有足够的时间拍摄连续图像，从而在着陆器上以 0.3～0.6 m/s 的速度吹过的风可以展示。虽然风在着陆器上吹过，但是金星上的风一般比较微弱，不足以对金星表面产生明显的侵蚀。

金星 13 号的第一幅图像

此时，第二个 Groza 仪器投入使用。麦克风能够检测到从相机上掉下的镜头盖、钻孔声音（很大）、处于操作状态的实验室以及背景中速度不到 50 cm/s 的微风产生的声音。

金星 13 号的第二幅图像

金星 14 号的第一幅图像

6.6　金星 13 号和 14 号的成果

　　金星 13 号和 14 号不仅仅是着陆器，它们实际上也是金星表面实验室。通过携带大量的仪器，能够进行多种科学测量，并直接比较 2 个降落点的情况。行星地质学家确定：2 个降落点的玄武岩差别很大。金星 13 号所在地高于海平面 2 km，比较平坦，带有风化熔岩流和细碎石。在降落时激起尘云，说明地面有一层风侵蚀的火山熔岩。

金星 14 号的第二幅图像

　　比较之下，金星 14 号的降落地点没有碎石，但是表面有 5 个不同的板层，并且没有任何明显的高度差别，地平线很直。这个平原光滑、平坦，散布着石头，应该是经过长期不断的沉淀过程形成的。而且更光滑，地层结构明显，风化程度较低，说明该结构更年轻。硫含量为 0.3%，说明它是迄今为止发现的金星上最年轻的岩石。研究确定：岩石的主要化学元素为镁、铝、二氧化硅、钾、钙、锰和铁。下表总结了 2 个降落点各自的化学成分。

	金星 13 号/（%）	金星 14 号/（%）
镁	11.4	8.1
铝	15.8	17.9
硅	45.1	48.7
钾	4	0.2
钙	7.1	10.3
钛	1.59	1.25
铁	9.3	8.8

　　2 个降落点之间还有一些差别：在金星 13 号降落点，有 45% 的二氧化硅、4% 的氧化钾、7% 的氧化钙；而在金星 14 号降落点，有

将近 49％的氧化硅、0.2％的氧化钾、10％的氧化钙。PrOP - V 计算了土壤强度：其中金星 13 号为细颗粒砂。

金星 13 号，岩石详图

金星 13 号和 14 号的探索成果

- 金星岩石的化学成分；
- 2 次小规模地震活动；
- 2 个降落点的特征分析；
- 被风吹走的尘土；
- 土壤强度；
- 大气的脱水；
- 水蒸气在大气中的散布。

与此同时，在母航天器飞越金星时，测量了大气的化学成分，并发现了一种新化学物质 SF_6。研究发现：大气当时的脱水程度很高，说明在过去形成云层的过程中，水发挥了重要作用。母航天器不断发送相关信息，并在 5 月 11 日检测到一次 γ 射线辐射暴。母航天器共检测到 89 次宇宙 γ 射线暴和 300 次太阳耀斑。金星 13 号在 1982 年 6 月 10 日进行发动机点火，模拟了未来维加（VEGA）探测器任务计划进行的操作。金星 14 号也于 1982 年 11 月 14 日进行了类似的操作。

金星 13 号：地平线上的山脊

下降包收集的信息使人们能够进一步了解金星 11 号和 12 号获取的大气信息。在金星 13 号和 14 号首次到达表面以上 90 km 高度的边缘大气时，压力为 0.000 5 个大气压，温度为－100 ℃。在它们到达表面以上 75 km 时，气压增加到 0.15 个大气压，温度上升到－51 ℃。此次探测器解决了以前探测器在水蒸气测量方面所存在的不足。金星 13 号和 14 号发现：水蒸气含量比较少，并且分布不均匀，主要集中在 40～60 km 整个大气的最低部分，以及靠近表面的部分。在下降过程中至少拍摄了 6 000 幅光谱图，并检测到了氯和硫。估计在 48 km 的高度，水含量为 0.2％。在下降过程中，气相色谱仪精确测量了水（百万分之 700）、氧气（百万分之 4）、氢气（百万分之 25）、硫化氢（百万分之 80）和氧硫化碳（百万分之 40）的含量。光散浊度计确认了以前下降过程中观测的结果，并在此过程中确定了 3 个不同的云层：

- 57 km 及上方的密云；
- 50～57 km 的一个透明中层；

- 48～50 km 的更密层。

射到表面的日光量为 2.4%（金星 13 号）和 3.5%（金星 14 号）。金星 13 号和 14 号是第三对成功降落到金星的着陆器。

6.7　金星 15 号和 16 号：计划

金星 7～14 号已经采集了 8 个地点的信息，大大扩展了人们对金星表面情况的认知，并描绘了大气自上而下的情况。在接下来的一组任务中所准备的航天器有很大的不同，它们称为 4V2 系列。金星 15 号和 16 号在 1983 年 6 月 2 日和 7 日离开地球。在发射时，相关方曾表示：它们都是轨道器，并将进行"长期观测"。同年夏天晚些时候，有消息披露它们携带了雷达。

金星 15 号和 16 号系列

金星 15 号和 16 号的质量都是 5 300 kg，不过它们并不是着陆器，航天器的整体结构都被改造成了一个雷达系统。在顶部安装了一个 300 kg 的雷达板，并在侧面携带了传送设备和一个大型抛物面天线，其直径比以前的探测器宽 1 m。中心母舱加长了 1 m。雷达名为 Polyus，两端之间的距离为 6 m，宽度为 1.4 m。设计者为无线电工程和电子学院的奥列格·勒日加，正是他发现了金星 7 号发出的信号。根据设计方案，雷达将在金星表面每 0.3 s 发送一次 3.9 ms 的微波信号，然后将图像存储在 2 个交替计算机中。在每次经过金星时，将拍摄大约 3 200 幅有交叠的图像传回地球，并输入一台由电子控制计算机协会的尤里·亚历山德罗夫（Yuri Alexandrov）制造的 SPF‐SM 超级计算机。太阳能电池板的尺寸是以前金星号的 2 倍，其目的是为电量需求较大的雷达系统供电。相关变化如下：

- 燃料更多，因此贮箱长度增加了 1 m。
- 太阳能电池功率加倍，每一侧的电池板数量加倍。
- 将抛物面天线延长 1 m。
- 发射机容量增加了 30 倍，信息流为 108 kbyte/s。
- 安装了一个 6 m 宽的雷达，用来拍摄 1～2 km 分辨率的图像，测量不超过 50 m 的高度，并拍摄辐射热图。
- 欧米加（Omega）辐射测量系统（25 kg）。
- 精度为 50 m 的雷达高度仪[5]。

发送和接收系统是由莫斯科工程研究所无线电电子处的阿列克谢·博戈莫洛夫（Alexei Bogomolov）（生于 1913 年）研制的。携带的燃料不是标准的 245 kg，而是创纪录的 1 985 kg，以便将航天器送入金星轨道，并进行后续机动。因为要发送大量信息，所以会使叶夫帕托里亚、贝尔湖和乌苏里斯克的整个跟踪系统达到工作极限。即使在这种情况下，仍然需要考虑一些复杂因素。金星 15 号和 16 号进入金星轨道（彼此相距 4°环绕金星）的时间点必须合理，以确保最大限度地使金星与苏联境内的信号传输均在视野范围内。航天器需要通过若干次中途修正

阿列克谢·博戈莫洛夫

来调整轨道，以便与叶夫帕托里亚达到最佳对准效果。因为金星的旋转速度很慢，每天只有 1.48°，所以探测器完成绘图任务的时间需

从 11 月一直到次年 6 月。

金星 15 号和 16 号：仪器

- 雷达；
- 欧米加辐射测量系统；
- 傅里叶红外光谱仪（GDR）；
- 无线电掩星设备；
- 弥散设备；
- 宇宙射线检测器；
- 太阳风检测器。

飞行中携带的仪器包括用来测量宇宙射线及太阳辐射的仪器。在任务的轨道飞行部分，采用一个 35 kg 的傅里叶红外辐射仪，它是由德国柏林太空研究中心的一个科学家团队制造的，该团队由迪特尔·奥尔特尔（Dieter Ortel）领导。该仪器对大气、云层及热辐射进行远程测量，并测量表面温度。在每次经过时，会采集 60 个测量点。另外还进行一次无线电掩星试验，名为"Dispersion"。

金星 15、16 号的雷达系统 Polyus

6.8　金星 15 号和 16 号：任务

金星 15、16 号都进行了 2 次中途轨道修正。金星 15 号在 6 月 10 日及 10 月 1 日进行了中途轨道修正；金星 16 号在 6 月 15 日和 10 月 5 日进行了轨道修正。它们分别在 1983 年 10 月 10 日和 14 日进入金星轨道，是苏联第三和第四个金星轨道航天器。金星 15 号飞行了 3.40 亿 km，在途中进行了 69 次通信。在抵达金星时，距离地球 6 600 万 km。

金星 15 号和 16 号分别在 10 月 17 日和 22 日修正了绕金星的轨道，以便到达满足操作要求的轨道（1 000 km×65 000 km，周期 1 440 min，87.5°，近地点在北纬 60°），后来又依次在 1984 年 4 月 9 日和 1984 年 6 月 21 日进行了轨道修正。它们的操作任务都在 1983 年 11 月 11 日开始进行。

它们的操作方式如下：在每次向北飞行时，探测器都开启雷达，其目的是在探测器飞过极点的过程中，绘制金星的北方图像，每一圈拍摄 15～16 min 的图像。每个雷达图像的分辨率都为 2 km，覆盖面积为 100 万 km²。从北纬 80°开始拍摄图像，飞越极点，然后到达北纬 30°～35°，得到长 8 000 km、宽度为 120×160 km 的雷达条带。与此同时，通过一个窄波束高度仪采集高度数据，其精度为 50 m，总共得到 415 000 个读数。轨道器会在每一圈内沿着赤道移动 155 km，或者每天移动大约 1.48°经度，需要 8 个月才能绘制金星的整个北方区域。

采用上述模式的原因在于：从地质的角度来看，金星的北部是人们最感兴趣的区域，因为这里有 2 个高地：Maxwell Montes 和 Ishtar Terra。地球上的雷达已经绘制了一些低分辨率的金星雷达图像，不过从地球上无法拍摄极地区。1978 年美国的先驱者-金星任务已经绘制了金星的地形雷达图，但是其分辨率只有 75～200 m。金星雷达的分辨率可以达到地球拍摄图像的 50～100 倍。要绘制的总面积为 1.15 亿 km²。金星 15 号和 16 号的雷达以 10°的角度朝向下方。

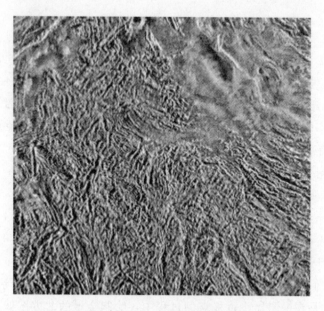

金星 15 号和 16 号拍摄的镶嵌地貌

拍摄的图像被转发到无线电技术和电子研究所（IRE），该研究所从 20 世纪 60 年代以来就通过地球设备对金星进行雷达勘测。在每天 100 min 的通信周期内，将采集的图像以 108 000 B/s 的速度发送到地球。在地面上处理每幅图像需要 8 个小时，使用的计算机磁带总长度达到了 600 km！在某个阶段，金星位于太阳后方，不在测量范围内，因此无法接收发射的信号。金星 16 号进行了一次轨道面的调整，以便返回和重新绘制错过的区域。维尔纳茨基地球化学和分析化学研究所中 15 人组成的团队解读了金星 15 号和 16 号拍摄的图像，该团队由亚历山大·巴济列夫斯基（Alexander Bazilevsky）领导。

虽然雷达图像是下行链路转发信息中最重要的部分，但是它们并不是唯一的部分，从通信周期中可以看出这一点：对于 Polyus 雷

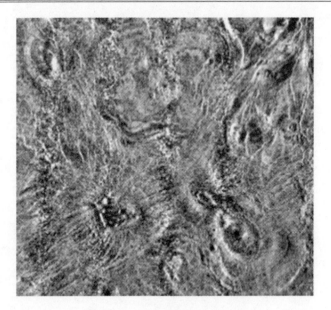

金星 15、16 号拍摄的蛛网状地貌

达和欧米加仪器，传送信息可以分成 116 个时间段，38 个光谱仪和
90 个射频物理下行链路（金星 15 号）；金星 16 号则分别为 174 个时
间段，4 个光谱仪和 83 个射频物理下行链路。共接收了 1 000 多个
傅里叶光谱图。在雷达绘图之后，下一个最重要的目标是绘制大气
的温度数据，确定金星如何保存和分流其热能，并绘制一份热图。

　　雷达绘图在 1984 年 7 月 10 日结束，此后金星 15 号的气体很快
就耗尽了。而金星 16 号继续通过其他仪器传送了一段时间的数据。
金星 15 号进行了 441 段通信（其中有 372 段在金星轨道中进行），
金星 16 号进行了 419 段通信。到此时为止，相关地图已经覆盖了从
金星北纬 $24°\sim33°$ 到极点的区域。金星 15 号和 16 号绘制了金星表面
面积 40% 以上的表面地图，也就是 1.2 亿 km^2。在剩余时间，探测
器向南扩展了探测覆盖范围。与金星 15 号的通信在 1985 年 3 月结
束，此后不久金星 16 号的通信也中断了。

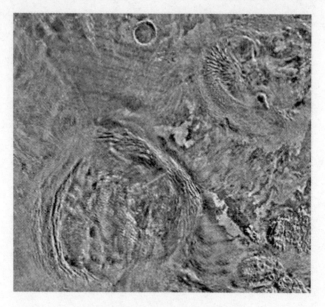

金星 15 号和 16 号拍摄的光圈区特征

6.9　金星 15 号和 16 号：成果

1987 年，苏联科学院发布了金星 15 号和 16 号的研究成果，并采用了 27 幅镶嵌图、浮雕图和地质图的形式。相关地图覆盖金星 1.15 亿 km² 的面积，包含北纬 30°以北的所有地区。雷达图最初采用人工编辑，后来又通过计算机进行编辑。

金星 15 号和 16 号至少发现了 146 个撞击坑和一个 40 万 km² 的熔岩泛平原，以及高原、低地、火山穹丘、盾形地貌、平原和山谷。研究认为：一些地貌特征属于小行星撞击坑，其形成年代可能在 30 亿年前。图像中显示了坑体、古代环形结构、椭圆坑以及火山穹丘。负责解读图像的人员标出了一个"镶木"地形、断层、撞击坑、喷火山口、蛛网结构（蜘蛛特征）、低地、沟壑、直线山脊、12 km 高的山区、穹丘形山以及陡坡。在 Ishtar Terra 区（其面积与澳大利亚差不多），发现了一个超过 13 km 高的山脉，这比珠穆朗玛峰还要高。在 Maxwell Montes 区则有一个环形坑，直径将近96 km。研究发现北极地势相对低洼，大部分地区低于基线高度。最值得关注的是直径为 400 km 的大环形结构，名为光圈区，目前没有与其类似的地球或其他行星地质结构。金星 15 号和 16 号的数据表明：金星表面与月球和水星表面的火山平原并没有太大差别，主要是玄武岩熔岩，其岩石遭到风蚀。金星表面的年龄估计为 10 亿年。

北半球的大部分地区为平坦区，这与月球、火星平原，以及地球很多地区的海底类似。这些平原与零星的高地相间分布，比如 Ishtar Terra 区，高于平原区 4 000 m。在各平原区，雷达检测到了可能是玄武岩熔岩外流形成的地貌，即使在金星较高的温度下，这些熔岩也在外流过程中迅速形成一个冷却壳。这是一个总的概况，不过另外也发现了一些非常特殊的细节。雷达有如下发现：

• 高于平原的穹丘形山，某些山跨度为数 km；

• 长 100～200 km 的山脊，某些山脊还带有 8～14 km 长的并行山脊；

• 坑体，直径在 8 km 以上，最大的是 Klenova 坑，直径为 144 km，金星的大气层较厚，小陨石穿越金星大气层时将被烧毁，不过直径超过 1 km 的陨石穿越时无法被烧毁；

• 大约有 30 个光圈区（比如 Bachue，Anahait，Pomona），在中部有杂乱的凸起区，在边缘有山脊，可能是由火山热区向外喷发形成的——这些结构可能形成穹丘，它们经历了岩浆冒泡而后破裂的过程；

• 较长的直线山脊；

• 大型火山口环形凹部，直径达到 280 km（比如 Collette，Sacajawea）；

• 在北纬70°的一个大型凹部，又可以分成2个区域：起伏的平原（Snegurochka Planitia）及一个平坦和山脊带平原（Louhi Planitia）；

- 在 Laksmi Planum 区周围的直线山脊和凹沟；
- 有 8 km、9 km、12 km 山丘的山脊（Vesta Rupes）；
- 类似于镶木地板的山脊和凹沟（tessera，希腊语为瓷砖）；
- 在火山周围的光环区；
- 300 km×500 km 的椭圆结构，带有山脊和凹沟（Tethus）；
- 熔岩流，表现为山坡上的条带结构（Theia 和 Rhea Montes）；
- 高地（Beta Regio）中的低谷（graben）。

发现坑体是金星探测的一个突破，因为科学家已经根据月球坑体的密度测出了月球表面的年龄（坑体越多，说明年代越久远）。金星探测器没有检测到活火山，不过坑体密度可以作为一个很好的参考信息，用来分析相关的火山和撞击。美国月球科学家开发了各种坑体密度模型。苏联行星学家根据这些不同的模型计算出金星表面的年龄为 3～10 亿年。他们认为：金星的火山活跃程度远小于地球，不过仍然存在持续的火山活动。某些坑体无法分辨出到底是火山坑还是撞击坑。

另外一个金星表面的形成因素是构造作用，在此过程中，地壳通过挤压进入其他部分（在地球上，在一个大陆块挤压另外一个大陆块的过程中，会形成山脉）。构造作用应该是形成金星上 2 个高地体系的原因：其中包括山脊、凹沟以及光滑的穹丘。最大的高地为带状结构（比如 Maxwell Montes 比周围的平原高 4 000～10 000 m）以及山脊和凹沟，其中的山脊经常以直角相交，从而产生了通常称为"镶木"的地形，不过后来该地形改称为"铺砖"地形或"镶嵌"地形。Beta Regio 等光滑的穹丘某些地方的直径达到了 1 000～2 000 km，比周围的平原高 3～5 km，并有缓坡。金星探测器的雷达图像表明：金星曾经长期受花岗岩火山作用以及频繁构造作用的影响——这有些类似于地球，不过没有产生海洋、水或风化作用。金星缺少明显的侵蚀，这令人感到惊讶，不过这很有可能是因为其大气密度一直比较高的缘故[6]。金星给人的印象是比火星更活跃，但是没有地球活跃。

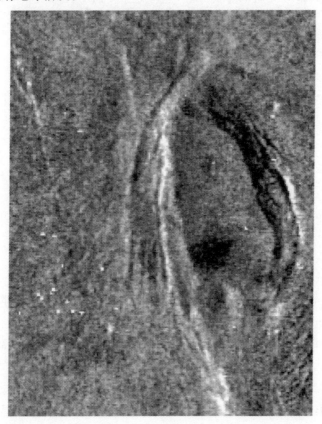

金星 15、16 号拍摄的火山喷口

在苏联科学院的金星地图中，将地形分成平坦的平原、起伏的平原、带山丘和山脊的平原、"镶木"区、山脊带、小山、坑体、山谷和岩脊。金星具有如下特征：

- 较高的多山高原：8%；
- 光滑的低地：27%；
- 起伏的高地：75%。

来源：Surkov（1997 年）[4]。

现在认为：起伏的高地是保留下来的原始金星地壳，上面被坑

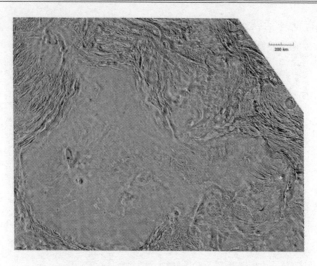

金星 15、16 号拍摄的 Maxwell Montes 区

体和二次形成的地貌所覆盖，而低地因为对坑体没有影响，所以被视为比较年轻的地貌。超过基线高度 500～2 000 m 的地区都视为高地（Ishtar Terra 和 Maxwell Montes）。

借助其他仪器，能够绘制 60～90 km 高度云层的温度-高度-压力曲线。探测器发现在各纬度之间存在热变化：比如北纬79°～80°处的温度比北纬 50°高。测量的平均表面温度为 500 ℃，不过金星 15号上的红外光谱仪（金星 16 号的红外光谱仪失效）发现了温度达到700 ℃的热区（局部异常热区），其温度高于周围地区，可能是火山。另外还发现了若干个局部异常冷区。其中一个位于 Beta Regio区，在经度 281°～288°之间及北纬 17°～32°之间。第二个位于Maxwell Montes 区，在北纬 0°～15°之间及东经 60°～70°之间。它们的温度都明显低于周围地区。

在大气研究中的傅里叶光谱图发现：极地云比赤道云低 5～8 km，极地的热辐射和温度都较低。从轨道上观测的主云层高度为47～70 km，基本与以前探测器下降过程中所观测到的数据相吻合。

金星 15、16 号：成就和研究成果

- 绘制了金星 40% 表面的地图（北部和极地）。
- 描述了大气的热特征：确定了异常冷区和异常热区。
- 确认了主云层高度。
- 分析了行星表面类型（多山高原、低地、起伏高地）。
- 分析了各种表面类型的特征。

无论是从技术还是科学的角度来看，绘制的金星地图都很成功。负责金星 15 号和 16 号的团队成员得到了应有的国家奖励。金星地图非常有意义，这不仅是因为它们揭示了各种地貌特征，还因为它们提供了非常详细的信息，使得行星地质学家能够在解释金星历史及发展和演变的过程中取得重大进展。后来，相关方发布了等高线地图。另外，还发布了根据 GDR 红外光谱仪数据绘制的一幅热图。

美国麦哲伦号飞船也顺利完成了金星绘图任务。麦哲伦号在 1989 年 5 月由航天飞机发射，1990 年 8 月进入金星 294 km × 8 450 km、周期为 3.2 小时的近极地轨道。飞船在 1994 年 10 月燃料耗尽。麦哲伦号有一个 3.7 m 的抛物面天线，能够提供 120 m 分辨率，可绘制三维金星表面图。麦哲伦号的地图分辨率要高得多，视角也更好，并且覆盖了整个金星表面，而不仅是北部地区。

在 20 世纪 80 年代，苏联绘制的地图并没有在西方得到应得的认可，并且一度被轻视，人们认为这些图与美国通过地球观测所绘制的地图相比并没有多大进步。但是美国国家航空航天局却不这么认为，该局的局长认为这些地图是一流的，达到了非凡的技术水平，只是没有得到应有的赞誉[7]。虽然这些金星探测器的成果被公开发表[8]，但是却没有得到应有的关注度。很多美国科学家作为嘉宾参加由维尔纳茨基学院举办的有关金星 15 号和 16 号任务的会议，以及任务完成后举办的联合座谈会。2 个国家交换了金星 15、16 号与麦哲伦号的数据。

氮气供给装置（见瓶体）决定了任务的时间长度

6.10　向维加项目进发：气球计划

在苏联行星探索的高峰期，推出了维加探测器项目。这是最后一次使用 1969 年推出的火星/金星航天器。这个项目虽然取得了成功，但是经历了非同寻常的波折。

多年以来，苏联一直希望能够通过气球来探索金星。在 20 世纪 70 年代末期，苏联与法国科学家共同探讨了一个计划，即为纪念蒙戈尔菲耶（Montgolfier）兄弟发明气球（1783 年）200 周年，将一个有纪念意义的大型红色气球投放到金星大气中，并采用一个 25 kg

的船体携带科学仪器。苏联和法国长期以来一直在行星际探索领域开展合作，在 1971 年的火星任务中就携载了法国的设备。1974 年，苏联开始与法国共同探讨在 1981 年飞向金星的气球任务，但是法国政府并不支持该项目。

维加项目的气球理念

　　1979 年 9 月在科西嘉召开的年度苏联-法国合作会议期间，气球任务的理念被重新提上日程。根据计划，将在距金星 50 km 高度投放 2 个直径为 10 m 的铝制气球，下降 10 km，然后在大约 45 km 的高度环绕飞行，试图使气球在金星最厚的云层区飞行。这是一个比较冒险的项目，需要使用 1 t 的有效载荷及 150 kg 的舱体。它暂时被命名为金星84号任务。母航天器需要进入环金星轨道，作为气球的中继系统，然后执行为期6个月的金星观测任务。

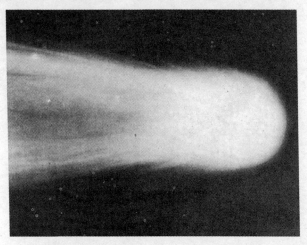

维加项目的目标：哈雷彗星

　　与此同时，全球的科学家将目光更多地关注在将于1985—1986年抵达内太阳系的哈雷彗星，它的绕日轨道周期为76年。日本宣布向哈雷彗星发射2个小航天器的计划，而欧洲空间局则建造了其第一个行星际探测器，并制定了进行近距离绕飞的宏伟目标。法国希望能在飞往哈雷彗星的美国探测器上携带该国的一个紫外望远镜。不过1979年秋天，在卡特总统任期快要结束时，美国国家航空航天局的哈雷彗星项目最终出现了资金短缺。在科西嘉会议上，苏联科学院的太空研究协会（IKI）向法国表示：可以在将要投放法国气球的金星轨道器上携带其望远镜。哈雷彗星将抵达与金星距离不到4 000万km的地方，这比它与地球的距离近得多。如果从金星轨道进行观测，法国望远镜就能得到良好的哈雷彗星图像。

　　此后，太空研究协会深入考虑了任务情景：4 000万km的距离仍然比较遥远。是否能够让航天器及其望远镜更靠近哈雷彗星呢？根据弗拉基米尔·库尔特提出的一项建议，А·А·苏汉诺夫（A. A. Sukhanov）通过天体力学实验提出了一个大胆的设想：在周密选择发射日期的情况下，可以将一个探测器送到金星，投下一个较小的气球和一个着陆器，然后改变母航天器的飞行轨道，从而与哈雷彗星会合。因为需要改变飞行轨道，需将原来的大气球变为一个小气球。该任务后来又进行多次排列组合，最后重新设计了整个方案，并确定了新的计划。

6.11　维加项目：任务

在此阶段，金星 84 号任务采用了一个新的名称：维加（VEGA）任务。这个名称源自金星的缩写 VE 以及哈雷彗星的缩写 HA（"H"和"G"在俄语中发音相似）。项目内部人员还使用了 5VK 一词，它来源于原有的 OKB - 1（在一些文件中也将其称为 VEHA 项目，偶尔还会使用金星 17 号和 18 号的说法）。这个新名字是在 1982 年 4 月宣布的。不过，法国因为气球规模变小而感到不愉快，拒绝参与小气球项目，该项目撤销了与法方的合作，并采用较大的"CCCP"字母标志，以便所有参与金星项目的人员都能清楚项目发起国。萨格杰耶夫很明智地将该任务出售给苏联军方，因为该任务能够在很大程度上证明苏联是否有能力发射多个独立的弹头（虽然此任务是面向另一颗行星），并对美国产生真正的威慑。一位对此项目持怀疑态度的军方人士私下告诉他说：他根本不相信上述说法，不过他认为这仍然是一个伟大的项目，并将全力支持。

在国际宇宙机构领导鲍里斯·彼得洛夫的帮助下，IKI 发出了国际间合作的邀请，这是苏联首次开展此类任务：为开展国际间合作的试验设备分配了 120 kg 的质量。共有 13 个欧洲国家做出了答复，其中也包括怒气未消的法国。用来跟踪彗星的望远镜是由捷克工程师制造的，一部分导航系统是由匈牙利制造的。现在，一些合作的基本规则也发生了变化。外国工程师不再像过去那样提前几个月甚至几年转交其设备，然后再也不参与其中了，而是在任务之前、过程中以及之后全面参与了项目。他们频繁造访莫斯科（在很多地方召开了合作会议），并在莫斯科停留期间自由使用相关设施和实验室。仅在几年之前，这种情况还是无法想象的。

维加探测器

　　因为还在冷战时期，所以美国科学家无法参与该项目，尽管参与此项目有助于解决美国缺少哈雷彗星探测器的问题。1972年苏美两国签署的《太空合作合约》使得阿波罗-联盟号测试项目可以在多个领域展开合作达5年之久，其中包括深空探索。该合约于1977年续签，不过里根总统在1982年终止了该合约，这样一来美国和苏联就无法通过正式渠道进行合作。不过两国都有与法国合作的协议，法国空间研究中心（CNES）研究员雅克·布拉蒙特（Jacques Blamont）游说了至少20个全球各地的天文台参与苏联维加气球项目的跟踪工作。相关科学家组成了一个机构间的咨询团体，其中包括来自欧洲、日本、苏联和美国的科学家，从而有效地克服了因为里根政府针对苏联的合作禁令所带来的障碍。喷气推进实验室同意跟踪此任务，以提高瞄准彗星的精度，不仅是为了维加任务，同时也是为了随后的欧洲乔托（Giotto）号任务。

在维加项目中，芝加哥大学通过非正规渠道私下参与了相关活动，并对测量灰尘和云颗粒的一个仪器进行了飞行试验，在此过程中还得到了美国国家航空航天局埃姆斯研究中心的帮助。因为在科学界的联络受到限制，所以此活动不得不通过私人渠道进行。美国军方提醒参与项目的一位科学家：苏联可能会复制美国的先进技术，从而对冷战的平衡态势产生影响。这位科学家则向军方保证：他只是从本地无线电设备商店购买了一些旧零件。他笑着说："让他们随便复制吧，如果这样，他们的技术会倒退好几年！"

发射维加

维加 1 号和 2 号在 1984 年 12 月 15 日和 21 日按时发射。通过国际合作，使得苏联达到了前所未有的开放程度，并首次发布了质子号发射时的照片。此时拜科努尔尚未下雪。起飞时，运载火箭临时被氮烟雾形成的云体所遮蔽。发出最后指令的是检查员，因为相关图片只给出了发射开始的几个瞬间，没有给出级分离的过程。不久之后，戈尔巴乔夫上台，开启了推进政治开放和体制改革的重要时代。

6.12　维加：航天器和仪器

面向金星的维加项目与以往任何项目都不同。2个维加探测器并没有采用面向金星绕日轨道的直接路径，而是在标准发射窗口之前一个月发射，在短时间内急剧调整轨道曲线，进入金星轨道，然后从太阳的另外一侧与金星相遇，这个时间比标准的抵达窗口时间晚一个月。携带的燃料将从标准的 245 kg 增加到 590 kg。针对任务，对航天器进行了多次修改。为了满足任务的功率需求，需要每一侧增加一套额外的太阳能电池板，这与金星 15 号和 16 号类似，从而使太阳能电池板总面积达到 10 m²。安装了一个 5 m 长的磁强计臂。另外还安装了一个 0.4 mm 厚的尘土保护罩，以保护航天器。

苏联太空探测器首次携带一个重 82 kg 的可活动相机平台。这个活动平台是在苏联和匈牙利的帮助下，由捷克斯洛伐克制造的，它并不是让太空探测器指向目标，而是采用旋转模式拍照，并能适应彗星 80 km/s 的靠近速度。电视系统在 10 000 km 以外的分辨率为 150 m，它采用了一个高分辨率全景相机及滤光器来拍摄伪彩色图像。为了在与彗星交会时保护航天器，为航天器增加了绿色的防尘罩，从而使其外观发生了显著的变化。另外还增加了一个轻型结构，一方面可以抖掉附着的颗粒，另一方面可以形成自己的大气或电离层。航天器安装了一

弗拉基米尔·佩尔米诺夫

台计算机，它带有 816 bit 内存，传送速度为 3 072 bit/s（常规、记录和转储数据）或 65 kbit/s（在相遇过程中的实时数据）。无线电-电子系统仍然是由阿列克谢·博戈莫洛夫领导的莫斯科工程研究所研制的。维加任务的技术主管是弗拉基米尔·佩尔米诺夫。

　　气球的有效载荷是一个圆柱体，末端有一个锥体天线。内部有一个可使用 50 小时的电池、传送系统及科学仪器。每 75 s 读取数据一次，每半小时发送一次数据，其频率为 1.67 GHz，速度为 4 kbit/s。气球携带了 2 kg 的氦气，用来充气。舱体长度为 1.2 m，末端变为锥体，直径为 14 cm，质量为 6.9 kg，带有一个 4.5 W 发射机，以 1.667 GHz 发送信号。每个气球总重 21 kg，表面涂成白色，以减小大气侵蚀的恶劣影响。舱体携带了科学仪器、1 kg 的电池和一个发射机，该发射机每 30 min 从 1 024 bit 的内存发射一次 4 bit/s的脉冲信号，共发射 270 s 脉冲。

维亚切斯拉夫·林肯

气球设计者为太空研究院的维亚切斯拉夫·林肯（Vyacheslav Linkin）（1937 年），他是早期参与金星任务的资深人员，也是行星大气专家。

维加项目：母航天器实验仪器

　　• 电视系统（苏联、法国、匈牙利）。

　　• 三通道光谱仪（苏联、保加利亚、法国），通过可见光、紫外和红外波段分析彗星物质的成分。

　　• 粒子碰撞质谱仪（苏联、德国），分析固体灰尘颗粒的质量大小。

　　• 中性气体质谱仪（德国），确定彗星气体的分子成分。

　　• 灰尘颗粒检测器（苏联），测量灰尘颗粒的密度。

　　• 带电粒子分析仪（苏联、匈牙利），分析彗星等离子体中的电子和离子的特征。

　　• 等离子体波分析仪（苏联、波兰、法国、捷克斯洛伐克），分析近彗星等离子体。

　　• 磁强计（奥地利），测量彗星自身的磁场。

维加项目：着陆器实验仪器

名　称	目　标
Meteo（法国参与）	测量 110 km 以下的天气、压力和温度
IFP	测量 40～50 km 的悬浮颗粒
ISAV（法国参与）	光散浊度计/散射仪/光谱仪，测量从 50 km 到表面的大气气体成分
Malachite（法国参与）	质谱仪，测量 40～50 km 的大气成分
Sigma 3 气相色谱仪	测量 35～50 km 的气体成分
VM－4 液体比重计	测量 35～50 km 的水蒸气
G515－SCV	γ 射线光谱仪，检测表面的铀、钍、钾
BDRP－AM25	X 射线光谱仪，检测表面的硅、铝、铁、镁

维加项目：气球试验仪器

仪　器	国　家	目　标
压力传感器	苏联，法国	测量压力
温度传感器	苏联，法国	测量温度
风力计	法国	测量风力
光散浊度计	苏联，法国	测量云层和悬浮颗粒
光度计	美国，法国	检测雷电
位置指示器	美国，法国，苏联	测量位置和漂移

6.13　金星上的维加

在 12 月 20 日后的几天，维加 1 号调整了轨道。6 个月后的 1985 年 6 月 9 日，维加 1 号抵达金星上空 500 000 km 处。维加着陆器定位在金星上完全不同的区域，即 Mermaid Plains 和 Aphrodite Mountains，这离传统的着陆地点有一个半球的距离。在进行着陆器的改进时，在空气制动装置下方安装了一个圆形环，以便在下降过程中使其停止旋转。

"维加"组装会议

维加 1 号着陆器在距离金星 39 000 km 高度被释放。维加 1 号质谱仪在 64 km 的高度启动（此时降落伞打开），并开始迅速检测云层颗粒、二氧化硫和氯气。X 射线荧光光谱仪在 25 km 高度打开。着陆器在下降过程中返回了数据，并在北纬 7°11′、经度 177°48′ 处着陆，地点为 Mermaid Plains。表面温度为 452 ℃，压力为 86 个大气压（后来纠正为 93 个大气压）。母航天器在 8 890 km 的高度飞经金星。

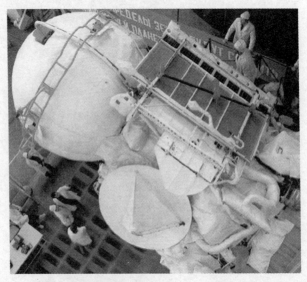

带着陆器壳体的维加探测器

　　公开发布的金星表面探测科学成果很少。因为对维加 1 号下降后的状况备感压力，IKI 在着陆后 3 小时就召开了一次新闻发布会。初步结果显示：大气中含有二氧化硫、0.01％ 的水蒸气，并有 5 个明显的分层。接下来，IKI 宣布：暂时还不能发布维加 1 号着陆器的数据，需要等到维加 2 号着陆器在几天后提供数据时才能发布，这不禁让人们怀疑哪个环节出现了问题。在维加 2 号着陆之后，在苏联的公告中提到的是维加着陆器的总体结果，而没有将 2 个着陆器区分开来。这是另外一个让人感到不解的地方。持怀疑态度的一些

学者引用了当时的传言对此作了解释：当探测器位于表面以上16 km
时，也就是触地之前 15 min，就提前启动了钻探程序[9]。

　　数年之后人们才知晓了事情的真相。金星 11～14 号所遇到的异
常电现象虽然对维加 2 号没有影响，但对维加 1 号产生了严重影响，
从而导致降落程序在 18 km 时启动。20 年后，现在有关维加的报告
更谨慎地将金星表面探测结果的报告称为维加 2 号报告。维加 1 号
着陆器上的 γ 射线设备确实工作了，并测试了金星表面，但是维加 1
号没有进行钻探，因此现在无法进行精确的低地 - 高地比较。
Mermaid Plains 区是较低的平原，此前在这里没有采集样本，因此
这是一个较大的科学损失。

维加探测器国际合作团队

　　因为缺少维加探测器提供的金星表面图像，所以引起了人们的
猜测，就如金星 11 号和 12 号的情况一样，人们怀疑相机再次出现
了故障。苏联相关机构解释说：其原因是在夜间降落。不过这种说
法没有说服力，因为着陆器应该可以携带泛光灯，就像金星 9 号和
10 号一样。实际情况是：相关方决定不携带相机，而是携带其他一
些科学仪器，着陆器最终的图片也证实了这一点：着陆器并没有安
装相机。

　　虽然遇到了一些困难，但是在下降过程中，维加 1 号还是采集

了很多大气样本，检测到了硫、氯和磷，并在 48～63 km 的范围内检测到 1 mg/cm³ 的硫酸。测量的云颗粒小于 1 μm，这类似于地球上的雾气，只不过更有侵蚀性。维加 1 号经过了 2 个云层：第一个云层在 50～58 km，较低的云层在 35 km。推断的表面温度为 468 ℃，压力为 95 个大气压。着陆器携带了一个经过改良的液体比重计，以细化金星 4 号的水蒸气数据。他们发现：在较高的高度，水蒸气含量只有 0.15％，在较低处则要更低。

维加 2 号在 6 月 15 日投下着陆器，它进行了一次偏转机动，并在 24 500 km 的高度飞过金星。在下降过程中，维加 2 号继续进行金星 12 号所开始的工作，对云层成分进行荧光光谱仪分析，它不仅发现了硫、氯和铁，而且还在下层云体中发现了磷（6 mg/m³）。在 Malachite 仪器试验中，收集了云颗粒及液滴，并将它们放在盒内进行分析，从而确认了金星 12 号所发现的硫酸及氯、铁和磷。

维加着陆器

维加 2 号着陆器于 6 月 16 日在金星的暗侧着陆。母航天器在 8 030 km 的高度飞越金星。维加 2 号的着陆点为南纬 6°27′，经度 181°5′，并位于 Aphrodite Mountains。这个区域为低地平原与山麓山脉的混合地形，山脉相对 Alta Mountains 的基线高度为 4 km。维加 2 号定位在一个海拔 1.8 km 的高地斜坡。表面温度为 460 ℃，压力为 90 个大气压。它重复了金星 13 号和 14 号的操作，对表面岩石进行了钻探。钻探和将样本送到容器的过程用了 172 s。接下来，对样本进行荧光辐照（铁-55 和钚-238），以检测其元素及比例。通过检测发现：其岩石类似于地球上的玄武岩，但是与在意大利北部亚平宁山脉发现的玄武岩不同。这些岩石类似于在月球发现的钙长石样本，其中一些是钙长石-橄长岩，这是一种在月球高地发现的岩石，地球上很罕见。有证据表明：当多年前岩石在金星地幔中熔化时，其中曾经有过水的迹象。根据苏联科学院分析员 V·L·巴尔苏科夫（V. L. Barsukov）的说法：“可以得出这样的结论，在金星过去的地质年代中，可能存在水泡和含水量程度更高的大气，甚至是水气层。”在维加 2 号着陆点，硫的含量较高，在 2%～5% 之间，比金星 13 号发现的 0.65% 多得多，说明维加 2 号发现的岩石是最古老的。维加 2 号也首次将 γ 射线光谱仪与 X 射线荧光光谱仪结合使用，其首席研究员是尤里·苏尔科夫（Yuri Surkov）。不过质谱仪出了故障。

维加 1 号在着陆之前发送了 62 min 的下降数据，维加 2 号则发送了 60 min 的下降数据。不过关于金星表面信号传送时间的报告存在一些矛盾。大多数资料给出的维加 1 号发送时间为 56 min，维加 2 号为 57 min，但是也有一些资料提到发送时间只有 22 min。

6.14　气球旅行

维加任务比较新奇的阶段是在到达金星后向大气中部署第一批气球。气球所用仪器是在奥地利、匈牙利、东德、保加利亚、波兰、西德、捷克斯洛伐克及法国制造的（虽然法国退出了最初的项目）。气球直径为 3.4 m，在其下方 12 m 悬挂了一个舱体。维加 1 号气球于 1985 年 6 月 10 日部署在金星的暗侧，距离赤道以北大约 11 000 km。这个雪白的维加 1 号气球是在距金星 54 km 高度释放的。其目标是将气球部署在金星云层最厚的高度。维加 2 号部署在赤道南部类似的高度处。

　　气球顺利部署的消息第一时间通过电话从加利福尼亚州传到了 IKI 控制室，加利福尼亚州喷气推进实验室的科学家告诉莫斯科的同事：他们刚刚从美国国家航空航天局在澳大利亚的抛物面天线接收到了一个气球信号。在信号到达以后，计算机屏幕亮起，全场掌声雷动。在莫斯科的 IKI，因为地球自转的缘故，接收到信号的时间要晚一些，人们的反应也更温和一些[10]。

飞行中的维加探测器

这些气球经历了奇妙的旅程，在金星大约 55 km 高的大气中漂浮。它们进入金星的夜侧，并朝着白天一侧漂移。通过得克萨斯州（戴维斯堡）、艾奥瓦州（北利伯蒂）、西弗吉尼亚州（格林班克）、德国（埃费尔斯堡）、瑞典（翁萨拉）、西班牙（马德里）、南非（哈特比斯特胡克）、加拿大（彭蒂克顿）、澳大利亚（堪培拉）、巴西（伊塔佩廷加）、英国（焦德雷尔班克），以及加利福尼亚州（戈德斯通和欧文斯谷）的无线电望远镜跟踪气球，其中包括位于苏联叶夫帕托里亚和乌苏里斯克的 2 个 70 m 抛物面天线，位于贝尔湖的 64 m 抛物面天线，以及位于乌兰乌德（25 m）和锡梅伊兹与普希金诺（都为 22 m）的更小抛物面天线，另外还有全球最大的抛物面天线，也就是位于波多黎各阿雷西沃的 305 m 坑体抛物面天线。

实际情况表明：气球释放高度是大气涡流最强的地点。维加 1 号气球陷入空气涡流中，以 240 km/h 的速度打转，并在气流中上下滚动。维加 2 号气球也在金星表面以上 54 km 处转动，并记录了"飓风规模的涡流"。维加 2 号的气球在飓风中回旋，某一时间阶段在 30 min 内降落了 3 km，1 天后爆裂。垂直风速经常达到 1 m/s，有时达到 3 m/s。此前没有人预料到金星大气风暴会如此猛烈。

2 个气球都频繁上下跳动 200～300 m 的距离，向下的阵风速度为 1 m/s，有时达到 3 m/s。气球仪器发现：在阵风中的云层以高达 60～70 m/s 的速度运动，接下来，气球以大约 55 km/h 的速度运动。在 Aphrodite Mountains 上方遇到了最强的气流，气球在气穴中猛然下降了 2 400 m。

舱体的仪器返回了温度、风、日光和大气成分信息，共发送了 69 串信号。在经过 46 小时的旅行穿过 9 000 km 的黑暗区后，维加 1 号抵达金星的白天侧，在这里受日光照射，其外壳爆裂开。电池的设计使用寿命为 2 天，不过在气球爆裂之前，电池可能就已经耗尽了。

在叶夫帕托里亚的抛物面天线

维加探测器提供的金星大气科学数据

- 金星云层为一层硫酸薄雾，含有硫、氯和磷。
- 硫酸含量为 $1.5 \ \mu g/m^3$。
- 在 $48 \sim 63 \ km$ 的高度，硫酸密度为 $1 \ \mu g/m^3$。
- 略呈黄色的背景可能与硫酸有关系。
- 即使在夜间，云层也会保留一些日光。
- 在 $50 \sim 58 \ km$ 的高度云层最厚（颗粒数最大）。
- $25 \sim 30 \ km$ 高度的水含量为 $0.01\% \sim 0.02\%$，$55 \sim 60 \ km$ 高度的水含量则为 $0.1\% \sim 0.2\%$。
- 大气存在涡流，甚至是剧烈的涡流。

维加探测器舱体

6.15　打破苏斯洛夫魔咒：维加抵达哈雷彗星

在 1985 年 7 月，母航天器调整了轨道，以便追赶 7.08 亿 km 外的哈雷彗星。借助金星重力辅助，维加探测器的轨道可以使它们返回太阳系，穿越绕地球轨道到达地球和火星之间的区域，这个轨迹是一个椭圆弧，使其在哈雷彗星进入太阳系时重新向太阳行进并与彗星相遇。在第二年的 1 月，距离地球 1.65 亿 km 处，启动了彗星拦截仪器，这个时间很合适，可以在 3 月的第一和第二周达到最靠近彗星的位置。在 1986 年 2 月 10 日，进行了最后一次轨道修正，在 2 月 14 日，扫描平台锁定了 1.50 亿 km 以外的彗星。3 月 4 日，在与彗星相距 1 400 万 km 快速接近过程中接收了第一组图像。一天以后，距离彗星只有 700 万 km，此时又接收了另外一组图像。接下来，在距离地球 1.70 亿 km 处，在 1986 年 3 月 6 日早晨与彗星近距离相遇，维加 1 号进入到彗星光冕或彗尾中。

维加 1 号以 79.2 km/s 的拦截速度靠近，这比子弹速度快 100 倍。虽然是在冷战时期，但是美国电视台还是实况报道了维加拦截哈雷彗星的情况，并直接从 IKI 控制室获取了相关信息，并由著名的天文学家卡尔·萨根（Carl Sagan）和 IKI 主管罗奥德·萨格杰耶夫解说。在达到与彗星最近距离之前 2 小时，维加 1 号切换到高速度遥测模式。随着墙壁大屏幕上出现全幅的伪彩色哈雷彗星图像，并同时用西里尔字母展示详细的数学拦截信息，国际科学家和媒体爆发出一阵热烈的掌声。这是一次实时的彗星拦截操作！也是西方记者首次在苏联任务控制室内观看深空任务的直播实况。政治改革至少打破了苏斯洛夫（Suslov）的魔咒。控制室内到处都是计算机、显示屏、计算机磁盘、打印文件、维加模型以及很多三三两两聚在一起的科学家。

维加 1 号以 8 890 km 的距离飞经彗星，飞行速度为 79.2 km/s，在 3 小时的时间内通过各种颜色的滤光器拍摄了 500 多幅图像，其中包括彗星的椭圆形彗核以及喷出的尘埃流。维加 1 号在绕飞期间被损坏，其太阳能电池板失去了 40％ 的动力。最后一批图像是在 3 月 7 日到 8 日拍摄的。

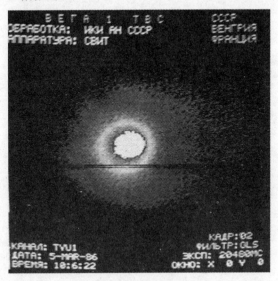

维加号靠近哈雷彗星

此时对于维加 2 号来说：其拦截路径很完美，因而取消了原定在 2 月 17 日进行的最终轨道修正。第一批 100 幅图像是在 3 月 7 日与彗星相距 1 400 万 km 的近距离获得的。几天以后，维加 2 号以 8 030 km 的距离、76.8 km/s 的速度飞越彗星，拍摄彗核南极的图像。在维加 2 号抵达最近相遇点之前的半小时，因为计算机制导系统出现故障，所以让人们很担心。幸运的是，它迅速切换到了备用系统。在彗星周围的尘埃导致维加 2 号失去 80％ 的动力。在 IKI 控制室内，再次展示了喷射蒸气的土豆形彗星的蓝色、白色和红色图像。最终一组图像是在彗星逐渐远离的过程中于 3 月 10 日和 11 日拍摄的，其距离分别为 700 万 km 和 1 400 万 km。维加 2 号共返回了 700 幅图像。

2 个探测器提供的数据非常类似，并且其绕飞都达到了同样的精度，从而使苏联科学家及其国际同事欢欣鼓舞。不过这不是航天器最接近彗星的一次，因为欧洲空间探测器乔托号与彗星的距离曾经达到了惊人的500 km的距离（虽然可能有一定的危险性）。

维加任务的控制室

人们曾经讨论是否将维加探测器重新定位到阿多尼斯（Adonis）小行星，不过这种设想并没有实现。它们在1986年3月顺利结束了任务。

6.16 拦截哈雷彗星：科学成果

维加号返回了很多哈雷彗星科学信息。2个维加探测器之间共返回了1 500多幅彗星发光气体的成像，通过多光谱成像，使整个彗星在蓝色、棕色的天空背景下呈现出令人炫目的红色和黄色光泽。维加号已经确定：哈雷彗星是一个黑色椭圆形笼型结构，外包络是二氧化碳冰结构，长14 km，宽7 km，它散发出数百万吨的蒸气，其表面温度为100 ℃，不过内部温度高达100 000 ℃。彗星散发出的气体中包括氢气、氧气、碳、一氧化碳、羟基和氰基。彗星表面是多孔的壳体，其中包含与某些石质或金属陨石类似的元素。维加号对从彗星散发出的尘埃颗粒进行了化学分析，其中一些颗粒尺寸只有 $0.01~\mu m$。这些颗粒主要包含碳，另外还有钠、镁、碳、钙、铁、金属、氮气、硅酸盐、氧气和氢气。彗星有笼状冰（二氧化碳冰）。估计彗星的质量为 3 000 亿吨。在经过近日点时，每 24 小时会散发出 100 万吨物质。哈雷彗星的自转周期为 53 个小时，并有一个暗面，只反射照射日光的 5%，其原因可能是表面有一层 1 cm 厚的黑色多孔层。

　　苏联科学家现在能够模拟哈雷彗星的情况。它是一个凝聚成团的冰体，有一个热传导率很低的黑色多孔薄层，不断进行自我更新。随着时间的推移，彗星内的物质会逐渐蒸发，并从表面冲出，从而形成活跃区。二氧化碳和冰会冲破边界，并将固体颗粒带走。彗星每天都会损失数吨的物质，不过很快就能重新生成。在气体以 1 km/s 的速度从彗星逃逸的过程中，太阳风会使蒸发的气体离子化，产生一个较长的光亮彗尾和一个等离子体云，其宽度为 100 万 km，比地球的磁圈还要大 25 倍。

在哈雷彗星旁的维加 1 号

研究发现：彗星的主要化学物质是水蒸气和二氧化碳，并有原子氢、氧、碳和一氧化碳及二氧化碳分子，以及氢氧化物和氰基。尘埃碰撞质谱仪研究了多达 2 000 个颗粒，它们的成分差异很大，其中一些是金属，并带有钠、镁、钙和铁。一些带有硅酸盐，一些带有氧和氢（构成水的元素），而另外一些颗粒则带有碳。一些颗粒很小，直径为微米量级。根据这些颗粒的情况，科学家得出结论：彗核可能是在靠近太阳时在木星和海王星之间形成的，后来又被推离太阳。

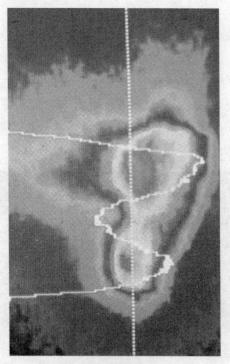

哈雷彗星的彗核

6.17　高峰期

维加标志着苏联的行星际探索计划达到一个高峰。在火星编队计划令人失望以后，为了确保"星球之间的战争"能力，苏联将金星作为行星际探索的主要目标。1975—1986 年，相关任务越来越复杂，并且不断取得成功。期间没有出现过发射失败，这与早些年形成了鲜明对比。在此期间，共有 8 个着陆器降落到金星表面，在下降过程中、着陆时以及着陆以后发回了相关信息，从而使科学家能够全面了解金星的大气、云层、温度和压力。通过相机设备拍摄了金星表面图片，探测了土壤密度，并在恶劣、极端的环境下将土壤样本送回探测器进行化学分析。通过 4 个轨道器，描绘了金星上空大气的情况。2 个雷达绘图器则描绘了金星广袤、多变、复杂的表面环境。通过气球，对金星云层系统进行了鸟瞰。维加号是最终的杰作，完成了设计人员所能构想的最复杂任务，部署了着陆器和气球，然后飞越太阳系拦截哈雷彗星，并在公开直播的情况下顺利与彗星会合。以前西方总是批评苏联的太空计划，即使取得成功，也认为其比较原始、不够高精。而现在，这些批评声音可以停止。

那么苏联都取得了哪些成就呢？在此可以总结一下从 15 年之前启动的金星 7 号以来的所有着陆器所取得的成就。因为有着良好的定位，所以这些着陆器在多个地点着陆：

- 较老的高地起伏平原：金星 8、13 号，维加 1 号；
- 平坦的低地：金星 14 号；
- 年轻的火山结构：金星 9、10 号；
- 高山区的山坡地：维加 2 号。

着陆器的信号总发送时间达到了几小时。这个时间包括接收信号的时间，航天器因压力和高温而失效的时间，或者母航天器飞行到传送范围以外的时间。

着陆器信号传送时间

金星 7 号	23 min
金星 8 号	63 min
金星 9 号	56 min
金星 10 号	66 min

金星 11 号　　95 min

金星 12 号　　110 min

金星 13 号　　127 min

金星 14 号　　57 min

维加 1 号　　56 min

维加 2 号　　57 min

测得到的各金星号探测器着陆点表面温度为 452 ℃（最低）到 474 ℃（最高），压力为 85～94 个大气压，具体值主要取决于探测器着陆地点相对基线的位置。

探测器确定：火山活动是形成金星表面地貌的主要原因，并且没有板块构造活动的迹象。岩石为圆形，最有可能的原因是风侵蚀作用，测量到的风速为 0.4～1.3 m/s，证实了这种判断。金星岩石的硬度存在差异，在金星 9 号的着陆地点最软，在金星 10 号的着陆地点最硬。金星 13 号的着陆地点遍布较重的黏土以及密实的细砂，而金星 14 号的着陆点更像是泡沫混凝土。通过对岩石进行化学分析发现：岩石主要元素是硅（一般含量为 45% 左右）、铝（约为 16%）、镁（11%）和铁（8%）。这是整体的情况，不过各着陆地点之间有所差异。金星 8 号与其他着陆地点的差别较大，该地方有 4% 的钾（其他地点则不到 0.45%）、较多的铀（2.2%，其他地点不到 0.69%），以及较多的钍（6.5%，其他地点不到 3.65%）。

那么大气情况如何呢？通过下降着陆器或轨道器上的多个仪器，得到了关于金星大气的信息。

绕金星轨道飞行的苏联航天器

1975 年 10 月 22 日：金星 9 号，1 510～112 200 km，48 h 18 min，34.17°；

1975 年 10 月 25 日：金星 10 号，1 620～113 900 km，49 h 23 min，29.5°；

1983 年 10 月 10 日：金星 15 号，1 000～65 000 km，1 440 min，87.5°；

1983 年 10 月 14 日：金星 16 号，1 000 ～ 65 000 km，1 440 min，87.5°。

金星云体可能会分成多层，不过在低于 50 km 的高度，它们更像是雾或烟雾，而不像地球上的云。

顶层	64 km
高密度云	50～60 km
中密度云	32～49 km
薄云	18～31 km
无云	低于 18 km

在各个高度的大气成分是不同的，水蒸气在云层内，而二氧化碳和氧气在云层上。比如，在 46～63 km 的高度，硫和氯的含量最高。金星 12 号比较详细地测量了金星大气成分，这些数据可能是研究的最佳依据。通过数据发现：金星大气主要元素是二氧化碳，为 97%；氮气为 2%～3%，接下来还有一些微量元素。

大多数阳光都能在 50 km 以上的较高处被吸收。只有 1% 的阳光能到达金星表面，不过这些阳光足以保持低层大气的高温，并形成温室效应。萨根最初提出的"温室效应"理论应该可以得到确认，这对于地球气候最终变化的影响也是一种警示。

到了 20 世纪 80 年代末期，科学家不仅了解了金星详细物理外观，而且还开始通过数据来阐述金星的起源、发展和演化过程。不过仍然有一个基本的问题有待解决。在太空时代之前，人们曾设想：和地球类似大小、在太空中处于类似位置、具有类似化学成分和早期变化历史的行星应该也具有类似的演化进程——因此设想金星上有湿地。但是，金星和地球的演变过程在某一点出现分离，这始终是行星学家所面临的一个难题。不过，借助金星号探测项目和美国相关项目的数据，他们至少得到了一些工作依据。在金星号和维加号着陆、绘制雷达图并部署了气球之后，现在已经获得了关于金星大气、云层、温度、压力、表面、岩石和成分的大部分关键信息。从 1961 年启动相关计划到现在，从金星的了解程度可以说经历了最大限度的改变。

那么这是否意味着已经解决了所有关于金星的问题呢？远远没有。米哈伊尔·马洛夫和大卫·格林斯普恩（David Grinspoon）在1998 年总结金星研究状态时曾说，很明显我们通过相关任务得知"金星的现状"，但是并没有得知"金星的过去"，另外更重要的是"金星如何变成现在的样子？"[11]。通过金星号任务并没有也无法了解金星的演化过程，无法掌握它为什么会变得这么热或者它的大气发生了什么变化，不过目前我们已经拥有了大量信息，可以构建多种理论、可能性和解释观点。在地球面临气候变化的情况下，这些问题也与我们息息相关，而不仅仅是科学或学术问题。这对于通过构想绘制金星湿地、丛林和蓝色星球的艺术家来说，也是一种安慰。这种构想的确反映了金星的情况，不过不是在 20 世纪 50 年代，而是在数十亿年前。

纵观过去的各个阶段，人们对于与地球最近的 2 颗行星的研究已经取得了长足的进展。

	金星	火星
18 世纪		
19 世纪		越来越像地球
19 世纪 80 年代		火星运河（Schiaparelli）
19 世纪 90 年代		寒冷干燥的文明（Lowell）
20 世纪		好战的文明（Wells），友善的文明（Boguslavski）
20 世纪 30 年代	海洋、湿地、植被	地衣：寒冷、干燥、多风
20 世纪 50 年代	可能比较热？	
20 世纪 60 年代	热，高压	无生命的沙漠，像月球一样
20 世纪 70 年代	温室效应	寒冷、干燥，但是过去有水
20 世纪 80 年代	为什么与地球不同？	温暖、湿润，早期的火星

　　参见：Jeffrey S. Kargel：《火星——一个更温暖、更潮湿的行星》（*Mars - a warmer, wetter planet*），Springer/Praxis（2004 年）。

此后又制作了 3 个金星探测器。后来，在 1985 年，相关方决定将行星际计划重新集中到火星上，并暂时终止了金星探索计划[12]。

目前的探测模式可能已经达到飞行极限。那么剩余的 3 个航天器怎么办呢？最终决定所有 3 个航天器都拆掉着陆器，并将航天器的主结构转换为天文望远镜壳体。第一个航天器作为天体物理天文台，命名为 Astron，于 1983 年发射。第二个航天器命名为 Granat：它尤为成功，运行了 10 年之久。第三个航天器命名为 Lomonosov，它是一个星图仪，计划用来非常精确地绘制 50 000 多个恒星的位置。第三个航天器计划在 1992 年发射，不过为此需要改造外壳结构，至今尚未完工。

Astron

　　20 世纪 80 年代，人们对苏联航天的未来普遍比较乐观。在勃列日涅夫时期，苏联对航天计划进行了大规模投资，并达到了高峰期，每年发射多达 100 个航天器，或每周发射 2 个。1986 年 2 月，苏联发射了所有空间站中最伟大的一个，也就是和平号空间站。在 1987 年 5 月，当时还在生病的总设计师瓦连京·格鲁什科（还在孩提时代，他就给康斯坦丁·齐奥尔科夫斯基写过信），主持了有史以来建造的最强大火箭——超现代的能源号火箭发射工作。苏联航天工业现在已经达到了非常庞大和成功的规模，并得到了美国《国家地理》（*National Geographic*）杂志专刊的赞誉，这也是有史以来该杂志首次报道苏联的太空计划。《时代》（*Time*）杂志则撰写了一篇封面故事《莫斯科走在最前沿》（*Moscow takes the lead*），回顾了苏联从第一颗人造地球卫星以来 30 年的发展情况，故事名为"领先者——苏联超过美国成为第一航天大国"（*Surging ahead—Soviets overtake the US as the No. 1 spacefaring nation*）。

参 考 文 献

[1] Barsukov, V. L. : *Basic results of Venus studies by VEGA landers*. Institute of Space Research, Moscow, 1987.

[2] Breus, Tamara: *Venus – the only non – magnetic planet with a magnetic tail*. Institute for Space Research, Moscow, undated.

[3] Burchitt, Wilfred and Purdy, Anthony: Gagarin. Panther, London, 1961.

[4] Surkov, Yuri: *Exploration of terrestrial planets from spacecraft – instrumentation, investigation, interpretation*, 2nd edition. Wiley / Praxis, Chichester, UK, 1997.

[5] Once again, much of our knowledge of the instrumentation on these Venus probes comes from Mitchell, Don P. :
—Soviet interplanetary propulsion systems;
—Inventing the interplanetary probe;
—Soviet space cameras;
—Soviet telemetry systems;
—Remote scientific sensors;
—Biographies;
—Plumbing the atmosphere of Venus;
—Drilling into the surface of Venus;
—Radio science and Venus;
—The Venus Halley missions, *http: //www. mentallandscape. com*.

[6] Basilevsky, Alexander: The planet next door. *Sky and Telescope*, April 1989.

[7] Lemonick, Michael D. : Surging ahead. *Time*, 5th October 1987.

[8] For example, Kuzmin, Ruslan and Skrypnik, Gerard: A unique map of Venus. Novosti Press Agency Soviet Science and Technology *Almanac*, 1987.

[9]　　Woods, Dave: Probes to the planets, in Kenneth Gatland (ed.): *Illustrated encyclopedia of space technology*. Salamander, London, 1989.

[10]　　Soviet space odyssey. *Sky and Telescope*, October 1985.

[11]　　Marov, Mikhail Y. and Grinspoon, David H. : *The planet Venus*. Yale University Press, New Haven, CT, 1998

[12]　　Huntress, W. T. , Moroz, V. I. and Shevalev, I. L. : Lunar and robotic exploration missions in the 20th century. *Space Science Review*, vol. 107, 2003.

第 7 章　福布斯号，危机和衰落

一个被击败的人比 2 个没有击败的人更有力量。

——弗拉基米尔·佩尔米诺夫在《艰难的火星之路》 （*The difficult road to Mars*）中引用的俄国古谚语[2]

维加 2 号是苏联或俄罗斯的最后一次金星任务，直到今天仍然如此。在 20 世纪 80 年代，苏联以及其后的俄罗斯将其深空探测重心重新转移到火星上。到 1986 年，苏联科学家取得的金星科研成果已经达到极限，不过此后又增加了一些其他任务（第 8 章）。1975—1986 年随着金星计划不断取得成功，人们预计新火星任务会比以往任务取得更大的成功。

在经历大型火星编队计划之后，在苏联科学界和政治圈内，曾经针对行星际计划的重点展开了激烈的讨论，并探讨是否应该以及如何直接与美国展开竞争。如第 6 章所述，这场"星球之间的战争"无疑是金星派获胜，至少他们认为如此。

7.1　火星派回击：5NM、5M 项目

火星派可能暂时落后，不过他们并没有出局。现在，他们提出了从火星采集岩石样本的计划。此类计划的成功不仅会使金星派所取得的成就黯然失色，而且还会远远超过老对手美国人的成就。

从火星获取样本的理念并不是一个新理念。第一个相关项目名为 5NM，大概是在 1970 年 9 月通过月球 16 号返回第一批月球样本时开始研究的。相关研究在格奥尔吉·巴巴金的领导下进行，他的出发点是：需要一枚比质子号强大得多的火箭。他提出使用 N‑1，将其重新用于最初设计的火星任务功能，不过是无人火星探测。接

下来，N-1飞行了2次，2次都没有成功，不过人们相信该火箭在未来的若干年内会达到实用状态。5NM项目指定在1975年发射。

5NM项目利用了现有的设计方案。N-1将把20 t的航天器送到火星。其中包括：

- 一个3 600 kg的轨道器和中继站，基于M-69及M-71设计方案。

- 一个16 t的着陆器，直径为6.5 m。

- 在着陆器顶部有一个750 kg的返回飞行器和一个15 kg的舱体，里面可以装200 g火星土壤。

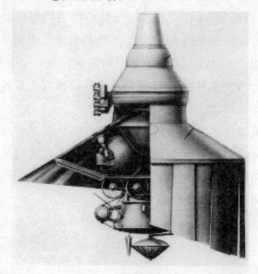

4NM项目

火星着陆器是一个大型航天器，其总直径取决于锥体结构。在锥体后方有30个花瓣结构，在使用时会打开，将锥体表面积增加一倍，达到11 m。该着陆器将以与火星2号、3号非常类似的方式进入火星大气。在其速度下降到200 m/s以下之后，锥体会被抛弃，从而实现只有火箭的软降落，就像美国的海盗号一样。它是一个较大的航天器，有5个人高。

该着陆器将在火星表面停留 3 天，根据最感兴趣的岩石的全景图来采集样本。然后会发射携带着宝贵样本的上升级。它将在 500 km 高度，12 小时周期的火星轨道上，在 10 个月的时间中等待下一次从火星返回地球的窗口时间，然后朝地球发射舱体，该舱体会像月球 16 号一样进入地球大气。

5NM 项目在接下来的 2 年中完成了图纸设计。到 1973 年的时候发现，项目明显要到 1975 年才能准备就绪（即使 N - 1 已经就绪）。格奥尔吉·巴巴金认为成功的概率较小，并认为很多硬件功能尚未进行测试，而任务的复杂度要求硬件达到 3 年的无故障操作。几位部长勉强同意了设计人员提出的雄心勃勃的目标，而巴巴金则对项目失去了信心，这与他们最初的态度正好相反。谢尔盖·阿法纳萨耶夫部长非常支持此项目，他不情愿地接受了这个事实：即项目在此阶段还不具备可行性。相关人员根据早期任务要求设计了一个火星漫游车，该漫游车的方案直接源自成功的月球车号月球漫游车。此任务名为火星 4M。它将使用与 5NM 项目相同的空气动力锥体和着陆器，并将采用空气动力制动，在下降的最后 3 km 使用制动发动机。

采用 N - 1 作为运载火箭的 4NM 项目，在 1974 年 5 月与 N - 1 项目一起被取消。VNII Transmash 公司实际上在漫游车设计方面取得了显著的进展，能够为 4M 任务提供支持。一共制造了 4 个漫游车原型：

- 4GM，带 4 个独立导轨；
- KhM，类似 PrOP - M，但是经过全面升级，质量达 240 kg；
- KhM - SB，在月球漫游车上建模；
- EOSASh - 1，带 6 个轮子以及一个接合行走系统。

虽然在 1974 年金星派取得辉煌胜利之后，重新调整了火星计划的方向，但是相关人员仍然在尝试修改其方案。撤销、重新研制和反复决策是苏联太空计划中存在的特有现象，即便是月球项目和行星际计划也不例外。现在，火星派找到了一个新的捍卫者，很快重新调整了"星球之间的战争"的战略。他就是 80 岁的科学院院长亚历山大·维诺格拉多夫（Alexander Vinogradov）。他在 1970—1976 年成功领导了月球土壤样本采集任务，其中包括月球 16、20 和 24 号漫游车的研制，并从 1947 年开始一直担任维尔纳茨基学院院长。他提出了将工作重心重新转到火星的方案。在此过程中，苏联航天计划之所以会转移方向，其中一个重要目标就是抢在美国之前完成任务。

1975 年初，也就是金星派明显占据上风不久，亚历山大·维诺格拉多夫说服当时的中央委员会秘书和国防部长德米特里·乌斯季诺夫（Dmitri Ustinov）在 OKB 设计局召开一次特殊的星期六晨会。维诺格拉多夫认为：如果能够采集火星样本，将非常有助于揭示太阳系的秘密。但是根据金星派领导者罗奥德·萨格杰耶夫的说法，大家当时都没有准备向乌斯季诺夫说明该项目远远超出了苏联火箭的能力范围。航天工业主管谢尔盖·阿法纳萨耶夫是前 5NM 项目的热心支持者，他也没有反对此项目，当时影响力渐趋衰弱的姆斯季斯拉夫·克尔德什也没有

亚历山大·维诺格拉多夫

提出反对。乌斯季诺夫给了 OKB 设计局 3 年的时间准备任务。OKB 设计局局长谢尔盖·克留科夫竭尽全力开展项目，并计划在 1980 年发射。

因为无法再使用 N－1 火箭，所以不得不使用小得多的质子号火箭，由此而产生了以下问题。首先，要使用的航天器质量必须减小到 8 500 kg。即便如此，仍然需要 2 枚质子号火箭，才能将其送入地球轨道。另外，还需要通过第三枚质子号火箭将另外一个航天器送入火星轨道，以便取回采集的样本。此项目很快就成为一个大规模项目，并称为 5M 项目。

5M 项目着陆器将在火星表面着陆，在此过程中只使用制动火箭，不使用降落伞。2 000 kg 的上面级将从着陆器顶部点火，将样本送入火星轨道进行传送和回收。为防止生物污染，返回舱将进入地球轨道进行回收，在该轨道的一个地球轨道站进行仔细检查，然后再返回地球。

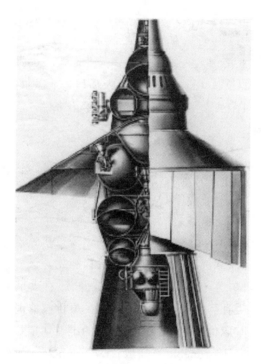

5M 项目

　　5M 项目至少需要进行 3 次自动对接：第一次在地球轨道上启动时，第二次在火星轨道上，第三次在返回的地球轨道上。OKB 设计局的若干位设计人员认为：此项目过于复杂，成功的概率渺茫。克留科夫坚持己见，在经过后续研究后，最终在 1976 年 1 月确定了设计方案。航天器的质量增加到 9 335 kg，但是在返程阶段节约了一些资源。相关人员决定在火星轨道对样本进行加热消毒，也就是说它们不用在地球轨道进行生物消毒就直接返回地球。在设计过程中进行了详细的权衡处理。7.8 kg 的返回飞船将不携带降落伞，而是携带一个小型放射设备。回收直升机将根据其发出的放射信标找到样本——这些样本应该会落在西伯利亚冻土地带的某个地区。该设计方案被政府批准，并在 1977 年开始生产硬件设备。

金星派开始回击，太空研究协会设法说服谢尔盖·阿法纳萨耶夫该火星项目并不可行。在 1977 年的某个时候，火星项目被取消，火星派领导人亚历山大·维诺格拉多夫此时已经去世。他的维尔纳茨基学院院长职位被一位金星派领导人瓦列里·巴尔苏科夫所取代，后者在该岗位上任职到 1992 年。用网球术语来说，这是属于金星派的游戏和比赛。

7.2　新总设计师：维亚切斯拉夫·科夫图年科；新航天器：UMVL

5M 项目被取消，导致 OKB 设计局出现危机。这是其所有项目中第一个被取消的项目（与其他一些机构相比，该局受保护的程度较高）。虽然谢尔盖·克留科夫开始时可能还对火星项目持怀疑态度，不过后来在项目中倾尽全力，因此在项目被取消后很沮丧。他递交了辞呈，其职位被尤日诺耶设计局的维亚切斯拉夫·科夫图年科（Vyacheslav Kovtunenko）所取代。而克留科夫则转到苏联能源科学生产联合体工作，担任瓦连京·格鲁什科的副总设计师，一直到 1982 年因病退休。他在 2005 年 8 月 1 日去世。

维亚切斯拉夫·科夫图年科于 1921 年 8 月 31 日出生在苏俄南部的恩格尔斯。在 1941 年苏联受到德国攻击之后，他很快就参军，但是后来因为受伤而长期住院，再也没有参战。他在列宁格勒大学学习，于 1946 年毕业，并于同年在莫斯科开始第一份工作，负责设计导弹。7 年之后，他转到乌克兰的第聂伯罗彼得罗夫斯克，加入米哈伊尔·扬格利的设计局，并成为宇宙号和旋风号运载火箭设计师，后来又负责小型科研卫星的国际宇宙合作计划。他在大学为学生授课，并撰写了《轨道航天器和空气动力学》（*Orbital spacecraft and aerodynamics*）一书。他踏实的履历肯定引起了拉沃奇金的关注[1]。另一方面，他的人际交往能力并不是很强，但是不得不与航天业重量级人物竞争职位，其中包括瓦连京·格鲁什科，尼古拉·皮柳金和米哈伊尔·梁赞斯基[2]。

维亚切斯拉夫·科夫图年科的第一个决定是逐渐启用一种新设计方案，也就是第五代行星际航天器，首先从 1MV，2MV 和 3MV 系列开始。在火星编队遇到晶体管问题后，谢尔盖·阿法纳萨耶夫就基本采用了上述决定，但是在谢尔盖·阿法纳萨耶夫任职期间并没有取得技术进展，这可能是因为他将精力主要投入于 5M 项目。新一代航天器称为 UMVL 或通用火星-金星-月球航天器。它可以用于多种用途，其中包括从火星任务到月球轨道

维亚切斯拉夫·科夫图年科

器。采用这种称呼，是有意同时吸引金星派和火星派的关注，并达到规模经济效果。与此同时，谢尔盖·阿法纳萨耶夫在 1973—1978 年研制的金星计划将在 20 世纪 80 年代中期告一段落。实际上，阿法纳萨耶夫发现这很难引起重量级人物的兴趣，因此 UMVL 的研制进展很慢，占据了 10 年中大部分的时间。

与火星 2～7 号航天器及新的金星号类似，UMVL 采用了总线概念，但是两者有重要差异。新型航天器有矮胖的外观，位于一系列大型推进贮箱和发动机上。太阳能电池板此时位于底部，而不是侧方。高增益天线位于顶部的一个铰链上。科研设备安装在机架顶部的多个点上，而不是顶部一个统一的专用点（比如降落舱）。在阿法纳萨耶夫承诺更换旧晶体管之后，采用了新型数字电子系统。UMVL 带有一个计算机，能存储 4.8 GB 信息。

　　UMVL 通过大型组合制动/修正推进系统（CBPS）来推进航天器。它是一个双体系统。下方是一个发动机的自主推进系统（APS），带有 8 个贮箱——其中有 4 个为 730 mm，4 个为 1 020 mm，用来存储3 000 kg燃料。计划使用 APS 进行中途机动，通过制动进入轨道，在被抛弃之前进行后续机动。CBPS 第二级被保留，它有一个中心贮箱和 4 个外围贮箱，带有 28 个助推器，用于姿态控制和小幅度机动。

UMVL

7.3 福布斯号：苏联最后一个火星探测器

虽然 5NM 项目的命运短暂而不幸，但是金星派仍然通过其他方式得势。到了 20 世纪 80 年代早期，他们已经取得了很多成就，相关计划也非常有把握，因此即使是金星派也不再反对重新开展火星计划。有很多因素促成了重新开展火星计划的决定，其中包括：能够针对金星进行的研究工作都已基本完成，对现在开展火星任务的信心很足，以及美国人明显对火星失去了兴趣[3]。

为了体现政治改革的精神，20 世纪 80 年代中期苏联向公众宣布重新启动火星计划。该计划带给人们的惊喜不是火星本身，而是其卫星。此计划采用了金星派的非竞争逻辑理念。开展面向火星卫星的任务，不会与美国人展开竞争，因为美国人从未访问过火星的卫星（虽然水手号和海盗号曾经远距离拍摄过它们的照片），也不打算访问。实际上，IKI 的金星派认为：与目标难度过大的火星样本采集计划相比，面向火星卫星的任务是比较实际、合理的替代任务。

火星有 2 颗卫星，它们都比较小，乔纳森·斯威夫特（Jonathan Swift）于 18 世纪在都柏林撰写的书中提到了它们，但是直到 1877 年才由天文学家阿萨夫·霍尔（Asaph Hall）真正发现。它们的轨道都距离火星较远，在火星赤道正上方。火卫一环绕火星的周期为 7 小时 39 分，与其相距约 6 000 km；火卫二则远得多，位于 23 500 km 处，轨道周期为 30 小时 18 分。火卫一是一个直径为 27 km 的土豆型小卫星，有一个名为 Stickney 的坑体，此名称源自霍尔妻子的姓氏。

1984 年 11 月 14 日，面向火卫一的首批任务计划宣布，其目标是在 1986 年的发射窗口内发射航天器并飞往火星，不过到了第二年 4 月份，这个目标被延后到 1988 年。相关方决定制造 2 个大型的 6 t 重 UMVL 航天器，并在维加任务取得成功后，邀请国际人士参与火卫一的探测活动。有 12 个国家做出了正式答复。项目的估算成本为

2.72 亿卢布，不过国际参与部分的成本为 6 000 万卢布。机械制造总部后来做出了一个较大的变更，解散了科研监管团队，将此工作完全交给承包商，亦即 OKB 设计局。

　　福布斯号任务经历了多次变化：最初决定将整个航天器在火卫一上着陆，后来转而采用到达距离火卫一表面 20 m 的方案（在获取样本后，将其拖入航天器上进行分析），后来又采用一个靠近方案。最终决定采用靠近方案，在火卫一上投放着陆器，并使用离子束来探测表面，该离子束设备是由苏联、捷克、保加利亚、芬兰和德国科学家共同建造的。

福布斯号探测器的盘旋

新型 CBPS 对任务很关键。计划进行 2 次中途轨道修正：第一次在 200 天火星飞行期的第 7~20 天之间，第二次在第 185~193 天之间，也就是进入火星轨道之前不久。接下来，福布斯航天器将进入一个环火星的大椭圆轨道。它的下一个任务是进入火卫一轨道上方大约 350 km 处的一个近圆形赤道轨道，称为"观测轨道"。为任务所有机动配置了 3 t 燃料，在进入观测轨道之后，会将推进系统下面级抛弃。该任务中的这种冗余配置是很关键的，因为此时并不清楚火卫一轨道的准确情况，或者说了解的精度不足以确保成功靠近和着陆。此时，火卫一轨道的测量精度为 150 km，但是无法达到更高精度。要在保证经济燃料消耗的情况下接近火卫一，或者避免碰撞，则必须进行更精确的测量。

CBPS

观测轨道将在其小偏心椭圆轨道的 2 个点与火卫一相交。接下来，CBPS 的第二级用于火卫一的拦截，此后，会将航天器送入到绕火星的最终轨道。与火卫一的交会机动如下：

第一阶段：进入比火卫一高 350 km 的赤道轨道，观测 1 个月。

第二阶段：与火卫一轨道同步，最终保持在 35 km 距离内，观测 2 个月。

第三阶段：拦截。

航天器将与火卫一交会，靠近并从其上方 50 m 的空中投下一个着陆器，其中包括一个长期自主操作着陆器（LAL）和一个跳跃器。

LAL 将自动通过叉子固定在低重力的火卫一表面上，展开太阳能电池板，并利用其光谱仪、地震仪和太阳能传感器发送 2 个月的信号。LAL 看上去像一个凳子，其顶部有倾斜的太阳能电池板。地震仪会检测福布斯号探测器自身的热膨胀和收缩情况。

100 kg 的跳跃器是由亚历山大·克穆尔德日安（Alexander Kemurdzhian）的 VNII Transmash 公司设计的（该公司曾经制造了 PrOP - M 滑动漫游车），它看起来像一个反弹球，不过一端是平的。它会在航天器离火卫一表面最近时，从航天器侧面弹出，并缓慢落到表面。之后，它平坦的一面会朝下（如果不是这样，会通过操作杆来转动，直到达到这种效果），稳定之后可通过弹簧来跳跃。跳跃器带有一个弹簧，可以以 10～40 m 的步幅跳跃，高度可达 20 m。它还携带了一个 X 射线荧光光谱仪、磁强计、透度计、功率自记器以及重力计，计划进行 10 次跳跃。

在盘旋期间，主航天器将向火卫一表面投射 70 kg 的 LIMA - D 激光束，在 50 m 的高度以 10 ns 脉冲照射表面物质，蒸发物质量达 1 mm 材料。其质谱仪会测量散射的离子。DION 是一个较小的 18 kg 氙离子枪，由苏联、法国、奥地利共同研制，用来测量二次离子。通过高分辨率 Fregat 相机系统，可为火卫一表面成像，其分辨率达到 6 cm。

在与火卫一相遇后，母航天器会返回到 2 km 高的距离。苏联研制的 35 kg 火星探测器"土壤"（Grunt）系统将通过脉冲雷达拍摄表面图，深度可达 2 m。接下来，母航天器将离开火卫一，进入最终的赤道火星观测轨道，在参数允许的范围内研究表面和大气情况，并继续进行飞行试验。最终的轨道有 2 种情形：一个是位于福布斯号轨道下方的周期 7.6 小时的轨道，另外一个要低得多，在 500 km 处[4]。

所有上述操作都需要较强的跟踪功能。新发射机和接收站 P - 2500 系统是进行金星 11、12 号任务时开始投入使用的，此时进行了升级，以便能以高达 131 000 bit/s 的速率接收信号。

组装中的福布斯号探测器

接下来，组装了苏联有史以来最大的一套行星际任务试验设备。2 个航天器最终携带的仪器包有所差别，最初拟定的设备清单不一定是最终的清单，相同的试验在某些时候可能会采用不同的名称和缩写，因此汇集确定的设备清单遇到了一些问题。2 个航天器都超重了，为此，福布斯 1 号去掉了跳跃器，福布斯 2 号去掉了无线电探测、太阳 X 射线相机及中子试验设备。

福布斯号实验仪器：飞行过程中

- 磁强计；
- 低能电子和离子光谱仪；
- 太阳风光谱仪；
- 质子/太阳风光谱仪；
- 低能太阳 X 射线光谱仪；
- 等离子体波分析仪；
- X 射线望远镜；
- X 射线光度计；
- 太阳紫外辐射计；
- γ 射线光谱仪；
- 太阳宇宙射线检测器；
- 太阳光度计；
- γ 射线暴检测器（与金星 11、12 号相同）；
- 高能带电粒子光谱仪，SLED；
- 太阳望远镜日冕观测仪。

福布斯号实验仪器：拦截

- 远程激光质谱仪（LIMA - D）；
- 远程二次离子质量分析仪（DION）。

福布斯号实验仪器：长期自主操作着陆器

- 电视；
- 地震仪；
- 光谱仪；
- 透度计；
- 远距光度计。

福布斯号实验仪器：跳跃器

- X 射线荧光光谱仪；
- 磁强计；
- 透度计（PrOP - F）；

- 功率自记器；
- 重力计。

福布斯号实验仪器：火星轨道

- 扫描红外辐射计 TERMOSCAN；
- 红外光谱仪；
- γ 射线光谱仪；
- 无线电探测器；
- 电视设备（Fregat）；
- 中子湿度仪；
- 大气光谱仪。

TERMOSCAN 是在早期月球、金星和火星项目中使用的高精度光度计相机基础上直接研制的，只不过它是通过液氮来冷却，可以获取红外图像，从而可以比较详细地标出暖区，每个图像都为 512×3100 像素。典型的分辨率为 1.8 km。设计人员阿诺德·谢里瓦诺夫拥有长期建造天文台系统的经验。

不管从什么标准来看，福布斯号都是一个目标宏大的任务，而且因为在维加号项目中积累了丰富的经验，所以对该项目比较有信心。美国顶级行星科学家卡尔·萨根认为该任务计划不仅新颖，而且达到了全球一流水准，设计非常明智，不过他的同事则提醒说：该项目过于复杂，"容不得半点差错"[5]。

7.4　"我们可以在以后将他们都枪毙掉"

1988 年 7 月 7 日，福布斯 1 号在拜科努尔发射，在夜空勾勒出橙色的火焰流，现场汇集了很多新闻记者、参与项目的国际科学家，以及来访的美国军方代表团。最终发射管理人员离开了发射现场，这一次执行级分离操作可以在较高的大气中进行。2 天以后，地面控制人员报告说：所有系统都部署就位，功能正常。7 月 16 日进行了一次中途轨道修正。福布斯 1 号重 6 200 kg，成为有史以来发射的最大的行星际航天器。它碰巧在一次磁暴期间离开地球，并且观测到了这次磁暴。在 8 月，福布斯 1 号所携带的 Terek 望远镜发回了 140 幅太阳图像，其中包括 8 月 27 日拍摄的一个等离子体喷射图，其长度达到了半个太阳半径。光度计记录了 100 次硬 γ 辐射暴。

福布斯 2 号于 7 月 12 日离开地球，7 月 21 日修正了轨道。莫斯科的工作人员感到欢欣鼓舞，甚至预言会于 2015—2017 年间实现火星载人着陆。这些航天器分别称为福布斯 1 号和 2 号，而不是火星 8 号或 9 号，以表明其任务与以往不同，也可能是为了说明谱写了一个崭新的火星探索篇章。

9 月 2 日，位于叶夫帕托里亚的地面控制人员向福布斯 1 号发送了一个标准命令，启动 γ 射线光谱仪。不幸的是，操作人员在输入的一系列命令中漏掉了一个连字符，从而使离开地球的命令变为关闭所有系统的结束任务的命令。这是一个令人尴尬，也是代价高昂的错误——这个愚蠢的错误意味着设计的计算机命令是有瑕疵的。

实际上，福布斯 1 号的出错原因并非这么简单。在叶夫帕托里亚和莫斯科之间一直在争论应该由哪个中心来控制此次任务。虽然莫斯科最终胜出，但是作为补偿，叶夫帕托里亚负责检查福布斯号的所有命令。9 月 2 日，叶夫帕托里亚的检查设备失灵，但是莫斯科仍然发出了相关命令，并且没有进行检查。当然，导致这个问题还有更深层的原因，因为它是一个设计不合理的系统。

相关部门命令进行调查，这给人们带来了很大的压力，因为导致错误的人员可能会受到过于严厉的惩罚，这严重影响了本来就非常紧张的福布斯 2 号团队的士气。IKI 主管罗奥德·萨格杰耶夫敦促相关部门暂缓做出纪律处分，但是非常不合时宜地引用了臭名昭著的苏联秘密警察头子拉夫连季·贝利亚（Lavrentin Beria）说过的话"让他们继续工作吧，我们以后仍然可以将他们全部枪毙掉"。很久以后，贝利亚的逻辑得到了重现，叶夫帕托里亚的指挥官被正式解职。

因为键盘输入错误，此时任务成功的概率降低了一半。另外，福布斯 1 号的失败将意味着无法比较和校准科研飞行及火星抵达数据。

福布斯 1 号发射

7.5 以不稳定的方式抵达火星

所有任务目标现在都需要由福布斯 2 号来实现了。它的飞行设备处于良好的状态。1988 年 10 月，福布斯 2 号的太阳低能检测器（SLED）检测到了大量太阳耀斑能量。太阳能检测器的研制基于吉奥托号哈雷彗星航天器所使用的设计方案，不过针对福布斯号进行了重新设计，因为福布斯号任务采用了一种不同的计算机系统。SLED 包括 2 个管型检测器。在采集太阳能颗粒时，它们会计算颗粒数量，并进行评分，满分为 6。然后福布斯 2 号的计算机每隔 230 s 向 SLED 发出一次数据查询命令。

福布斯任务控制室

在飞行了 200 天、4.70 亿 km 之后，福布斯 2 号在 1989 年 1 月 27 日 15：55 按照预定计划进入了火星轨道，从而成为苏联第四个进入火星轨道的探测器。点火持续了 200 s，然后进入 800 km×80 000 km，周期为 3 天的大椭圆轨道。这一次，关于设备的报告不是很乐观。在入轨之前，就有报告说其系统出现了"隔离故障"。美国国家航空航天局一直通过其深空网络来跟踪此次任务，并报告说其传输速率似乎从高速变为低速，并且至少有一个保加利亚制造的相机可能出

现了故障。功率为 50 W 的主转发器可能出现了问题，并启用了一个
5 W 的备用转发器。因为有上述担忧，所以原本计划在 2 月召开的
国际科学合作团队会议被推迟到 3 月，后来又被无限期推迟。

苏联/俄罗斯在火星轨道上的航天器

航天器	抵达日期	轨道
火星 2 号	1971 年 11 月 27 日	1 380 km×24 938 km，18 小时，48.54°
火星 3 号	1971 年 12 月 2 日	1 500 km×190 000 km，12 天 19 小时，60°
火星 5 号	1974 年 2 月 12 日	1 760 km×32 560 km，24 小时 52 分钟，35°
福布斯 2 号	1989 年 1 月 29 日	9 560 km×9 760 km，8 小时，0°（最终轨道）

美国国家航空航天局给出的解释足够精确，只是当时还不清楚
原因。实际上，高速发射机出现了计算机故障和问题，从而显著降
低了它们之间的数据传输速率。控制系统采用了 3 个计算机处理器，
在此系统中，2 个处理器可以通过投票否决第三个处理器，它模拟了
美国为旅行者号航天器成功研制的一个系统。在新的一年来临时，
福布斯号的一个处理器已经失灵，第二个也出现了问题，而第三个
无法自主操作，这是设计过程中存在的一个错误。按照编写的程序，
剩余的一个计算机自动默认其他 2 个计算机可以投票否决它，但是
它无法通过投票否决另外 2 个"已经失去作用的计算机"。

7.6　朝向火卫一的机动

现在，此任务所面临的关键问题就是与时间，以及计算机和发
射系统性能下降赛跑。虽然在早些时候遇到了不少困难，但是福布
斯 2 号开始取得不错的进展。

福布斯 2 号在其高轨道中，于 2 月 1 日首次在 864 km 的高度向
火星进行了第一次靠近操作。科研设备被启动，第二天开始从第一
个近火点传送数据。

此时开始进行一系列复杂的机动，以使福布斯 2 号在 4 月上旬
之前进入目标轨道。在 2 月 12 日，福布斯 2 号将近地点从 800 km

提升到观测轨道的高度，然后在 6 400 km×81 200 km，86.5 小时，0.9°轨道上绕火星飞行。2 月 14 日，无线电信号出现故障，让人们非常担心，不过很快就恢复正常。

第二次机动于一星期后，也就是 2 月 18 日进行，这是一次关键的机动，将福布斯 2 号送入到观测轨道。此次机动显著降低了远火点，并更改了倾角，从而使其更靠近赤道。通过联合推进和制动系统下面级，亦即自主推进系统（APS），将福布斯 2 号送入一个近圆形的 9 760 km×9 690 km，8 小时，0.5°轨道。在完成了此次主机动后，APS 分离，完成其使命。

观测轨道使福布斯 2 号足够靠近火卫一，因而能够在 2 月 21 日在 860～1 130 km 高度首次拍摄火卫一的照片。在 2 月 27 日，福布斯 2 号调整姿态，指向火卫一，并借助木星作为导航参考点。设计采用的理念为：福布斯 2 号将始终保持在火卫一被太阳照射的一侧。此时，探测器进入距离火卫一不到 320 km 的位置，并拍摄了 15 张照片。3 月 1 日，TERMOSCAN 设备首次启用，扫描了火星赤道表面。在接下来的一周中，探测器启动了 X 射线、太阳能磁盘扫描、宇宙射线、γ 射线暴以及火星磁场等测量仪器。

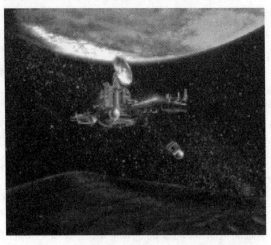

火星轨道上的福布斯号航天器

3 月 3 日，科学家宣布：他们已经确定了火卫一轨道，并达到了 5 km 的精度。3 月 7 日，CBPS 第二级发动机点火，使探测器的轨道平面与火卫一本身保持平行（0°）。3 月 15 日，通过发动机点火将观测轨道调整到火卫一上方 200 km，不过每个轨道有 2 个交叉点。在 3 月 21 日的第三次机动中进行了进一步精调。

火卫一的靠近距离

2 月 23 日	860 km
2 月 28 日	320 km
3 月 25 日	191 km

整套仪器在 3 月 22 日和 23 日重新进行观测。3 月 25 日，在 191～279 km 距离之间，对火卫一进行了 80 多分钟的外部观测，从而确定着陆器和跳跃器的最佳着陆地点。3 月 26 日使用了 TERMOSCAN，并继续拍摄火卫一照片。3 月 27 日的第一段通信从 10：25 持续到 12：47，然后又拍摄了一组火卫一照片，其中一些照片是在 400 km 的近距离拍摄的。此时开始准备着陆机动，并计划在 4 月 9 日着陆。到了此时，已经拍摄了 40 张火卫一照片，拍摄距离为 200～1 100 km，覆盖了 80% 以上的表面，分辨率达到了 40 m。此时探测器已经环绕火星飞行了 57 天，发现了 6 个新坑体和 11 个新凹坑。

视野中的火卫一

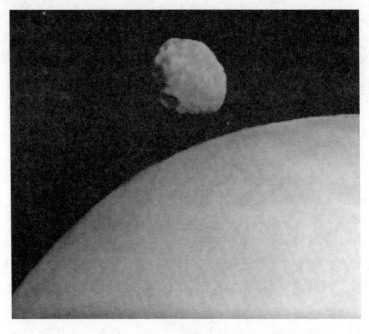

火卫一近景

火星轨道上的福布斯 2 号：机动

自主推进系统/下面级组合制动和推进系统

1 月 27 日，火星轨道入轨　　　　　　800 km×80 000 km，
　　　　　　　　　　　　　　　　　72 小时，1°

2 月 12 日，提高观测轨道近火点　　　6 400 km×81 200 km，
　　　　　　　　　　　　　　　　　86.5 小时，0.9°

2 月 18 日，降低观测轨道远火点　　　9 760 km×9 690 km，
　　　　　　　　　　　　　　　　　8 小时，0.5°

上面级组合制动和推进系统

3 月 7 日，使轨道平面与火卫一平行　9 760 km×9 690 km，
　　　　　　　　　　　　　　　　　8 小时，0°

3 月 15 日，形成 2 个交叉点　　　　　9 560 km×9 760 km，
　　　　　　　　　　　　　　　　　8 小时，0°

3 月 21 日，最终细调交叉点　　　　　9 560 km×9 760 km，

　　　　　　　　　　　　　　　　　　8 小时，0°

　　　　　　　　　　　　　　　　　　（最终轨道）

在火星轨道上的福布斯 2 号所看到的木星

7.7　"失效的福布斯 2 号发回的最后一个消息"

　　接下来按计划应在稍后时间，也就是 14：59，从 214～371 km 的高度拍摄火卫一照片。在拍摄火卫一照片的过程中，飞船将背对地面控制人员，然后再通过旋转，向地球转发照片。到此时一切顺利。

　　接下来，命令探测器继续在 17：59～18：05 拍摄照片，并在拍摄后立即将其传回地球（因为距离遥远，所以有 10 min 的延迟）。这一次，在操作过程结束后，没有得到信号。地面控制人员又发送

了一组命令以恢复通信，整个过程持续了 4 小时。19：50 重新获得信号，但是只持续了 13 min。人们认为这是全向天线缓慢扫过地球的结果，而不是高增益天线的作用。IKI 主管罗奥德·萨格杰耶夫惋惜地说："有一个非常微弱的模糊信号，说明航天器处于非受控状态。"这是失去作用的福布斯 2 号发回的最后信息。

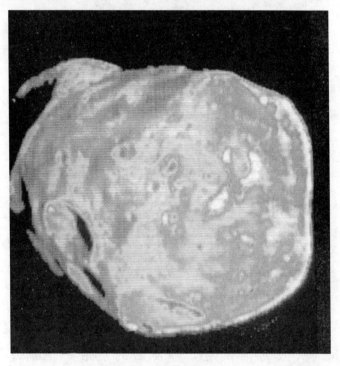

火卫一的特写图片

由 12 人组成的工程师和科学家工作组马上开会，研究对策。根据控制人员描绘的情况，福布斯 2 号失去了正确方位，并处于旋转状态。在无法锁定太阳的情况下，电池会在 5 个小时内完全放电。电池放完电后，4 月 16 日，相关方正式宣布放弃该探测器。

福布斯号探测器的故障给进行行星际探索的苏联太空团体带来了极大的震动。在令人失望的火星编队项目之后，还没有出现过空间探测器失灵的情况，并且在这个领域苏联一直在取得成功，尤其是维加号。失落、失望和空虚感在工作人员中弥漫开来，尤其是在该任务马上就要实现目标的情况下。

福布斯 2 号发回的最后一幅火卫一照片

　　3 月 31 日开始进行后续调查工作，由此引发了苏联科研团体内激烈的争吵。在政治改革的背景下，人们得以发泄多年来蓄积的不满情绪。科学家和工程师之间相互指责。IKI 主管罗奥德·萨格杰耶夫抱怨项目准备时间太短，只有 3 年半，这只是更成功的维加项目的一半时间。维加 2 号计算机制导系统在拦截之前半小时出现故障时，它迅速切换到备用系统；而福布斯号的计算机系统则没有类似的系统。这一次，在苏联快要解体之前，通过媒体越来越多地报道

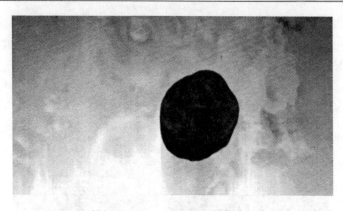

在火星 Tharsis 地区上方的火卫一

了萨格杰耶夫以及其他相关人士发表的言论。IKI 请求进行国际调查，并认为这是恢复计划可信度的唯一方式。虽然处在政治经济重建浪潮中，但是保守派还是予以反击，并重新采用了老一套的隐瞒策略，并表示应避免出现"从计划利益出发"的尴尬问题。

在心情不佳的福布斯号项目国际团队于 1989 年 5 月抵达莫斯科，进行任务总结和事后分析时，OKB 设计局副局长罗奥德·克列梅夫（Roald Kremev）向他们解释了福布斯号航天器所面临的"危险环境"，比如太阳耀斑、尘埃颗粒和陨石。不过并没有人相信他，就连他的同事也不相信这些话，更遑论国际社团人士了。导致探测器故障的直接原因是失去了方位，太阳能电池板停止供电，电池在 5 小时后放电完毕。

苏联方难以承认此次故障有更深层的原因。OKB 设计局局长维亚切斯拉夫·科夫图年科似乎有意隐瞒深层原因，他表示：未来的任务将采用更好的控制和定向系统，并修改计算机，提高蓄电池的功率。此次任务并没有故障安全装置或系统可以在经过一段时间后重新校准飞船及其星体跟踪仪，或在其偏离正确方向后使其稳定下来。

科夫图年科的同事做了更详细的阐述。OKB 设计局副局长弗拉基米尔·佩尔米诺夫补充说：在福布斯号之前设计的航天器有一个存活系数，称为"e - minimal"。在电池达到一定状态后，会触发一个命令，保留电能，并保护系统的最低水平。但是此次设计没有安装该系统。萨格杰耶夫本人批评了该部门没有像维加号任务一样组建一个中间监督科研团队，因为如果有这样一个团队，很有可能会发现设计中的缺陷。他还承认：因为此前相关计划不断取得成功，所以一些领导人可能过分乐观，并由此放松了警惕。

此次事故主要的经验教训如下：

• 对于福布斯 1 号，计算机软件应进行错误扫描，从而确保不会因为含有一个简单错误的指令而产生致命的后果。指令信息应该在发出之前进行检查。星载计算机应有能力在任务过程中拒绝执行不合理的指令信息。

• 福布斯 2 号上剩余的具有正常功能的计算机应有权利投票否决"已经失效的计算机"。

• 需要由科学家和承包商在任务规划和设计的多个层次展开合作。

• 使航天器具有"存活能力"是非常重要的。

7.8　福布斯项目的科研成果

虽然福布斯号最后的结果令人心碎，但是因为航天器靠近了火卫一，所以仍然返回了大量科研数据[6]。在福布斯 2 号进入火星轨道时，这种科研成果尤为明显，因为相关仪器在火星上方 1 000 km检测到了一个冲击波，说明火星存在较弱的磁场。通过解读相关数据，可以对磁场进行特征分析，它有 4 个特征：磁顶层边界、冲击波、等离子体层以及尾部。福布斯 2 号的数据应能说明：火星磁场在金星上产生回波[7]。虽然火星可能有磁场，但是却比较微弱，只有地球磁场的一万分之一。实际上，电离层将经过的太阳风扭曲成一个冲击波，从而在火星后面形成一个磁尾。

不过，强度很弱的火星磁场，可能促成了火星失去其水分。福布斯号的仪器表明：火星正以 2～5 kg/s 的速度失去其大气，考虑到其密度较低，这种损失产生的影响是较大的（而在地球上，这种损失可以忽略）。在火星 20～60 km 高大气中的水蒸气含量为地球的一万分之一，主要成分是二氧化碳。大气中只包含 0.005％的水分。而在火星表面、火山周围以及 Vallis Marineris 区周围有少量不同的水的迹象。福布斯 2 号确认了火星 5 号在大气中发现臭氧的情况。红外光谱仪记录了 33 次日出和日落的信号，并在 12 km 的高度检测到了臭氧。

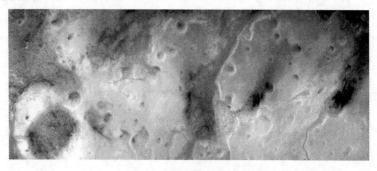

福布斯 2 号拍摄的火星赤道

TERMOSCAN 仪器 4 次经过火星，其最大分辨率为 300 m，并绘制了火星表面的第一个热图。TERMOSCAN 从 6 000 km 高度拍摄了火星赤道区，其带宽为 1 500 km，6 000 km 高度的分辨率为 2 km。TERMOSCAN 还测量了火星表面温度，其范围从 −93～+7 ℃，一些地区的局部温度变化为 22～30 ℃。通过分析"福布斯"经过火星产生阴影后给火星表面造成的冷却和再加热效应，可以了解火星表面的热量特质，发现 50 μm 深度处存在良好的绝热物质，不过深处的绝热效果更差。

共拍摄了 4 幅全景图：时间分别在 2 月 11 日、3 月 1 日和 3 月 26 日（白天和晚上）。一些全景图上有较小的污点——这表示当时火卫一经过多尘的火星区上方。在研究中确定了主要的表面特征，并推算了一些火山的高度（比如 Pavonis Mons 山为 5. 9 km）。由保加

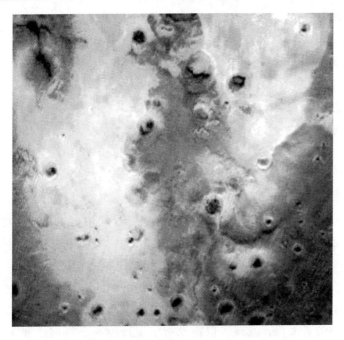

福布斯 2 号拍摄的火星杂乱的地形

利亚、东德和苏联制造的 VSK 视频光谱仪设备拍摄了更详细的照
片，并从远距离拍摄到了效果很好的木星照片，这是第一次从火星
轨道上观测木星。

　　通过 2 个仪器的观测结果，使人们更加了解了火星岩石的成分。
法国研制的红外光谱仪表明：火星岩石具有沉降特征。γ 射线光谱
仪与火星 5 号携带的设备类似，在航天器距离火星表面 3 000 km 的
转移轨道上进行靠近操作过程中，它启动了 4 次，这 4 次都在赤道
区上方。它在北纬 30°和南纬 30°之间进行了 11 次跟踪操作，其对象
包括 Vallis Marineris 和最大火山等地区。根据它们提供的数据，可
以计算火星表面成分。

福布斯 2 号：火星岩石成分

氧　　　　　48%

镁　　　　　6%

铝	5％
硅	19％
钾	0.3％
钙	6％
钛	1％
铁	9％
铀	0.5×10^{-4}
钍	1.9×10^{-4}

来源：Surkov（1997 年）[8]

从总体来看，这些数据印证了火星 5 号的数据。与美国海盗号的研究结果结合起来，还可以表明：大多数火星相关区域都带有一层细颗粒状风化物质，这些成分数据涵盖表面及地下岩床[8]。

探测器靠近火卫一的距离还不足以得出很多确定的结论，不过可以计算其白天温度为 27 ℃。相机拍摄了 37 张火卫一照片，覆盖了 80％的表面积，发现了以前没有发现过的 6 个新坑体和 11 个凹坑。火卫一的成分似乎是碳粒陨石，说明它很有可能是一颗被俘获的小行星。通过扫描火卫一，揭示了很多不同的表面特征，说明它聚集了很多种不同的物质。估计火卫一重为 1.08×10^{17} kg，其密度较低，为 1.95 g/cm³，说明它是由多孔物质构成的，或者内部物质较轻（比如水、冰）（或两者兼而有之）。红外光谱仪的数据倾向于前者，因为并没有发现水合作用的迹象。

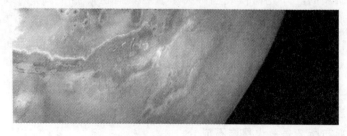

福布斯 2 号在 Vallis Marineris 区上方

　　由爱尔兰研制的试验仪器——太阳低能检测器（SLED）确认了火星周围肯定存在辐射，但是强度较低，不会给航天员带来危险。福布斯 1 号和 2 号记录了 100 多次 X 射线暴和 γ 射线辐射，其中在 1988 年 10 月 24 日的那次是强度最大的。

福布斯 2 号的科研成果

- 在火星上方 1 000 km 处有冲击波，较弱的磁场。
- 磁场有 4 个特征：磁顶层边界、冲击波、等离子体层、尾部。
- 火星以 2～5 kg/s 的速度损失大气。
- 水蒸气含量为地球的一万分之一。
- 辐射强度低，不会对航天员构成威胁。
- 火卫一表面温度：27 ℃。
- 绘制了火卫一表面图。
- 成分：碳粒陨石。
- 揭示了火星表面岩石的成分。
- 在火星表面有一层薄的风化沙质物质。

7.9　重整旗鼓

　　福布斯号项目失败后，它成为苏联议会春天大选争论的焦点之一。长期担任太空评论员的鲍里斯·别利茨基（Boris Belitsky）表示："福布斯 2 号的失败破坏了太空研究在公众眼中的形象。在大选期间，有多位候选人提议削减该研究项目费用。对于习惯了成功的人们来说，很难接受失败的苦果。"在此背景下，1990 年 4 月，政府将苏联的太空预算从每年 3 亿卢布削减到 2.2 亿卢布。

　　关于是否应该第三次尝试福布斯号任务，或者是否应该返回火星表面，产生了长时间的争论。太空研究院 IKI 的几位成员仍然希望能够在 1992 年向火星发射已经就绪的备用型——福布斯 3 号，但是此提案没有被通过。最终，虽然该探测器已经是一个可以投入使用的型号，而不是一个工程型号，但是仍然被送到西方拍卖，以筹集资金。数年以后，几位科学家认为这次决策是错误的[9]。

在福布斯号之后的苏联火星计划中，出现了多次变化，另外因为空间研究院、维尔纳茨基学院和其他相关机构有不同的工作重点和意愿，所以使得情况更加复杂。早在发射福布斯1号和2号之前，就曾经探讨过后续任务。第一个任务是在1987年开始探讨的，当时福布斯任务处于按部就班的准备阶段。最初的相关理念称为哥伦布项目，设想通过2枚质子号火箭发射2个宇宙飞船，以便在哥伦布1492年发现新大陆的500周年之际，也就是1992年，从火星轨道投放气球和带漫游车的着陆器。如果成功，哥伦布号将对火星进行为期一年的全面研究，并通过漫游车钻探地下岩石[10]。

在政府批准任务和拨款之前，一切都还只是设想。直到1989年底政府才批准在1994年开展任务，也就是说无法利用1992年的发射窗口。可能是因为错过了上述纪念日期，所以在此行星际探索计划中去掉了"哥伦布"的名字，改称火星94号，其后将在1996年投放一个轨道器和漫游车，在1998—2001年进行样本返回操作。

1990年发布了新的计划，其中涉及2个极地轨道器，它们将在1994年绘制火星表面图，并部署一个气球；1996年投放漫游车；1998年执行土壤样本返回任务。大多数公众关注焦点都集中在计划中的法国气球上，它将在白天悬浮在4 000 m高度，晚上在火星表面着陆。对于1996年的任务，当时考虑采用2个漫游车：其中一个为250 kg，另一个为600 kg，它们带有放射性同位素，可以旅行3年，跨越500 km。

气球任务是一个充满创造性的项目。气球高度为50 m，将装有5 000 m³的氦气。其直径为13.2 m，有效载荷总重258 kg。氦气装在一个6 μm超薄密封包内。其下方为一个舱体，再下方是一个较厚的爬行绳索，其中带有称为"蛇"的相关仪器。舱体重20 kg，带有一个电视系统、高度仪、磁强计和红外光谱仪，而"蛇"装置则带有3.4 kg的仪器，包括γ射线光谱仪、脉冲雷达加速仪和剂量计。这些仪器将测量温度、压力、湿度、尘埃、风，并拍摄其经过区下方的全景图。气球将在火星中北纬度上方 11.4 km 处充气，在白天下降到 2～4 km 的合理高度，并在夜间在表面着陆。它预计会进行 10～15 次降落和起飞，并跨越数千 km。气球模型测试是由苏联、法国和美国工程师在莫哈韦沙漠完成的[11]。

火星 94 号项目的第一批资金 2 000 万卢布于 1990 年 4 月到位，这是其 5 亿卢布预算的第一笔拨款，这些预算包括 2 个航天器，也包括相关的漫游车和穿透器。在 7 月份又拨款 1 300 万卢布。在 1989 年 11 月于莫斯科举行的一次座谈会期间，已经正式邀请国际相关人员参与此项目，参与此次座谈会的嘉宾来自澳大利亚、保加利亚、芬兰、法国、德国、英国、爱尔兰、瑞典和美国。项目主要参与国家德国和法国迅速加入，并同意提供 1.2 亿美元的设备。

火星 94 号

在此阶段，苏联所面临的财务问题开始影响该计划。人们非常关注拨款是否到位，这本身就说明了紧张的财务状况，因为此前的拨款一直是水到渠成的。一年以后的 1991 年 4 月，原来计划的 2 个航天器被分开，一个在 1994 年时间窗口内发射，另外一个则在 1996 年时间窗口内发射。火星 94 号只是单个航天器，携带表面站和穿透器，而火星 96 号则将携带一个漫游车和已被延期的气球。

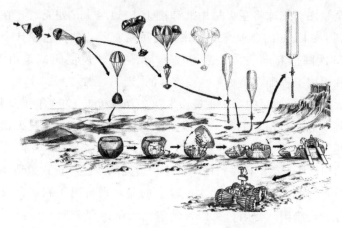

火星 94 号计划

7.10　苏联变为俄罗斯

在 1924 年的电影《火星女王》中，苏联通过一场革命在火星建立了政权。而在现实中，另外一场革命摧毁了苏联的政权，并在 1991 年底新年来临之际以和平方式结束。中型机械制造部也经历了这场革命，从 1965 年 3 月该部成立之日起，谢尔盖·阿法纳萨耶夫一直负责管理该部门，直到他在 1983 年 4 月的一次内阁洗牌中很不情愿地被调走。这个"重锤"职位被更彬彬有礼的奥列格·巴克拉诺夫（Oleg Baklanov）所占据，他后来加入了共谋者集团，他们组织了 1991 年 8 月的政变。之后他锒铛入狱。

在苏联于 1992 年 1 月 1 日变为俄罗斯以及独联体之后，所面临的问题激增。火星 94 号项目的进展速度放缓，仪器包方案直到 1993 年初才最终批准。新航天器的组装工作断断续续地进行，在资金短缺或部件不到位时陷入停顿，尤其是原本由苏联生产的一些部件现在不得不进口。俄罗斯请求西方帮助，以保证该计划的顺利进展。此时，德国和法国增加了 1 000 万美元的资金，以保护其投资，这推动了 1993 年底的组装工作。虽然布什总统和叶利钦总统在 1992 年夏天签署了合约，但是尝试让美国人参与项目的努力仍然宣告失败，美国决定不再参与火星 94 号计划。

新政府的一个早期决策是成立俄罗斯航天局 RKA。该局很快就面临一个艰难的决定，就是如何应对火星 94 号项目：是在准备不足的情况下按时完成航天器工作，还是再延期两年，并面临始终无法完成任务的风险。1994 年 5 月，他们选择了后者，这使得火星 94 号变为火星 96 号。根据维亚切斯拉夫·科夫图年科的提案，新成立的航天局缩小了项目范围，去掉了气球。而原定的火星 96 号则变为火星 98 号。上面级将是一个着陆器，它采用较大的加长锥体结构；下面级会停留在后方的 350 km 极地轨道内；另外还有一个 350 kg 的试验包，它将通过降落伞和发动机混合方式降落。

相关方设定了一个日期：1996 年 11 月 16 日，这有可能是为了让火星 96 号的决策看起来更有说服力。俄罗斯政府宣布：火星 96 号属于优先级最高的示范项目。根据分析员伯纳姆（Burnham）和萨尔蒙（Salmon）的说法，如果没有高级别的国际参与以及项目涉及的法律义务和拨款，该项目可能会被完全取消[12]。这种说法很难驳斥。

即使从全国大环境来看，也存在着一些较小的危机。俄罗斯正在努力节约开支，并为此用一个安装在航天器主体结构的固定系统来取代新型 Argus 移动扫描平台，在维加号之前的航天器就是如此。负责研制相机的德国为此感到愤怒，认为这样会严重削弱其设备的效力。德国向圣彼得堡精密机械和光学协会派遣了一个技术团队，解决了扫描平台问题，从而化解了这方面的矛盾。

OKB 设计局总设计师维亚切斯拉夫·科夫图年科在 1993 年 7 月 11 日去世，享年 73 岁，去世时已经在该岗位任职 15 年。他的职位被该局的资深人士斯坦尼斯拉夫·库利科夫（Stanislav Kulikov）所取代。

7.11　在烛光下完成任务

　　虽然计划被推迟，但是要完成项目，仍然面临很大的困难。项目只接收到了 1.22 亿美元的政府资金，且所有资金到位日期都晚于计划，其中大部分资金是从其他项目获取的，比如 Spektr 天文台及现已取消的月球 92 号探测器。其他国家到此时已经提供了比预定多得多的资金，约为 1.8 亿美元。此项目不断出现启动/中止的局面，并面临延期甚至取消的威胁。

组装中的火星 96 号

在财务状况不断恶化的情况下，无法再提供远洋跟踪船队所需的资金。1992 年 2 月，其舰船被召回港口。波洛维奇号、摩尔佐维茨号、科戈斯特洛夫号和尼维尔号被卖掉，而弗拉基米尔·科马罗夫航天员号被改造成一个生态博物馆。尤里·加加林航天员号和谢尔盖·科罗廖夫院士号的母港为敖德萨，它们成为乌克兰海军防御部队的一部分，后者在 1994 年尝试卖掉它们，但是没有成功。任务规划人员仍然希望能够将一艘跟踪船维克多·帕特萨耶夫航天员号送到几内亚湾，以便在进入火星转移轨道的关键时机跟踪火星 96 号。

火星 98 号的最初计划

火星 96 号的科研平台基本是在 1995 年底组装的，1996 年 1 月由 OKB 设计局进行整合测试，并在 1996 年 6 月结束测试，尽管因为政府延期拨款而导致该局出现 8 000 万美元的资金缺口。该航天器当年夏天被运送到拜科努尔。此时在拜科努尔的飞机库中完成探测器工作时又遇到了困难。因为拜科努尔存在电力短缺现象，尽管供电单位尽力保证供应，但是欠费现象严重。按照俄罗斯当时的说法，俄罗斯几乎失去了电力供应，技术人员不得不在寒冷、黑暗的环境中，点燃烛光和煤油灯加热器，完成超现代火星探测器的工作。很多工程师甚至一直没有得到报酬。

与此同时，俄罗斯整体经济形势继续恶化。在 1995 年，政府决定不为火星 98 号提供质子号火箭，因为按照当时的情况，这种火箭太贵了。火星 98 号缩减了规模，采用了老式的 8K78M 运载火箭，该火箭已经在 1972 年的行星际计划后退役。这样一来，将有效载荷从 6 t 降低到 1.2 t。2 个有效载荷都按比例缩小，法国气球被缩小到 258 kg，漫游车缩减到只有 100 kg。即便如此，火星 98 号计划仍然在同一年晚些时候被取消。多年来，人们一直在谈论火卫一样本返回任务，以及在火星上建立一个小型站网络（Mars Glob），这些晚期任务的规划实际上已经达到非常先进的阶段[13]。针对此类任务的设想已经渐行渐远。到火星 96 号被送上发射台时，人们意识到：这将是未来很长一段时间内俄罗斯的最后一次火星任务。

7.12 火星 96 号之后的计划是什么？

在火星 96 号已经准备好发射时，有必要展望一下火星 98 号任务要实现的目标。俄罗斯人热衷于制造探索火星表面的漫游车。他们设计了 2 个漫游车，每个漫游车都带有 6 个锥形轮。第一个是一个较大的漫游车，质量在 350～500 kg 之间，其科研有效载荷达到 70 kg，速度达到 2 km/h。轮子直径为 50 cm，速度为 2 km/h。其底座为 2.9 m，间隙为 360 mm。

在此项目中，相关方告知 VNII Transmash：只降落一个漫游车的任务是不现实的：必须将漫游车作为多重有效载荷的一部分。VNII Transmash 被要求将漫游车从 500 kg 缩小到 100 kg 左右，发布的发射日期开始为 1996 年，后来改到 1998 年[14]。接下来，火星 98 号将在 Arcadia 区降落一个 100 kg 的火星漫游车（"火星车"），它由一个放射性同位素发动机驱动，可以在 1 年的任务中探索 100 km 距离的区域。它携带 8 个科研仪器，每个 15 kg。轮直径为 35 cm，速度为 500 m/h。"火星车"将很适合进入难以到达的地形。

1993 年，在俄罗斯、法国图卢兹及加利福尼亚州死亡谷的莫哈韦沙漠对这个"火星车"设备进行了测试。在莫哈韦沙漠的测试是由麦道（McDonnell-Douglas）公司进行的，并有来自匈牙利和美国的同行参与。美国西部沙漠的优势是有沙丘、沙子和河床，这和漫游车将在火星遇到的环境类似。全尺寸模型有 6 个轮子，直径为 35 cm（预期尺寸），可以抵消沙子和不利表面的影响，另外在后方有一个高平台和太阳能电池板。在法国移动导航专家的协助下研制了一个自主导航系统。该漫游车设计了 2 种可能的配置。如果使用传统的锂电池，可以在 100 天内前进 30 km，每小时最多可以前进 500 m。另外，如果采用一个 6 W 的放射性同位素设备，那么 1 年可以前进 180 km。"火星车"将携带一个穿透器，该穿透器能够深入土壤内 5 cm，另外还将携带采集岩石样本的设备[15]。根据"月球车"的经验决定"火星车"采用锥形轮：这种轮子更通用，攀爬效果更好，并能让车辆通过裂缝地带。

完成测试后，"火星车"在洛杉矶的一次新闻发布会上展出。展示期间，该漫游车曾经跌到一个大拖车轮胎内，不过在现场记者的欢呼声中，它判断了情况并顺利爬出[16]。1991 年（实际上包括苏联整个政变时期），由行星协会的美国科学家及来自 OKB 设计局、维尔纳茨基学院、IKI 和 VNII Transmash 的俄罗斯专家对"火星车"进行了联合评估[17]。虽然位于远东的勘察加半岛比测试"月球车"的克里米亚半岛更遥远，但却是苏联火山活动最剧烈的地区，其很

火星 98 号

多地貌特征都与设想的火星表面类似。在夏末的时候，只能通过直升机抵达该地。Transmash 在这个寒冷荒凉的地方建立了一个木质建筑营地。1991 年，在操作人员的控制下，对火星漫游车的机动能力进行了测试，以便准备安装计算机控制系统。

火星 98 号的"火星车"

相关人员考虑让"火星车"携带一个微型漫游车，重为 4～10 kg。他们设想的理念是：微型漫游车可以抵达大型漫游车无法抵达的采样点，比大型漫游车更早地发现有问题的场所，并在大型漫游车卡住的情况下在其附近探索，从而确定摆脱困境的最佳路径[18]。微型漫游车将携带自己的科研仪器包，并能每天前进 80 m，总共前进 10 km。

火星 98 号可以投下长期以来一直计划进行火星探测的法国气球。现在，其高度可下降到 42 m，另外还考虑了高度可下降到 21 m 的更小型号。另外一种方案是将仪器放入"蛇"装置中，并带有一个土壤分析器——而不是放在一个舱体内。

火星 98 号计划成为在下一个火星窗口开展的土壤采集任务之前的最后一个项目。此项目同样进行了书面研究，并利用 5M 和 5NM 项目的经验，同时采用了 UMVL 设计方案（该方案因为缺少质子号，因而更加偏重理论）。因为着陆器的发动机会影响着陆区的表面，所以应该在离着陆器一定的距离以外采集样本。在样本返回任务中要使用漫游车。比较倾向使用的方案是通过漫游车长期采集样本，然后作为信标引导火箭发射，将其送回地球。另外一种方案是将返回火箭作为漫游车的一部分。在采集和传送了足够多的样本之后，小型返回火箭将从漫游车升空并返回地球。但是这种方案需要一个大型漫游车，质量达到 1 t。根据如下三方面的问题来选择最终方案：

• 返回火箭是应该装在着陆器上并通过漫游车将样本送到着陆器，还是安放在漫游车上；

• 返回火箭是应该直接点火返回地球，还是应该与火星轨道的第二个轨道器会合，由后者将其送回地球（比较倾向第二种方案）；

• 返回飞行器是应该重新直接进入地球大气层，还是进入地球轨道进行后续交会、对接和消毒（比较倾向第二种方案）。

在经过 350 天面向火星轨道的飞行后，该着陆器将像火星 98 号一样下降，要么携带返回火箭和漫游车，要么携带装有返回火箭的漫游车。

火星样本返回任务

7.13　火星 96 号：最后一个重量级项目

与此同时，火星 96 号最终抵达了它的冬季发射台。这是一个真正庞大的航天器，重 6 640 kg，包括 645 kg 的有效载荷和 3t 燃料。它是一个目标宏伟的任务，有些人也认为它是有史以来进行的最冒险的行星任务，可以与第二年发射的美/欧卡西尼号土星探测器相媲美。至少有 20 个国家参加了火星 96 号试验包的研制。

火星 96 号任务的目的是在 1997 年 9 月将轨道器送入火星上方，它带有相机、传感器、转发系统和 24 个试验仪器。在该任务中，将向火星投放 2 个小型着陆器，并投放 2 个穿透器，每个穿透器都携带了一个相机和微型传感器，可以钻入地下。根据福布斯号试验所总结的经验，采用了更先进的计算机，不过这些计算机是由法国和欧洲空间局提供的，因为他们不想冒任何风险。太阳能电池阵的尺寸更大。

火星 96 号将通过长期、缓慢的弯曲轨道抵达火星。因为装置本身很重，所以需要使用已经在福布斯任务中充分证明过的联合制动和推进系统（CBPS），以便在装置离开地球轨道进行火星转移轨道的过程中为其提供最终动力，并于 1997 年 9 月在火星轨道入轨期间再进行一次大规模点火。在抵达火星后，将通过一系列仪器研究辐射、太阳活动、γ 射线暴和恒星。其目标是进入能覆盖整个星体的一个极轨道（300 km×22 577 km，106°，43 h），然后再次点火调整轨道，使其达到 250 km×18 000 km，101°的操作高度。它将在 1998 年 5 月抵达该轨道并停留到 2000 年。该轨道距离火星最近的点为 200 km。

在核动力轨道器上携带了 30 个仪器，用来进行火星气候研究，并扫描火星表面下的水分。其中最引人注目的是 Argus 电视设备，它的名字来源于神话中的多眼巨人。Argus 是由圣彼得堡精密机械和光学学院制造的，它将从高空用广角镜头扫描火星表面，并从 200 km 的近距离使用 500 km 幅宽的缩放仪器扫描。Argus 的分辨率为 10 m，用于绘制完整矿物和地形图。与此同时，将通过一个视频光谱仪绘制火星表面红外图。另一个 TERMOSCAN 设备将绘制火星表面的温度图。该轨道器将携带一个高度雷达，以绘制火星的平均高度；另外还有 8 个光谱仪，用来测量宇宙射线、离子、等离子体、中子和颗粒等物质。

在轨道上飞行 1 个月后，火星 96 号将释放 2 个 65 kg 的穿透器，每个穿透器长 1.5 m，直径 120 mm。它们可以以 95 r/min 的速度旋转，以 10°~14°的角度和 4.9 km/s 的速度进入大气，并在 Arcadia 和 Utopia 区着陆。在下降过程中，将通过充气气囊来制动，不过预计穿透器仍然会以一定的速度撞击火星表面，最大撞击速度为 80 m/s，或者相当于重力的 1 000 倍。通过很多试验确认了着陆技术：其中包括在莫斯科航空学院的电梯中将着陆设备进行 60 m 高的坠落试验，然后再从直升机上进行试验。在着陆器尾部将安装一个相机、磁强计、发射机、气候检测器和风力计。穿透器的前端将进入火星土壤永冻层下方 6 m 处。地下部分带有一个加速仪、X 射线光谱仪、γ 射线光谱仪、α 粒子光谱仪、温度计和中子检测器，它们可以通过一根缆索将测量信息转发给火星表面的发射机。穿透器将发射 1 年的信号。

　　不过，在任务过程中，最激动人心的部分是投放火星着陆器。2 个小型的 33 kg 着陆器形状类似月球 9 号，其直径为 60 cm。它们将在分离后以 5.75 km/s 的速度及 $10.5°\sim20.5°$ 的角度进入大气，通过降落伞从 19 km 的高度下降。它们装在充气气囊中，会在表面弹起 70 m 高，然后才会稳定下来。稳定之后，航天器会打开，开始发送照片，并由轨道器在每日通信过程中转发回地球。每个着陆器上都有一个光盘，称为"火星之眼"。它是一个时代文物密藏器，其中带有当时地球所了解的火星信息，包括 H · G · 威尔斯（H. G. Wells）的著名广播"星球之战"。1938 年通过美国无线电台播放该节目时，曾在东海岸引起一片恐慌。每个小型着陆器都携带了一个气象仪（芬兰研制）、温度计、地震仪、着陆和全景相机（俄罗斯研制），以及一个 α 质子 X 射线光谱仪（德国研制）。在一个火星年的时间内（约相当于地球上的 700 天），它们会通过上方的轨道器把数据传回地球。它们的着陆地点包括：

　　北纬 41.31°，西经 153.77°　　　　Arcadia

　　北纬 32.48°，西经 169.32°　　　　Amazonis

　　北纬 3.65°，西经 193°　　　　（保留）

　　开始的时候，着陆器将每天通过 32 Mb 脉冲与轨道器通信 10 min，随后 3 天每天通信 20 min。2 个穿透器和 2 个着陆器将构成一个四点地震测网。

　　在飞往火星的途中，火星 96 号将携带 γ 射线和紫外光谱仪，以及进行太阳、等离子体物理和恒星观测的仪器。相关方设计了一个名为

ERVIS 的光度计，以对 10～20 个不同的恒星进行聚焦，并测量它们的亮度和波动。另外还携带了 2 个辐射检测器，分别由美国（已在航天飞机上飞行过）和法国（已在和平号空间站上飞行过）研制。

火星 96 号的穿透器

火星 96 号的火星站

火星 96 号仪器：飞行过程中

- 质子 γ 射线光谱仪；
- 中子光谱仪；
- 四极质谱仪；
- 高能质量离子光谱和中性粒子成像仪；
- 全向电离层能量质谱仪；
- 电离层等离子体光谱仪；
- 电子分析仪和磁强计；
- 等离子体波检测器；
- 低能带电粒子光谱仪；
- 宇宙和太阳 γ 射线暴光谱仪；
- 太阳光谱仪；
- 恒星光谱仪；
- 恒星波动光度计；

- 辐射和剂量测定控制器。

火星 96 号仪器：轨道器

- 高分辨率扫描相机（俄罗斯、德国）；
- 广角光学扫描系统（俄罗斯、德国）；
- 行星傅里叶红外光谱仪（意大利、俄罗斯、波兰、德国、西班牙）；
- TERMOSCAN 绘图辐射计（俄罗斯）；
- SVET 高分辨率绘图光谱光度计（俄罗斯、美国）；
- SPICAM 光学多通道光谱仪（法国、俄罗斯、比利时）；
- 紫外光谱光度计（俄罗斯、德国）；
- 长波雷达（俄罗斯、德国、美国、奥地利）；
- PHOTON γ 射线光谱仪（俄罗斯、美国）；
- 中子光谱仪（俄罗斯、罗马尼亚）；
- 质谱仪（俄罗斯、芬兰）；
- ASPERA 质谱仪和粒子成像仪（俄罗斯、瑞典、芬兰、波兰、美国、挪威、德国）；
- FONEMA 离子和高能光谱仪（俄罗斯、英国、捷克、斯洛伐克、法国、爱尔兰）；
- DYMIO 离子光谱仪（法国、俄罗斯、德国、美国）；
- MARIPROB 等离子体和离子检测器（奥地利、比利时、保加利亚、捷克、斯洛伐克、匈牙利、爱尔兰、俄罗斯、美国）；
- MAREMF 电子光谱仪和磁强计（奥地利、比利时、法国、德国、匈牙利、爱尔兰、俄罗斯、美国）。

火星 96 号的仪器：着陆器

- METG 气象仪器系统——温度、压力、湿度（芬兰、法国、俄罗斯）；
- DPI 加速仪、压力、温度（俄罗斯）；
- APX α 粒子、质子和 X 射线光谱仪（德国、俄罗斯、美国）；
- OPTIMISM 地震仪，磁强计（法国、俄罗斯）；

- 全景相机（芬兰、法国、俄罗斯）；
- 下降相机（法国、俄罗斯）。

火星 96 号的仪器：穿透器

- 电视相机（俄罗斯）；
- 气象系统——温度、压力、风速和方向、湿度（芬兰、俄罗斯）；
- PEGAS γ 射线光谱仪（俄罗斯、德国）；
- ANGSTREM X 射线光谱仪（俄罗斯、德国）；
- α 质子光谱仪（俄罗斯、德国）；
- Grunt 加速仪（俄罗斯、德国）；
- TERMOZOND 温度探测器（俄罗斯）；
- KAMERTON 地震仪（俄罗斯、英国）；
- IMAP 磁强计（俄罗斯、保加利亚）。

7.14 没有飞往火星，而是落到安第斯山：火星 96 号短暂而令人神伤的飞行

虽然困难重重，俄罗斯还是设法在 1996 年 11 月 16 日发射了火星 96 号。质子号运载火箭呼啸着向东飞过寒冷明亮的夜空，当这个重新命名为火星 8 号的飞行器进入 51.5°，139 km×155 km 的停泊轨道时，发射场的科学家开始庆祝。不过，在黎明时分，一切都结束了。飞行 1 小时接近非洲上空时，Block D 上面级应该通过点火将航天器送入到一个大扁率椭圆轨道，然后通过火星 8 号的 CBPS 级将航天器送入到最终的火星轨道，并计划在 1997 年 9 月 23 日抵达火星。

不清楚 Block D 是完全未能点火，还是只是在短时间内点火（可能 20 s）而后熄火。似乎火星 8 号的有效载荷根据预先编写的程序，认为已经进行了火星转移轨道的机动，因而与 Block D 分离，并使用自带的发动机启动了预定的最后一次火星轨道修正点火。太

阳能电池板被展开。不过，CBPS 没有离开地球轨道飞往火星，在没有 Block D 支持的情况下，它达到了非洲上空 1 500 km 的高点。这是一个不稳定的轨道，另外一侧 87 km 的低点位于南美洲。

在完成火星转移轨道机动后，火星 8 号向叶夫帕托里亚发回了成功完成点火的消息。可能地面控制人员当时认为一切顺利，不过很快就意识到火星 8 号并没有进入飞往火星的轨道，而是转回到地球，出错的 Block D 也是如此。Block D 有一个小信标，但是不清楚俄罗斯是否收到了它的信号。接下来的几天陷入混乱中，俄罗斯跟踪网络的损坏更使形势雪上加霜。开始的时候，根据多年来观测偏离轨道的火星、金星和月球探测器的经验，大多数观测人员认为在地球轨道上只有一个物体，就是没有点火的 Block D，而火星 8 号仍然与它连接在一起。接下来俄罗斯人宣布：他们接到了火星 8 号从另外一个轨道单独发出的信息。大多数观测人员都同意：如果 Block D 已经点火（即使很短），那么就应该已经分离。当时美国是唯一拥有全球跟踪网络的国家，但是没有从俄罗斯得到关于 2 个物体的消息，也不知道到底哪个是 Block D，哪个是火星 8 号。

美国人主要跟踪 Block D，他们当时认为在 Block D 中仍然带有未分离的火星 8 号。美国人当然对火星 8 号携带的 200 g 钚以及它可能的坠落地点感到担心。他们密切跟踪 Block D，成立了应急响应团队，以应对最坏局面。在某个时刻，Block D 似乎要坠落在澳大利亚。克林顿总统与澳大利亚总理霍华德通话，并向其保证美国将在搜索和回收过程中提供援助。最后，Block D 在 1 天后坠毁在靠近复活节岛的太平洋，终于让澳大利亚放下心来。

虽然 Block D 已经坠落，但是关键的问题当然是火星 8 号，因为它携带了致命的钚，仍然在错误的轨道上，其低点为 87 km，只能维持几天的时间。美国空间司令部并没有发现火星 8 号的分离，也始终没有在轨道中发现它，因此将所有注意力都放在 Block D 上。在 Block D 坠落一天以后，俄罗斯声明：虽然他们知道已进行了分离操作，但对火星 8 号的位置也不知情。2 个国家都清楚该轨道的低点在南美洲上空。美国国务院告知几个南美政府：可能有飞行器在他们国家境内坠落，但是没有为这些国家提供像霍华德那样的全力帮助的承诺。而俄罗斯的尤里·科普捷夫（Yuri Koptev）则告知一些南美大使：即使有飞行器坠落在他们国家，也不会有任何污染危险，无须担心。

最终在智利南部发现了再入地球的火星96号，它像一个缓慢移动的闪亮流星，持续了将近1 min，并不时溅出碎片。碰巧当天天空晴朗，并处于夜间。很多人从乡村给圣地亚哥的智利政府打电话，但是智利政府认为这不过是乡下农民不切实际的想象，因而没有理会。不过，有很多专业观测人员也看到了，甚至还有一位正在度假的天文学家，他记录下了现场观测到的所有信息。根据这些信息，天文学家们能绘出解体的火星8号的地面路径。人们认为：在几小时后它就撞到了玻利维亚边境线上的伊基克镇附近的安第斯山。一些设备采用的设计方案可以承受火星进入和降落的恶劣环境，当时曾设想探测器最终若落入阿塔卡马沙漠，还可以搜索地球上的生命！

智利一方因为俄罗斯人没有告知该飞行器携带危险物质而感到愤怒，但是因为俄罗斯缺乏跟踪船，所以很难预测其再入区域。实际上，美国空间司令部承认：火星8号可能降落在陆地上。美国这次的反应与另一个苏联航天器坠毁时的反应形成了鲜明对比，那是一颗军用侦察卫星宇宙954号，于1978年坠毁在加拿大。当时美国动用了很多军力，展开后续"晨光行动"，并顺利回收了宇宙954号及其核反应堆的大部分残骸。不过，火星8号并没有军事秘密，智利也远离其毗邻的加拿大。美国人指出：火星8号并不是他们的航天器，也不对其承担任何责任，这的确是真的。根据国际法，俄罗斯应该负责搜索和清理现场，但是他们却没有足够的经济资源来完成这些工作。不过，俄罗斯没有尝试向智利或玻利维亚山区的居民说明如何发现坠落的飞行器，或者如何处置剩余的钚。这些材料目前有可能还在那里[19]。

苏联/俄罗斯规划和实际执行的火星着落点总结

探测器	纬度	经度	地区
火星 2 号	南纬 45°	西经 213°	Eridania
火星 3 号	南纬 45°	西经 158°	Electris 和 Phaetonis
火星 6 号	南纬 24°	西经 19°	Erythraeum
火星 7 号	南纬 43°	西经 42°	Galle 和 Argyre Planitia
火星 96 号第一个火星站	北纬 41°	西经 154°	Arcadia
火星 96 号第二个火星站	北纬 32°	西经 169°	Amazonis

　　火星 96 号的灾难发生在俄罗斯空间计划最困难的时期，当时的经济和士气都处于低谷期，因此一股极度失望的情绪迅速弥漫开来。一个研究委员会在 1997 年 1 月公布了一份报告。尽管一共研究了多达 20 种可能导致 Block D 故障的操作，但确切的原因始终没有找到。最终，俄罗斯航天局因无法筹集到足够的资金，而无法使维克多·帕特萨耶夫航天员号跟踪船参与发射后的跟踪。该项目需要 1 500 万卢布的资金，但无法筹集到。在此次事故中，虽然跟踪船可能无法挽救失败的任务，但是它应该可以在关键时刻接收 Block D 的遥测信号。最终，原因被定为随机故障。调查人员的决心似乎也不坚定，因为他们的内心很清楚：将来不会再有火星探测器项目了，因而他们的调查结果也不会再有借鉴作用。

　　火星 96 号的一些仪器最终以其他方式到达了火星，因为它们的一些复制品搭乘其他航天器飞往了火星。高能中子检测器（HEND）在 2001 年搭乘美国的奥德赛号火星探测器顺利飞往火星，并绘制了火星水冰的位置和深度图[20]。其他一些设备则搭乘了美国的火星极地着陆器（坠落），以及欧洲的火星快车（取得成功）到达火星。

　　火星 96 号并不是在 20 世纪 90 年代失败的唯一火星探测器。实际上，一些任务规划人员甚至开始谈论在火星上居住的"一种伟大银河幽灵生物"，它们会抢夺经过的飞船，这堪称黑色幽默。如果真有此事，那么这些生物一定收获不菲。美国人曾经在 1993 年尝试重返火星，也就是发射了 20 世纪 70 年代海盗号以后的第一个探测器，名为火星观测者，它是一个造价 10 亿美元的先进的轨道器，计划在一个火星年内，从多个路径对火星进行详细扫描。就在它即将于 1993 年 8 月进入火星轨道时，忽然失去联络，然后杳无音讯。没有人能说清楚到底为什么会如此，不过它的发动机可能因为在入轨点出现加压故障而爆炸。更令人尴尬的是，1999 年，美国人曾经因为地面控制人员没有弄清轨道测量是公制还是英制单位而损失了一个轨道器。更糟糕的是火星极地着陆器在靠近南极附近对其制动火箭进行点火并软着陆。事后分析表明：展开其着陆支架时产生的震动类似于着陆时的振动，从而错误地启动了一个信号，使计算机认为着陆器已经着陆。这样一来，制动火箭就被关闭，导致着陆器从高空坠落。此后，后续的轨道器一直在尝试找到其残骸。

在 20 世纪 90 年代，这种事故的主要对象不再是火星 96 号和火星观测者等大型航天器。在美国，航空航天局局长丹·戈尔丁（Dan Goldin）采用了一种新方案。在意识到大型行星际航天器需要很长的设计和建造周期（可达 10 年）、较高的成本（超过 10 亿美元），以及火箭的单点故障就可能毁掉整个项目（这一点在火星观测者及火星 96 号事故中已经得到了充分的验证）以后，他宣布采用“更快、更便宜、更好”的新理念。新的行星探测器将更小，研制时间更短，发射更频繁，并希望即使有一些损失，最终也能在更低的总成本和风险下返回更多数据。

戈尔丁的理念推动了美国 20 世纪 90 年代深空探索领域的改革。在火星 96 号项目时期，美国向火星发射了 2 个航天器：火星探路者号与火星全球勘探者号，两者都是用更小、更便宜、高可靠的德尔它 2 号火箭发射的。火星探路者号在 1997 年 7 月 4 日穿越火星大气，并综合采用了锥体、降落伞和火箭，但是将着陆器封在可充气气囊中（月球 9 号和 13 号在 1966 年抵达月球时采用的类型）。火星探路者号在火星表面反弹了 17 次，然后才稳定下来，它展开了一个名为旅居者的小型漫游车。火星全球勘探者号综合采用了火箭发动机和空气动力制动进入轨道，并在轨道上绘制火星表面图，此任务在 1999 年开始，并持续了多年。后来又通过 2 个轨道器为火星全球勘探者号提供了补充，包括 2001 年的火星奥德赛号及 2006 年的火星勘测轨道器（Mars Reconnaissance Orbiter）。在 2004 年 1 月勇气号和机遇号漫游车着陆时，重复采用了火星探路者号的着陆技术。它们的设计寿命为 90 天，在火星表面爬行了 2 年多，越过山坡，进入坑体，穿过沙丘和沙漠，这是该时代最非凡的 2 个机器人。

7.15 艰难时光

火星 96 号标志着苏联行星探索计划告一段落。火星 96 号是苏联/俄罗斯的第 54 个行星际航天器。

俄罗斯的经济在 20 世纪 90 年代经历了一系列衰退。太空计划被大幅度压缩，很多研究领域都被完全放弃。在苏联时期的最后几年，预算限制实际就已经开始。20 世纪 80 年代中期，可能是该行业就业的一个高峰期，共有 40 万员工。在 1990 年的议会选举后首次削减预算。在 1991 年 9 月，也就是政变后的那个月，航天飞机计划被无限期延迟，和平 2 号空间站也是如此。月球极地轨道器（月球 92 号）和恒星绘图任务（Lomonosov 星图仪）被取消。

在苏联于 1991 年 12 月解体之后，新的独联体各国达成协议，继续在太空领域进行合作。新成立了俄罗斯航天局 RKA。开始的时候，这两方面的举措似乎都没有止住下滑的趋势。到 1992 年，很明显，该计划已经遇到严重的困难。此时，太空预算的比例从高峰期占国民生产总值的 1.5％下降到不到 0.23％。联邦政府拨款无法按计划及时到位，并且不能保证全额拨款。担任新成立的俄罗斯航天局局长的尤里·科普捷夫以前是 OKB 设计局火星计划的一位工程师，他申请相关资源，并说明当前有三分之一的军用发射以及一半民用任务都被延误。航天业雇员人数下降到 30 万人。1993 年 6 月 30 日，取消了投资将近 20 年的能源号/暴风雪号（Energiya/Buran）计划。

财务危机达到了很深的程度。航天项目具有纪念意义的物品在索斯比拍卖公司拍卖，以便筹集一些资金，其中甚至包括谢尔盖·科罗廖夫的计算尺和瓦西里·米申的日记（以及前文提到的福布斯3号）。在火箭侧面还印制了广告，航天员穿着充气的印着百事商标的太空服进行太空行走。谢尔盖·科罗廖夫的设计局、能源公司都经历了私有化过程。计划的基础设施减少，拜科努尔的一部分人造卫星发射基地损坏严重。著名的暴风雪号航天飞机因为缺少维护，其顶部塌陷而导致损坏。即使是载人计划也遇到了严重的问题。相关飞行计划被推迟，因为喷嘴或前锥体还没有准备就绪，需要资金到位后才能发射火箭将在轨的航天员送回到地面。到1998年，随着第二次卢布贬值，航天业的就业人数减少了四分之三，只有10万人。拖欠员工工资达数月之久，很多企业（至少理论上）处于破产状态。承包商长时间得不到款项。供电公司在愤怒之下切断了普列谢茨克航天器发射场的电力供应，因为后者无法支付电费。

经济严重萧条对航天计划各部分的影响程度不一样。有些受到的打击更大。受影响最大的是研发，这个领域的活动几乎停止；另外还有行星际计划以及一些应用卫星（比如气象卫星）。有限的国内投资都拨给了载人计划、经过瘦身的军事计划及导航系统（GLONASS）——它与美国全球定位系统（GPS）相仿。

航天计划得以继续的原因是其领导者具有进取精神。仅在几年的时间内，他们就将航天计划从全球最受政府支持的项目变为最商业化的项目。到了20世纪90年代末期，航天计划的大部分收入来自发射西方通信卫星所收取的费用。通过美国投资的和平号空间站联合飞行活动，继续保持载人计划，并将相关任务出售给欧洲空间局，甚至是富翁游客。每个设计局都不得不自行寻找出路，不过到2000年，有87个设计局与西方签署了商业或合作协议。尽管很困难，航天项目还是保存了下来。在2003年美国航天飞机寿终正寝时，俄罗斯继续维持着国际空间站的运转。俄罗斯在4年的时间（1996—1999年）内从航天业第一大国（每年发射的火箭比任何其他国家都多）的位置退下来。不过到了 2000 年，俄罗斯再次成为全球领先的航天大国。独联体国家在 1992 年签署的协议，以及俄罗斯航天局的成立，都可能发挥了重要的作用，因为它们确保了制度稳定性。

与其他同类设计局一样，OKB 设计局也不得不签署合约。该公司始终开展军用计划，其中主要包括眼睛（Oko）和预报（Prognoz）预警卫星以及 Araks 光学侦察卫星。另外，还创建了一个子公司巴巴金科研中心（NITS），以开展国外业务，并成立合资企业。

于 1993 年接任维亚切斯拉夫·科夫图年科成为 OKB 设计局总设计师的斯坦尼斯拉夫·库利科夫，在 2003 年 8 月被俄罗斯航天局局长尤里·科普捷夫解职。很不幸，库利科夫是在火星 96 号项目之前上任的，但是在上任后，很多由 OKB 设计局制造的卫星都出现了故障，其中包括宇宙 2344 号 Araks 光学侦察卫星，Kupon 银行通信卫星、2 颗眼睛预警卫星，以及一次再入演示实验。根据莫斯科的新闻报道，曾经在 OKB 设计局工作过的科普捷夫特别关注该局的情况，并且对其衰落感到不安。而 OKB 设计局的人员则批评科普捷夫未能给该局提供原定的预算，从而导致未来的任务被延期或取消。库利科夫的职位后来被康斯坦丁·皮奇哈泽（Konstantin Pichkhadze）所取代。不过俄罗斯航天局是一个多变的机构，在 2004 年 3 月，科普捷夫突然退役，其位置被阿纳托利·佩尔米诺夫上将所取代。

OKB - 301，也就是后来的 OKB 设计局（S·A·拉沃奇金）总设计师

1937 年 7 月～1960 年 6 月	谢苗·拉沃奇金
1960 年 6 月～1962 年 12 月	M·M·帕希宁（M. M. Pashinin）
1962 年 12 月～1965 年 3 月	A·I·埃季斯（A. I. Eidis）
1965 年 3 月～1971 年 8 月	格奥尔吉·巴巴金
1971 年 8 月～1977 年 12 月	谢尔盖·克留科夫
1977 年 12 月～1995 年 7 月	维亚切斯拉夫·科夫图年科

1995 年 7 月～2003 年 8 月　　　斯坦尼斯拉夫·库利科夫
2003 年 8 月　　　　　　　　　　康斯坦丁·皮奇哈泽

7.16　行星探测器再次从拜科努尔出发

　　2003 年 3 月 19 日标志着一个新时代的开启。在这一天，Volga Dnepr 公司制造的一架巨大的高翼 Antonov 124 货机抵达拜科努尔的跑道，在其庞大的货舱内载运了 7 年来抵达该发射中心的第一个行星际航天器。2003 年 6 月 2 日晚，一枚联盟号运载火箭将欧洲空间局的火星快车及英国制造的小型猎兔犬 2 号着陆器送上天空。欧洲空间局为此次发射向俄罗斯支付了款项。

　　通过联盟号运载火箭的最后一级，火星快车的发射第二次与俄罗斯的行星际计划联系在一起，并且这次关系更为密切。上面级称为 Fregat。Fregat 主要是 UMVL 航天器的 CBPS 部分，现在被 OKB 设计局改造为联盟号的一个通用大推力上面级。它有 8 个贮箱，可以携带 3 000 kg 燃料，28 个姿态控制推进器。Fregat 高 1.5 m，直径为 3.35 m，最多可以用于 20 次轨道修正，总时间可达 877 s。

　　Fregat 是欧洲火箭行业最艰难时期的意外产物。在欧洲的新型阿里安 5 号 1996 年首次发射不久即爆炸以后，它携带的一整套星团（Cluster）号太阳观测卫星也灰飞烟灭，这些卫星本来用于精密计算高地球轨道中的观测点。欧洲的科学家感到非常沮丧，他们又制造了一种新型星团卫星，但是这次采用了一个更安全的运载火箭。俄罗斯提供了老式 R-7 火箭的最新款产品，也就是联盟号，并使用改造过的 CBPS 作为上面级，它可以进行必要的复杂机动，而将太阳天文台送入正确的位置。为星团卫星设计的 CBPS 能够重新启动若干次，并将 5 t 重的有效载荷送入高达 450 km 的精确轨道。

　　CBPS 是由 OKB 设计局改造的，新系统被命名为联盟 Fregat。它的发射很成功，在 2000 年 7 月和 8 月进行的 2 次发射中，将星团系列卫星送入了高轨道。该系统接下来进行了第二次改造，这一次是针对火星快车及其搭载的猎兔犬 2 号。欧洲的首个火星探测器于 2003 年 12 月 25 日进入了火星轨道，在接下来的 2 年中，执行了非常成功的任务。猎兔犬 2 号着陆器运气要差一些，中途丢失，未能返回信号。2 年后，联盟 Fregat 经改造后，成功发射了第二个欧洲行星际探测器——金星快车。

俄罗斯发射的欧洲航天器

火星快车：2003 年 6 月 2 日　　　　　　联盟 Fregat

金星快车：2005 年 10 月 26 日　　　　　联盟 Fregat

另外一个具有讽刺意味的情况是，美国的火星侦察轨道器于 2005 年使用俄罗斯火箭飞到火星。1992 年，瓦连京·格鲁什科的原设计局（现称 Energomash），将其大推力 RD - 180 火箭卖给美国。美国在其新型宇宙神-3/5 火箭中使用了它。美国人将原来的宇宙神火箭弃之不用，而用一个 RD - 180 来取代，它的动力是如此强大，以至于在上升阶段不得不调节减速，以便使振动保持在限定范围内。

参 考 文 献

[1]   Prismakov, Vladimir; Abramorsky, Yevgeni and Kavelin, Sergei: Vyacheslav Kovtunenko – his life and place in the history of astronautics. American Astronautical Society, *History* series, vol. 26, 1997.

[2]   Perminov, V. G. : *The difficult road to Mars – a brief history of Mars exploration in the Soviet Union.* Monographs in Aerospace History, no. 15. NASA, Washington DC, 1999.

[3]   Huntress, W. T. , Moroz, V. I. and Shevalev, I. L. : Lunar and robotic exploration missions in the 20th century. *Space Science Review*, vol. 107, 2003.

[4]   Furniss, Tim: Phobos – the most ambitious mission. *Flight International*, 27th June 1987.

[5]   Lemonick, Michael D. : Surging ahead. *Time*, 5th October 1987.

[6]   Goldman, Stuart: The legacy of Phobos 2. *Sky and Telescope*, February 1990. For an account of the mission, see Kidger, Neville:
—Phobos mission ends in failure. *Zenit*, ♯27, May 1989.
—Phobos update. *Zenit*, ♯25, March 1989.
—Project Phobos – a bold Soviet mission. *Spaceflight*, vol. 30, ♯7, July 1988.
For a description of the results, see Results of the Phobos project. Soviet Science and Technology Almanac 90. Novosti, 1990; and Zaitsev, Yuri: The successes of Phobos 2. *Spaceflight*, vol. 31, ♯11, November 1989.

[7]   Breus, Tamara: *Venus – the only non – magnetic planet with a magnetic tail.* Institute for Space Research, Moscow, undated.

[8]   Surkov, Yuri: *Exploration of terrestrial planets from spacecraft – instrumentation, investigation, interpretation*, 2nd edition. Wiley/Praxis, Chichester, UK, 1997.

[9] Huntress, W. T. , Moroz, V. I. and Shevalev, I. L. : Lunar and robotic exploration missions in the 20th century. *Space Science Review*, vol. 107, 2003.

[10] Furniss, Tim: Phobos – the most ambitious mission. *Flight International*, 27th June 1987.

[11] Johnson, Nicholas L. : *The Soviet year in space*, 1990. Teledyne Brown Engineering, Colorado Springs, CO, 1990.

[12] Burnham, Darren and Salmon, Andy:

—Mars 96 – Russia's return to the red planet. *Spaceflight*, vol. 38, ♯ 8, August 1996.

—On the long and winding road to Mars. *Spaceflight*, vol. 38, ♯ 11, November 1996.

See also: Salmon, Andy: Mars 96 – *the Martian invasion*. Paper presented to the British Interplanetary Society, 1st June 1996; and Mars 96 sera le dernier poids lourd martien. *Air et Cosmos*, 1587, 15 novembre 1996.

[13] Kovtunenko, Vyacheslav M. , Kremev, Roald S. , Rogovsky, G. N. and Sukhanov, K. G. : *Combined programme of Mars exploration using automatic spacecraft*. Babakin Research Centre, Moscow, 1987.

[14] Kemurdzhian, A. L. , Gromov, V. V. , Kazhakalo, I. F. , Kozlov, G. V. , Komissarov, V. I. , Korepanov, G. N. , Martinov, B. N. , Malenkov, V. I. , Mityskevich, K. V. , Mishkinyuk, V. K. et al. : Soviet developments of planet rovers 1964 – 1990. CNES et Editions Cepadues: *Missions, technologies and design of planetary mobile vehicles*, 1993, proceedings of conference, Toulouse, September 1992.

[15] Carrier, W. David III: *Soviet rover systems*. Paper presented at Space programmes and technology conference, American Institute of Aeronautics and Astronautics, Huntsville, AL, 24th – 26th March 1992. Lunar Geotechnical Institute, Lakeland, FL.

[16] Telegin, Y. : Preparing for the Mars 94 mission. *Spaceflight*, vol. 35, ♯ 9, September 1993.

[17] Friedman, Louis: *To Mars via Kamchatka* . Unpublished paper by the

Planetary Society.

[18]　　Kovtunenko, Vyacheslav; Kremev, Roald; Rogovsky, G. and Ivshchenko, Y.: Prospects for using mobile vehicles in missions to Mars and other planets. Babakin Research Centre, Moscow, published by CNES et Editions Cepadues: *Missions, technologies and design of planetary mobile vehicles*, proceedings of conference, Toulouse, September 1992. 288 Phobos, crisis and decline.

[19]　　Oberg, Jim: The probe that fell to Earth. *New Scientist*, 6th March 1999.

[20]　　Mitrofanov, Igor: Global distribution of subsurface water measured by Mars Odyssey in Tetsuya Tokano: *Water on Mars and life*. Springer, 2005; Kuzmin, Ruslin: Ground ice in the Martian regolith in Tetsuya Tokano: *Water on Mars and life*. Springer, 2005.

第 8 章　重返行星？

踏上小行星的泥土，拾起月球上的岩石，建立空间活动站

——康斯坦丁·齐奥尔科夫斯基文集。莫斯科，1956

第 3～7 章展示了苏联（以及随后的俄罗斯）在 1960—1996 年间如何发展火星和金星的无人探测计划。第 2 章描述了格列布·马克西莫夫和康斯坦丁·费奥克蒂斯托夫如何留在 OKB－1，为采用 TMK－1 和 TMK－2 设计实现载人火星飞行制定计划。在他们身上都发生了些什么？苏联有哪些其他先进的载人及无人行星探索项目呢？

8.1　飞向火星的关键路径

对 TMK－1 和 TMK－2 项目的主要投资发生于 1959—1963 年间。之后，它在 OKB－1 中所获得的关注日渐减少。这时候，俄罗斯人采取了一个让美国空间计划界感到不可思议的行动，他们开始将设计师送入太空，而第一个被选中的就是 TMK－2 的设计师康斯坦丁·费奥克蒂斯托夫。他于 1964 年 10 月在首个上升号（Voskhod）三人宇宙飞船上，完成了一次长达一天的太空飞行。至于谢尔盖·科罗廖夫，他越来越多地参与新载人飞船联盟号的设计工作，该飞船建造始于 1964 年。同年 8 月，苏联政府决定与美国展开月球登陆竞赛。原先为火星任务设计的 N－1 火箭，被选中并加以修改，用于登月任务。直到 1966 年 1 月科罗廖夫逝世，他都无法给予 TMK 更多的关注。

TMK 设计项目在 OKB－1 内部持续获得一些低层次的兴趣和关注，该项目在科罗廖夫死后被重新命名为 TsKBEM（再后来又被命

名为能源号）。TMK 项目的设计在 1966 年进行了一次修改，在 1969 年早期又进行了一次修改。1966 年 5 月的设计被称作 KK，它是缩小版的 TMK-2，其最显著的创新就是引入了航空制动系统以节省能源和燃料[1]。经过 1969 年的修改之后，乘员人数减少至 4 人；反应堆功率增加至 15 MW；根据火星大气层厚度信息，对着陆器进行了重新设计，将其改成车前灯的形状。

　　除了 TMK 研究之外，载人火星探测计划也在向前推进，在隔离测试、生物圈以及核发动机方面都取得了进展。上述这些技术现在被称为"关键路径"，了解和掌握它们对于了解载人火星探测飞行非常必要。

8.2　生物圈

　　生物圈的想法始于很久以前，而封闭生物系统的想法是受到了 V·I·维尔纳茨基（1863—1945 年）的启发。如今，莫斯科一所著名学府（地理化学与分析化学学院）就是以他的名字命名。所谓生物圈，就是地球上能够自给自足的人造环境，人们可以在这里保持自己所需的空气、食物和水，并处理自己产生的垃圾废物，就像在空间站中所做的那样。不仅苏联进行了该种实验，美国人也在亚利桑那州的沙漠上建立了自己的生物圈。当美国科学家开始非正式地争取获得政府对载人火星任务的支持时（他们戏称自己是"火星地下工作者"），他们强调建立生物圈是试验关键路径技术的一种有效和经济的方式。2000 年，火星协会在加拿大北部的德文郡岛上一处靠近陨星坑的地方，建立了一座直径达 8 m 的 2 层研究站。他们将这个研究站称为"栖息地"（Hab）。

　　1962 年，OKB-1 设立了一个部门，专门负责建立生物圈的工作。该部门称为 NEK 或科学实验联合体，由伊利亚·拉夫罗夫（Illya Lavrov）负责。他们建起了温室，用于生长蔬菜，并寻找通过密闭循环系统生产氧气的方法。1964 年秋天，拉夫罗夫获得提拔，被任命为第 92 号部门的主管，继续负责制定火星任务的规划工作。
在这一过程中，约瑟夫·吉捷尔松（Iosif Gitelson）博士在克拉斯诺
亚尔斯克科学院西伯利亚物理研究所实地建起了生物圈。

　　第一次实验项目称为 Bios 1。这个生物圈很小，容积仅有
12 m³，但是，科学家们可以在这里证明利用小球藻（一种绿藻）再
生水的原理。Bios 3 实验项目于 1984 年在克拉斯诺亚尔斯克进行，
共持续了 7 个月，以试验在密封的生态系统中种植小麦、西红柿、
黄瓜及其他植物[2]。

位于克拉斯诺亚尔斯克的生物圈

8.3　马诺夫采夫、乌雷贝什耶夫和博日科飞向火星

　　生物圈实验旨在测试航天员自己种植农作物和植物的可能性，
以实现长距离的空间飞行。在隔离测试中，苏联人测试了航天员完
成长时间远离地球任务的能力。有时候，他们将上述两项测试结合
起来。自 1969 年建立地球同步轨道空间站成为苏联空间计划的正式
目标之后，隔离测试还被用来观察航天员如何完成长时间地球轨道
飞行任务。

　　针对隔离测试以及长时间空间飞行其他方面的问题，谢尔盖·
科罗廖夫帮助建立了医学与生物问题研究所（IMBP）。研究所的名
称经过精心设计，听上去冠冕堂皇，以免引起过多的注意。他们在

研究所很快建起了一座隔离设施，其中部分是由科罗廖夫亲手设计的。该设施的正式名称是 SU - 100，但在非正式场合，大家都将其称作 bochka 或大桶，它是根据 TMK - 1 的设计结构而建造的。苏联科学家于 1967 年 11 月 5 日对大桶进行了首次测试，3 位志愿者开始了为期 1 年的大桶测试，以测试封闭环境下生命保障系统的表现。这 3 位志愿者是：团队领导盖尔曼·马诺夫采夫（Gherman Manovtsev）博士，技术员鲍里斯·乌雷贝什耶夫（Boris Ulybyshev），以及生物学家安德烈·博日科（Andrei Bozhko）。他们在温室中种植自己的食物，并对空气和水进行循环处理。要实现完全自给自足的系统是不可能的，如果他们仅仅依赖温室，他们可能早已经饿死了。因此，他们还是得依靠罐头食品。

马诺夫采夫、乌雷贝什耶夫和博日科所参加的马拉松式隔离测试可能是几次测试当中最和谐的一次。接下来的一次隔离测试是 1986 年为时 370 天的测试。这次测试让人印象深刻之处，就是 8 位测试参与者之间所发生的激烈争吵。其中一位参与者叶夫根尼·基尔尤辛（Yevgeni Kiryusin）回忆说，"隔离环境使得最寻常的刺激也会演变成愤怒。"第三次隔离测试是一次为期 240 天的国际测试。此次测试是 2000 年进行的，被称为 SFINCSS（也称为 Sphinx）。此次测试最终因为一场新年聚会走样，一位加拿大籍女性成员发出性骚扰指控，从而使本次测试在激烈争吵中收场。不仅如此，测试成员小组还分成两派，并将双方间的隔离门封锁了长达一个月，直到瓦列里·波利亚科夫（Valeri Poliakov）博士介入，提出和解建议，才使交战双方最终缓和下来。

接下来的隔离测试——火星- 500（Mars 500）是在 2007—2008 年间进行的。隔离测试的主管，医学与生物问题研究所（IMBP）的马克·别尔科夫斯基（Mark Belkovsky）宣布，该测试受到俄罗斯航天局和俄罗斯科学院的支持。俄罗斯将招募 20 位志愿者，参加长达 500 天的模拟火星飞行。他们共招募了 20 位志愿者：两组各 6 人的样板"乘员"及一个控制小组，并邀请国际人士参与。项目资金共有 3 个来源：俄罗斯联邦空间预算（1.6 亿卢布），俄罗斯科学院以及教育和科学部。叶夫根尼·杰明（Yevgeni Demin）被任命为技术主管。

大桶

　　杰明立刻就收到几个关于参加这个实验的咨询，其中还有 2 名航天员对此实验感兴趣。该实验将模拟太空的飞行、在火星的着陆以及返回。乘员将准备 3 t 水和 5 t 食物，并通过一个密闭循环生命保障系统制造氧气。该实验将在 1967 年研究所使用过的大桶内进行，但是增加了 2 个模拟火星表面的舱，最终使得含有 4 个舱的生活空间的总容积达到 500 m³。为了使模拟更加逼真，地面控制系统对来自大桶的信息做出回应的时间越来越长，"到达"火星时，地面回应延时已为 40 min。配备了各种系统，以验证火星任务的所有关键要素：气象条件、免疫系统、毒理学、护理学以及心理学。此次实验的每天的时长采用火星的日长：24 小时 40 分钟。参加实验的成员中有一名医生，他的工作就是进行重要的远程医疗系统测试。就像一位项目主管所说的那样，"如果这次他们内部又发生冲突，他们得自己解决"[3]。

　　IMBP 的一项公告引起了争议，因为他们宣布仅招募男性。IMBP 主管阿纳托利·格利戈里耶夫（Anatoli Grigoriev）对此解释说，火星任务对于女性来说"过于艰巨"。国外的平等权利倡议者立刻要求自己的国家不要参与该项目，除非上述条件被撤销。

阿纳托利·格利戈里耶夫

　　这些实验确实都非常严格，早期实验参与者还因为他们对科学的贡献而获颁奖章。美国科学家近些年来在北极圈以北进行了类似实验。正如我们看到的，他们以及和平号空间站（的实验）都为首次火星探测打下了坚实的基础。

大桶实验

1967—1968 年	365 天
1986—1987 年	370 天
2000—2001 年	240 天（Sphinx）
2007—2008 年	500 天（火星-500）

8.4　和平号空间站上的体验

　　此时，苏联已经创下了一系列令人印象深刻的空间站真正长期飞行任务纪录。从 1978 年的礼炮号空间站开始，苏联航天员创下的在轨时间纪录越来越长：96 天，139 天，175 天，185 天，237 天。和平号空间站建立之后，时间纪录又延长了一倍。1988 年，也就是第二次大桶实验 2 年后，航天员弗拉基米尔·季托夫（Vladimir Titov）和穆萨·马纳罗夫（Musa Manarov）在和平号空间站上飞行了 366 天。时间最长的在轨飞行纪录是由瓦列里·波利亚科夫博士于 1994—1995 年在和平号空间站上创造的，在轨停留时长超过 438 天。这一时长相当于 TMK-1 从外大气层到火星的预计飞行时间。到 20 世纪 90 年代末，苏联人已经累积了相当于数年的长时间在轨空间站经验，他们还对飞行效果进行了精确的计量和记录。

　　俄罗斯人对礼炮号与和平号空间站长时间飞行的目的毫不讳言：他们是在为载人火星飞行作准备。地球轨道上的长时间任务本身并没有什么用途。确实，空间站成员的理想任务时长是 6 个月，这种模式已经被国际空间站所采纳。瓦列里·波利亚科夫博士的长时间飞行任务就是要对载人火星任务进行实验。当他返回地球时，作为实验的一部分，需要检验他能否不加协助地从着陆舱中爬出来，这是对经过长途飞行后在火星着陆的一次演练。他这次任务的医疗数据被提供给俄罗斯国内和美国的专家，并制成"火星医学"的视频。他的经历显示，只要保护得当，航天员可以从长时间空间飞行中恢复，不会对身体造成永久性损伤。波利亚科夫博士相信，他这次飞行任务已经为火星任务收集到足够的信息，进行更多的超长时间飞行实验已经没有必要，如果还有什么飞行任务能够打破他的纪录，那可能就是真正的火星任务。

　　苏联/俄罗斯的科学家们以长时间飞行任务数据为基础，对载人火星任务的医疗预防措施进行了详细的记录：每天用不同类型的健身器材（如自行车、跑步机、扩展器）进行 2 小时运动；穿着重力服；适当的水分补充；进食食品和维他命补充成分；采取对抗骨质脱盐，特别是钙质流失的措施；保护免疫系统；乘员中包括一位医生；从地面给予心理支持。零重力状态对人体的影响如今也已经有明确记录：肌肉与心脏萎缩，血液循环模式发生变化，血液变稠，红血球丧失，泌尿系统发生改变，损失 20%～25% 的钙。但是，波利亚科夫表示，零重力对人体的长期影响非常轻微，"尽管火星重力仅有 0.37 g，身体的大部分功能仍然可以恢复"[4]。

航天员瓦列里·波利亚科夫博士

应对措施是俄罗斯火星探测计划培训的一个重要组成部分。俄罗斯的医生和科学家得出这样的结论，如果在长时间空间飞行过程中，能够纪律性地采用对应措施，将能够让人体正常工作，适应火星着陆及返回。如果严格遵守上述原则，那么，人类在火星探测过程中就能够适应空间制动、降落、在火星表面活动以及接下来的上升过程。但是，30 个月的漫长飞行任务将会导致骨质中的钙缓慢流失，辐射水平也会逐渐累积，虽然这些可能不会影响航天员在探测任务中的表现，但却可能在未来引发癌症[5]。

从早在 1971 年在首个空间站——礼炮号空间站上的 Oasis 水栽系统开始，苏联在礼炮号与和平号空间站上进行了广泛的密闭循环食品种植系统实验。种植的植物包括白菜、大麦、萝卜、蘑菇、洋葱、黄瓜、西红柿，甚至兰花[6]。和平号空间站上载有重要的生物圈系统，上面种植了各种不同植物（Oranzheriya），其中包括卷心菜、西蓝花和芥末。在小麦种植方面则有更大的突破，在和平号空间站上的 Svet 系统中，完成了从发芽到收获以及再发芽的完整循

礼炮号空间站上的花园

环。小麦是在 1998 年 9 月 30 日种下的，到 1999 年 1 月 15 日就长出麦穗，3 月 1 日完全成熟，收获了 500 g 小麦。他们甚至在空间站上孵化出小鸡。到了和平号空间站的后期，俄罗斯人已经在水和空气再生及人体液态废物再利用方面获得成功。食物种植方面则未取得太大进展，人体固态废物再利用则没有取得任何进展[7]。自 1998 年开始，这些实验在国际空间站上的 3 个俄罗斯区域继续进行，这 3 个实验区分别是：Lada，Rastennie 及 Svet。

8.5　关键核路径和电路径

苏联在第三个关键领域方面也取得进展，即核技术和电发动机。其中最有希望的是沃罗涅日的 K. B. Khim Automatiki（KBKhA）设计局研制的 RD－0410 发动机。这款电发动机的研制早在 1958 年就已经开始，它是瓦连京·格鲁什科的设计之一，当时被称做 RD－410。卢奇（Luch）设计局在库尔恰托夫（Kurchatov）设计局的监督下，在奥布宁斯克（谢米巴拉金斯克附近）核实验基地为格鲁什科建造了一个测试平台。库尔恰托夫设计局是核行业的主导机构。尽管有卢奇设计局的协助，格鲁什科在 1963 年放弃了该项目，但是设计蓝图被转交给沃罗涅日的 OKB-154 化学自动化设计局，或称为 Khim Automatiki。在这里，这款发动机被重新命名为 RD-0410。

发动机的建造工作始于 1965 年，并在 1970—1991 年间进行了测试。RD-0410 是一款重达 2 t 的氢燃料热中子反应堆，高为 3.5 m，直径为 1.6 m，热比冲为 910 s。这款发动机可以保持点火状态长达 1 小时，并可以再次点火 10 次。它的推力可达 3.5 t，是核火箭发动机当中推力最大的[8]。1970—1988 年间，共成功进行了 30 次点火。相关部门提出了 RD-0410 延伸型方案，新款发动机称作 RD-0411，其推力达 70 t。

尽管在 1963 年已经将核发动机设计交给 KBKhA，格鲁什科后来又重新回归核发动机设计工作。其 OKB-456 团队设计出一款推力达 17 t 的发动机，比冲达 2 000 s，可以为火星任务发电 200 kW。1983 年，该设计局重新启动该项研究，并于 1989 年发表了研究结果。在 10 多年的时间里，俄罗斯政府共颁发了至少 3 项政令，授权相关部门建造核发动机。其中最受青睐的设计是 11B97〔根据 1971 年 6 月出版的《核火箭发动机的研制》(*On work of nuclear rocket engines*)；1976 年 6 月出版的《核火箭发动机的当前进展》 (*On course of nuclear rocket engines*)；1981 年 2 月出版的《Herkules，轨道间空间拖船》(*On Herkules inter-orbital tug*)〕。

KBKhA 是苏联唯一成功建造和测试过核发动机的设计局。按照计划，一台工作型发动机将在地球轨道上进行测试，然后于 1986 年下半年用于质子号火箭的发射。同年 4 月，切尔诺贝利核电站发生灾难后，该任务被取消[9]。

他们还开发出更小的发动机。正如我们已经了解的那样，等离子体发动机在探测器 2 号火星探测器上进行了测试。从 1962 年开始，米哈伊尔·梅尔尼科夫 (Mikhail Melnikov) 遵照谢尔盖·科罗廖夫的指示，开始了等离子体中子电发动机的研制工作。这款发动机称为 YaERD-2200，推力达 8.3 kg。经过测试台试验后，这款发动机于 1969 年被命名为 YaERD-550 发动机 (11B97)，其推力为

2.5 kg[10]。该发动机后来发展成单单元和三单元热反应堆构型，分别称为 YaE-1 和 YaE-3，可以提供 6.2～9.5 kg 的推力及 5 000～8 000 s 的高比冲。

在苏联时代末期，小型电发动机成功实现飞行。首次进行重要实验的是宇宙-1066 卫星，该火箭采用了由主要电发动机制造商 Fakel 生产的 Astrophysika SPT-50 电发动机。后来，位于列宁格勒的著名兵工厂设计局制造了更加强大的等离子体 A 发动机。该款发动机被用于宇宙-1818 及宇宙-1867 卫星，为其提供超过 1 年的电力供应。

8.6　火星女王项目——不是电影，而是事实

只有当苏联人面对月球登陆竞赛失败结局的时候，他们才开始对原来的载人登陆火星空间计划重新进行严肃思考。最终导致苏联人确立新目标的确切日期和事情经过我们并不清楚，并且整个过程还让人感到有些迷惑，但是事情的大致轮廓我们已经了解。1969 年 1 月 25 日阿波罗 8 号成功登月后，总设计师瓦西里·米申与制导专家尼古拉·皮柳金讨论了用载人登陆火星计划取代载人登月计划的可能性。他们设想，可以使用更加强大的 N-1 火箭，首先完成一次样品返回任务，以便为载人登陆火星铺平道路，然后在 20 世纪 70 年代末实现载人绕飞火星。虽然 N-1 火箭尚未投入飞行，但他们已经在考虑被称做 N1FV3 的采用氢作为燃料的强大上面级。

1969 年 1 月 26～27 日，总设计师委员会召开了一个为期 2 天的会议，进一步对各种选项进行探讨。出席会议的还有苏联科学院院长姆斯季斯拉夫·克尔德什及军方代表。与会代表讨论了是否应当继续载人登月计划；是否根据科罗廖夫的 TOS 设计（当时已改称为 MKBS），在地球轨道上建造一个大型空间站，以及是否完成载人登陆火星任务。克尔德什更倾向于放弃登月计划，转而进军火星，并将此作为新的长期目标。会议最终产生了一个渐进式方案：大家同

意首先建造 MKBS，然后继续推进火星探测计划[11]。他们没能就取消月球计划做出果断决定。在 1 月份的会议上，大家一致同意继续开发火星关键路径技术——核电发动机及生物圈系统。

5 个月之后的 1969 年 6 月 30 日，通用机械制造部部长谢尔盖·阿法纳萨耶夫以该部决议的形式，正式宣布重新将火星探测计划作为苏联头等目标。借用托尔斯泰的著名影片名称，该项决议被称为火星女王计划。有趣的是，该建议只是一个部级决议（232 号决议），而非那种更加急迫的由政府和党组织所发布的决议。虽然，就像登月竞赛所展示的那样，即使是由政府和党发布决议，也不能保证一定会有一个成功的结局。

8.7 火星女王计划：新的 TMK - MEK

OKB - 1 设计局（如今已称为 TsKBEM[①]）被邀请对 TMK 设计进行更新，而他们也迅速照办。其他设计局也受到邀请提供方案。OKB - 1 更新后的 TMK 项目被重新命名为 MEK（供火星女王用），意思是火星探险联合体，其要点如下：

• MEK 是一个重达 150 t 的结构，需要 2 枚 N - 1 火箭推进。其中一枚 N - 1 火箭将推进火星轨道舱，另外一枚则负责推进火星着陆舱。

• MEK 将是一次为期 630 天的火星任务，其中 30 天将围绕火星运行，此外还将在火星表面停留 5 天。

• 任务主要部分采用电火箭发动机，接近火星时采用液体燃料发动机。

MEK 看上去像是一根长针（长达 175 m），反应堆位于一端，

---

① 科罗廖夫死后，OKB - 1 被重新命名为 TsKBEM，其竞争对手弗拉基米尔·切洛梅设计局被重新命名为 TsKBM，这种安排一直持续到 1974 年的政治动荡时期。这些称呼在本书中没有采用，因为它们过于相似，容易造成混淆。为方便起见，本书采用人们更加熟悉的原有名称。

乘员位于另一端。它采用核电发动机，以便将飞船推出近地轨道。乘员将受到一定程度的辐射保护。进入火星轨道需要 61 天时间，另外需要 31 天的时间进行轨道下降，以便准备着陆。在着陆过程中，3 位乘员将会降落到火星，而另外 3 位继续留在轨道舱内。

返回时，核电发动机将需要工作 17 天，以便脱离火星引力，另外还需要 66 天飞行以便完成太阳系间的轨道转移。此外，还需要 3 天的制动以重返地球轨道。返回地球的最后部分是一个类似联盟号设计的飞船。为此，他们还制作了相关模型。

为了将 MEK 发射升空，总设计师瓦西里·米申于 1969 年 5 月 28 日同意对 N-1 火箭设计进行升级，采用液氢上面级，新的火箭称为 N1M。

MEK 项目从莫斯科医学与生物问题研究所也获得了足够的支持，他们建造了一个实验舱，用于测试相关生命保障系统。IMBP 建造了 3 个分别为 150，100 和 50 m³ 的舱，其中包括运动区以及食物准备区域。

弗拉基米尔·切洛梅与姆斯季斯拉夫·克尔德什在一起

8.8　火星女王：切洛梅的 UR‐700M

除了 OKB‐1 设计局以外，其他做出回应的设计局还包括弗拉基米尔·切洛梅的 OKB‐52 设计局（现在称做 TsKBM）及米哈伊尔·扬格利（Mikhail Yangel）在乌克兰第聂伯罗彼得罗夫斯克的尤日诺耶（Yuzhnoye）设计局。扬格利没有提供进一步的方案，从而将竞争战场交给 2 个传统的对手米申和切洛梅。切洛梅重新拿出尘封了很久的他为登月任务设计的 UR‐700 火箭，将其升级成更大的 UR‐700M 火箭。这是当时人类所设计的最大火箭，起飞质量高达 16 000 t。切洛梅的设计有 5 种改型，其中，3 个采用传统燃料，另 2 个采用核燃料。第 5 种火箭的有效载荷高达 1 700 t！

他最终选定了 2 种方案。第一种方案与他原来的 UR‐700 火箭类似，在起飞时使用不少于 36 台质子号发动机，并减少上面级数量，可以向地球轨道推升重达 240 t 的载荷。其中火箭第 4 级是最令人感兴趣的，因为他建议采用由 KBKhA 研制的 RD‐0410 发动机。此时，该款发动机正在谢米巴拉金斯克开始进行测试。为了将他自己的建议与米申建议的 MEK 区别开来，他将自己的载荷称为 MK‐700（另外一个名称 UR‐900 也广为使用）。

切洛梅的第二种方案 UR‐700M 是个庞然大物，可以将 750 t 的载荷送入地球轨道，比美国的土星‐5 火箭高出 6 倍。2 台这样的火箭就可以将 1 500 t 的飞船送上火星。虽然他提交了该型火箭的外观模型，但并没有提供进一步的细节。1970 年，切洛梅提交了他的方案，并提出用他的火箭进行一系列的不载人先期任务，包括从火星上提取样品，就像 5NM 项目那样。正如历史学家阿斯西夫·希蒂奇（Assif Siddiqi）所指出的那样，在输掉登月竞赛的大背景之下，切洛梅的计划更像是一个幻想，他并没有考虑苏联政治领导人对宏伟项目的兴趣正在日益下降这一现实[12]。切洛梅并不是仅专注于火箭助推器，他还将大量精力聚焦在导航系统上。

西方对于火星女王项目所知甚少，偶尔他们会获得有关该项目的一点儿暗示。联盟 9 号飞船在 1970 年 6 月开始绕地球运行，在此期间，航天员阿列克谢·列昂诺夫（Alexei Leonov）接受了一次采访。在此次采访中，他描述了苏联航天员可以在 1980 年用 17 个月的时间飞到火星，穿过火星稀薄的大气层，然后在火星上着陆以寻找原始生命。苏联科学院空间研究委员会主席阿纳托利·布拉贡拉沃夫（Anatoli Blagonravov）则表达了这样一个期望，那就是在联盟号完成长时间飞行之后，可以为载人火星飞行铺平道路[13]。

8.9 火星女王计划的结局

火星女王计划的寿命很短，即使是作为纸上项目。瓦西里·米申被 N−1 火箭以及空间站研发项目的巨大挑战所震惊，空间站项目后来成为大家所熟知的礼炮号。他主动从火星女王计划中抽身出来，将火星探测项目留给了切洛梅。米申则在 1974 年 5 月从总设计师的位置上被解任。他随即退休，偶尔会从事一些教学活动。在 20 世纪 90 年代后期，他向人们讲述苏联月球计划的幕后故事。他逝世后，许多历史学家都对他怀念不已。

瓦连京·格鲁什科——将骨灰
撒到金星上

苏联军事工业委员会的确将火星女王计划纳入了 1971—1975 年五年规划，但是在 1972 年，该计划陷入停滞。一个专家委员会在审核了该项目之后，发现了几个重大问题：首先，它过于昂贵（400 亿卢布）；其次，整个结构过于庞大，将为推进系统带来重大问题。此外，长时间飞行任务所存在的问题仍有待解决。到 1973 年，火星女王已经不再是一个活跃项目，但是，我们无法根据书面记录确定该项目终止于何时。只有 5NM 火星采样项目的寿命超过了火星女王项目，但是这个项目不久之后仍然被终止。

切洛梅的结局很悲惨。10 年之后的 1984 年 12 月，在他将自己的梅赛德斯轿车从乡间别墅的车库开出时，因制动系统失灵，轿车撞向别墅大门。他被送往医院，但还是于 12 月 8 日逝世。虽然他的 UR - 700 计划像是来自"星际旅行"大片，但在当时看来也并非不可能。他早期的一些设计，比如 Kosmoplan（宇宙飞机），终将会激发人类行星之旅的设计灵感。他所设计的一些项目成为创新与工程设计的完美结合。国际空间站上的 FGB 舱就出自弗拉基米尔·切洛梅的原始设计。因此，他所留下的遗产至今仍然焕发着勃勃生机，仍然在围绕地球旋转。

至于参加过本项目的其他人物，瓦连京·格鲁什科在瓦西里·米申之后担任了项目总设计师。他将自己原来的 OKB - 486 设计局气体动力实验室与科罗廖夫原来的 OKB - 1 设计局整合成规模庞大的能源设计局。该设计局所设计的能源号/暴风雪号火箭与航天飞机成为当时最宏伟的项目，超过了米申的月球基地及切洛梅的火星狂想计划。在生命的最后阶段，他因疾病困扰而瘫痪，并于 1989 年逝世。他是几位伟大设计师中最后一位离世的。他的临终遗愿就是，将来有一天，把他的骨灰带到金星上。或许，这一天真会到来。

8.10　火星女王计划之后：能源公司的新设计

火星女王计划是苏联 15 年火星项目的终结者。在 1986—1989 年间，原 OKB - 1 设计局（曾经短暂地称为 TsKBEM，现在的名称是格鲁什科能源公司）根据礼炮号空间站长时间任务所取得的经验，以及新的能源号火箭的可用性，对其火星探测计划进行了修改。能源号是一款比 N - 1 或 N1M 火箭强大得多的火箭。能源号的出现很可能是受到航天员康斯坦丁·费奥克蒂斯托夫的提示，他也是 20 世纪 50 年代原 TMK 的设计师。1984 年，他撰写了《进入空间的 7 个步骤》（*Seven steps into the heavens*），其中描述了载人火星之旅。能源公司新航天计划的设想：

- 向火星发射一个缩小版的和平号空间站核心舱，科学有效载荷 1.3 t；
- 在火星上着陆一台随时可以操作的乘员表面探测车及几台漫游车；
- 组装一艘载人飞船，利用薄膜太阳能电池阵而非核能为飞船提供动力。

着陆器被修改成圆筒加圆锥的形状，使用四条腿在火星上水平着陆。着陆器中有一个返回舱。在 1986 年的设计中，供电系统包括两组独立的核反应堆，后来（1989 年）修改为 200 m 宽的太阳能电池阵。很可能切尔诺贝利核电灾难（1986 年）导致了这一改变。同时，设计师还对温室系统给予了很多关注，这得益于在礼炮号及和平号轨道空间站上多年积累的实践经验。

能源公司对火星的持续关注引起了美国情报部门的兴趣。美国情报机构的主管下令，对苏联载人火星计划进行评估[14]。美国人得出的结论是，苏联打算在 2000 年以后执行载人火星任务。根据情报部门的评估，俄罗斯人具有实现该计划的基础设施、经验和动机，并正在着力解决剩余的关键技术，以便为该项目作准备。很明显，能源号火箭的重型推升能力，20 世纪 90 年代制定的无人火星探测计划，以及和平号空间站长时间任务所积累的经验，这些都令美国人印象深刻。但是，根据美国人的观察，俄罗斯人仍然有许多工作要做，比如在如何将空间站送入火星轨道、核发动机以及封闭生态系统等方面。但是，这些都不会阻碍项目的最终执行。据美国人估计，该探测项目将需要 500 亿美元。情报部门报告提醒说，俄罗斯政府可能会在该项目上寻求与美国合作，但是，如果美国拒绝，俄罗斯人仍将会继续该项目，并转而与欧洲人结成合作伙伴。

无论是否有切尔诺贝利核电灾难，俄罗斯人都不会完全放弃核电。1994 年，RKK 能源公司与原子工业部联合设计了一台新的核发动机。该项设计称为 ERTA（Elektro Raketny Transportniy Apparat）。这是一个 7.5 t 的反应堆，能够以 150 kW 的功率持续发电 10 年。同年，库尔恰托夫研究所以 RD－0410 发动机为基础设计了一台专用于火星探测的发动机。该新型发动机将 4 台 RD－0410 组合在一起，用于载人火星探索。

　　1998 年 9 月，美国和俄罗斯官员在莫斯科的一次会议上就不同的载人火星探测方式进行了讨论。参加会议的机构有美国行星协会、俄罗斯能源公司及空间研究所（IKI）。在当时的条件下举行该次会议似乎有点超越了现实，因为会议期间正值当年秋天俄发生卢布贬值狂潮。

在礼炮号上进行医学测试

　　1999 年，能源公司重新启动了其火星概念设计，将着陆器从 1 个重新设计成 2 个，一个用于载人，另一个用于运送物品。其中，最大的变化是在推进方法上。他们再次加强了电推进系统的设计，将该系统打造成可靠性最高、成本最低、最易于在地球轨道上组装的推进系统，并成为多次使用的行星际探测器。该设计局认为，从环保角度来说，该方案将会获得最大程度的公众支持。因此，他们设想制造一台推力为 300 N 的行星际推进发动机，其太阳能发电能力为 15 MW，以及一台质量 600 t 的探测器，任务时间设计为 2 年，乘员 6 人。

和平号空间站桁架——火星探测器装配工作

2001 年，由来自俄罗斯（8 人）、美国（8 人）及欧盟（5 人）的代表共同组成一个国际科学与技术委员会，以促进各国空间计划的协调，特别是火星探测计划的协调。在俄罗斯方面，参与委员会工作的包括联邦科学中心、RKK 能源公司、空间研究所，以及医学与生物问题研究所（IMBP）。

RKK 能源公司很快向委员会递交了一个载人火星轨道站设计方案，称为 MARSPOST（有人驾驶火星轨道站），它将被用来作为航天员基地，并向火星轨道投放探测器。MARSPOST 的设计构思来自 RKK 能源公司的列昂尼德·戈尔什科夫（Leonid Gorshkov），此前一年，他将轨道空间站所积累的经验，与 TMK-1 有关火星绕飞探测器的一些设计理念相结合，提出了上述设计。与此同时，克尔德什研究中心对一个比例为 1：200 的火星降落舱进行了测试，该舱旨在用于 MARSPOST。降落舱将会把航天员以及一台漫游车降落到火星上，并在任务完成后可以让他们重新返回 MARSPOST。根据能源公司的设想，任务时长将达 730 天，乘员 6 人。MARSPOST 上将配备一名任务指令长、一名飞行工程师和一名医生。火星表面探测将配备一名引航员、一名生物学家以及一名地质学家，他们将在火星表面停留 30 天。

能源公司于 2005 年对火星设计进行了更新。2005 年设计方案的要点如下：

• 行星际乘员舱，其形状如同和平号基本模块，配备一个容积为 410 m³ 的加压舱，可容纳 6 名乘员。

• 功率为 30 kW 的大型太阳能电力推进阵列。

• 电发动机，用于将飞船加速推出地球引力区（3 个月），向外太空飞行（8 个月），减速进入火星轨道（1 个月），从火星轨道加速（1 个月），向地球飞行（7 个月），以及减速进入地球引力区（1 个月）。

• 火星着陆器包括上升舱，且将上升舱作为上面级。着陆器的质量为 62 t，用于火星表面着陆的设备质量为 40 t，其中上升舱质量为 22 t，密封舱质量为 4.3 t。

苏联/俄罗斯载人火星飞行计划：方案汇总

1956.9.14	启动 N－1 设计
1960.6.23	关于制造大推力运载火箭、卫星、宇宙飞船以及掌控宇宙空间的计划（1960—1967 年）
1960.1	TMK 设计（TMK－1，TMK－2）
1960	弗拉基米尔·切洛梅设计的宇宙飞机
1969	火星女王计划
1970	弗拉基米尔·切洛梅设计的 UR－700M
1986—1989	能源号
1997	能源号
2001	MARSPOST
2005	能源号

　　如同 TMK 的情形一样，他们开始针对关键路径技术展开工作，虽然工作仅是断断续续地进行。新型结构被作为优先测试项目，几年的时间内，在礼炮号空间站以及和平号空间站上测试了各种新型结构，包括 Ferma，Strombus 及 Rapana。复杂性最高、高达 14 m 的钛镍合金热成型筒型桁架系统 Sofora 竖立在和平号空间站上。采用 20 μm 厚非晶硅制成的薄膜太阳能电池阵也装在和平号空间站上，这些都是对未来将要在火星任务中使用的材料进行测试。

　　能源公司设计了一系列的前期任务，用以对电发动机进行测试。该设计称为 Modul（舱）。Modul 是一种小型实验飞行器，将由进步号货运飞船送到国际空间站。部署完成之后，将可以用其电发动机将飞船轨道提高至 1 200 km。在 1998—2001 年间，能源公司建造了 Modul 结构、机械单元、有效载荷及组合件，就在此时，资金来源告竭。按照原计划，在后续任务中，Modul M2 将被送上距离地球 150 万 km 的高度，并用于磁暴的早期预警。Modul－火星（即第三次任务）则被送入火星轨道 2 年时间，并通过电推进系统返回地球。Modul－火星将用来研究火星表面的气候状况及火星的内部结构，并进行遥感，以及进行全球摄影测量。

Modul 系列

	M 舱	M2 舱	火星舱
质量/kg	225	960	2 600
发动机	D38	D55	D100
推力	0.035	0.05	0.3
比冲	2 080	2 250	3 790
速度/（km/s）	0.4	4.5	21

关于载人火星探测飞行以及关键路径技术我们就谈到这里。那么，在此期间，俄罗斯人共规划了哪些无人探测计划呢？

8.11　DZhVS：长时间工作的金星着陆器

维加是苏联执行的最后一批针对金星的发射探测任务。在此期间，金星 9～13 号及维加着陆器对金星表面进行了观测，金星 15、16 号观测到了该行星的主要特征，而维加探测气球则对金星大气层进行了探测。正如我们此前已经了解的那样，苏联人还建造了另外 3 个"金星"探测器，但是都被重新分配到其他计划。苏联人曾经对一些受到维加探测启发而设计的任务进行过考虑（参见"维斯塔任务"一节），但是并没有进行下去。而美国人则在 1989 年通过麦哲伦（Magellan）项目完成了对金星的测绘任务。没过多少年，探测器就回到了金星身边，虽然它们只是经过这里，并利用金星重力来帮助飞向其他更加遥远的目的地。下一个金星探测器的确是从俄罗斯发射的，这就是 2005 年 10 月发射的金星快车（Venus Express），但它是欧洲人的空间探测器。

在此期间，执行金星探测任务的主要竞争者是一种可长时间工作的金星着陆器，它可以在金星表面运行长达一个月。在俄罗斯，该着陆器称为 DZhVS，或叫长期金星站。DZhVS 的主要目的是获取金星的地震数据，而这也是金星 13、14 号短暂的表面探测的目的。另一个竞争者称为金星车（Venerokhod）漫游器：其概念性的研究是由 VNII Transmash 在列宁格勒完成的[15]。照片中显示了一个下面装有车轮的扁平箱型外壳，正在穿越一片崎岖不平且温度很高的金星表面。探测车的两侧各装有 1 个大型抛物面天线，并正在向地球发送图像。

DZhVS 的设计是基于这样的假设，即对金星进行精确地震波测量可以揭示金星的内部结构，这与我们对地球卫星的研究相类似。根据拉沃奇金设计局的早期计划，他们曾经考虑人为地在金星上制造地震，以便对后续影响进行研究。这种技术是美国人在阿波罗计划中研发出来的。他们将土星-5 上面级故意撞向月球，以便启动地震测量仪。阿波罗 14 号航天员埃德·米切尔（Ed Mitchell）进行了一项"活跃地震实验"，实验中，一台轰鸣器启动 13 个猎枪弹药筒，所产生的声波由地震测量仪在 91 m 的直线距离外采集。

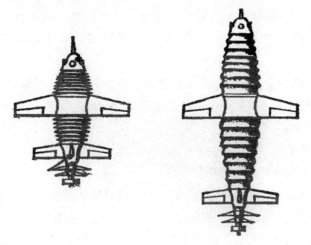

金星飞船

在另一个星球上引爆手榴弹是一项艰巨的任务，因此，拉沃奇金设计局的工程师们考虑让着陆器在降落过程中制造一次爆炸。当然，首先需要确保着陆器降落在金星表面，以便及时对爆炸进行测量。这种方法的优点是不需要制作长期停留着陆器，因为爆炸可能在着陆器着陆后不久就引发。这听上去是个好主意，但是，对延爆炸药进行分离被证明是一项挑战性极高的操作[16]。

因此，科学家们决定，最好的方法就是将一个探测器在金星表面放置足够长的时间，以便对自然发生的地震进行记录。工程师们起初打算设计一个可以在金星上停留 5 天的着陆器，但最终认为让着陆器在金星上停留一个月是可能的，他们希望在这段时间内金星上会有地震发生。DZhVS 共有两部分：上面部分是一个小型传统的金星探测器设备（例如相机），下面部分则采用核同位素发生器，并配备地震测量设备以及其他设备，以便对金星上气象数据的变化进行测量。该项目多年来一直处于准备状态，并获得了莫斯科空间研究所（IKI）及其所长罗奥德·萨格杰耶夫的支持。他们对一个 DZhVS 模型进行了测试。在此过程中，拉沃奇金由于忙于维加及其他项目，所以有不少工程师被调走，导致 DZhVS 项目最终不了了之。但是，如果俄罗斯人打算重返金星，他们很可能重新启用上述设计，并将其纳入 2006—2015 年俄罗斯联邦空间计划的后期执行项目。

他们还为金星设计了其他探测器。维加探测气球所取得的成功，让人们看到浮空器是一个可行的前进方向。他们共发布了 3 种浮空器设计方案：

- 飞艇；
- 下方悬挂吊舱的环形气球；
- 钻井平台形状的扁平气球平台，可以用来投放科学探测器[17]。

《科学与生活》（*Science of life*）杂志甚至发表了一个形如黄蜂的飞艇设计论文，此飞艇尾部配备一台管道风扇以提供动力。根据设计，它可以依赖所使用的升力介质，在金星各个高度的云层中飞行。

8.12　苏联末期的计划

在苏联政府最后阶段的日子里，一系列雄心勃勃的行星际空间项目被提上日程（例如，"苏联深空计划：2005 年"）。在政府系统即将倒台的大背景下，这些项目计划看起来有些超越了现实。但是，这些项目计划代表了有效的太阳系探测方法，也为苏联人曾经取得的辉煌画上了一个历史脚注。

1989 年 8 月，机械工业部执行管理委员会在莫斯科开会，规划苏联截至 2005 年的空间探测计划。当年年底公布了"截至 2005 年的苏联空间技术发展计划"。除了太阳能探测器之外，该阶段的规划没有包括行星际探测任务，因为他们还在等待空间研究院的讨论结果。空间研究院提出了一系列水星、内行星及外行星探测任务，执行管理委员会可能希望获取更多时间，以便对这些雄心勃勃的计划加以消化了解[18]。一些任务具有很高的科学价值、工程价值以及成功机会：最突出的就是维斯塔（Vesta）计划。

8.13　维斯塔任务

苏联人于 1984 年在奥地利格拉茨首次宣布灶神星（Vesta）小行星将是他们的空间探测目标，1985 年在得克萨斯州休斯顿召开的行星际地质大会上，他们又透露了更多细节。美国科学家对苏联人在该项目上所展现的雄心、范围以及计划细节感到震惊。灶神星是一颗主带小行星，是位列谷神星（Ceres）之后的第二大小行星，位于距离太阳 2.3 AU 的轨道上。科学家认为，灶神星被玄武岩所覆盖，并且上面布满了撞击留下的疤痕。如果能在灶神星上着陆，将能为太阳系的形成以及后续历史揭示大量信息。此时，该计划尚未得到苏联政府的批准，但预计政府将会在当年 10 月份批准该计划。

在首个任务草案上，维斯塔是 1992 年金星探测任务的一部分，这明显是受到维加项目成功的启发，并且该任务将会让法国担当重要角色。根据计划，当飞船接近金星时，将会一分为二，其中法方承担的任务是飞向灶神星，就如同哈雷彗星中途分离那样。而苏联的探测器将会投下一个风筝（不是气球），该风筝将在金星大气层中飞行一个月，并在一个长达 20 km 的缆绳上放下一套仪器包，以便对不同高度的大气进行采样。同时，着陆器将会在 18 km 高度启动相机，对着陆器的下降过程进行拍摄。到达表面后，将会通过 X 射线荧光光谱仪、X 射线光谱仪和气相色谱质谱仪开展表面测试。

　　法方的任务将在到达灶神星前飞过 Kalypso 和 Tea 小行星，并在灶神星上投放小型着陆器。着陆器将配备 7 个仪器包：母船上配备相机、红外光谱仪和辐射计；着陆器上配备相机、γ 射线光谱仪和 X 射线光谱仪，用于探测小行星表面矿物质；以及化学实验仪器。了解到上述探测内容后，惊呆的美国人不由自主地为之赞叹[19]。在接下来的岁月里，苏联的科学家们又对该任务进行了进一步细化[20]。

　　为了准备该任务，1986 年 9 月，苏联航天员在海拔 1 500 m 的古尔吉斯斯坦境内的天山上使用 60 cm 的望远镜，开始对小行星带进行观测，以便更好地为该项任务作准备。他们对灶神星进行了多次观测，并确定该小行星直径为 580 km，近乎圆形，每隔 5.2 小时自转一周。

　　1986 年，设计部门对维斯塔计划重新加以考虑，并提出了一个新的飞行轨迹，这条新轨迹借助火星重力，同时还考虑了从小行星提取样品的计划。此时，赞成火星探测的人士似乎比赞成金星探测的人士更加占据上风，因为此时金星已经不在新飞行任务的考虑范围。

　　1986 年 12 月，维斯塔任务最终确定采用经过火星的探测路线。有关让法国人参与计划并占有 15% ~ 20% 份额的讨论也在进行中。此时已经到了规划的高级阶段：甚至发射日期也已经确定。按照计划，此次任务的安排如下：

　　• 从拜科努尔发射场用质子号火箭向火星发射 2 个探测器（1994 年 9 月 23 日及 12 月 12 日）。

　　• 2 个探测器分别于 1995 年 5 月 31 日及 1996 年 1 月 15 日到达火星。

　　• 俄罗斯探测器进入火星 200 km×800 km 的极地轨道。

• 俄罗斯-法国小行星探测器借助火星重力（1995 年中期及 1997 年中期）对太阳系的小型天体进行观测。

• 1995—1999 年期间的观测目标为 8 颗小行星：2 颗体积较大的是灶神星（直径为 575 km）和司祭星（直径为 165 km），6 颗体积较小的小行星［包括詹姆士（James），费利西蒂（Felicitas），曼德维尔（Mandeville)］，也有可能包括彗星特里顿（Tritton）或洛瓦斯（Lovas）。

探测器将是 UMVL 型的大型飞行器。到达火星时质量为 3 t 的俄罗斯主探测器将携带 200 kg 的有效载荷，包括相机、雷达高度计、微流星体探测器及光谱仪（γ、质谱、红外、紫外）。设计考虑采用 3 个下降舱，每个舱的质量都在 100 kg 左右，它们分别是：着陆器、穿透器及气球。

俄罗斯-法国探测器将会利用火星重力。上半部分主要由法国设计。法国人建议在这个部位安装一台重达 1 500 kg 的 Eurostar 型通信卫星，与国际海事卫星组织所使用的通信卫星类似，配备功率为 3 kW 的太阳能电池板。该设计将可以携带 750 kg 燃料，以便用于机动到各种探测目标，上面还配备了相机、灰尘探测器、射频高度计，以及红外光谱仪。当法国探测器以 3.3～3.6 km/s 的速度接近 2 颗大型小行星时，它将会在距离小行星 500～1 000 km 处向小行星发射一个重达 500 kg 的透度计。每个透度计都携带光谱仪、加速度计、磁强计及相机，并通过法国探测器向地球发送数据。法国航天局估计本项目法国部分的成本大约在 1.66 亿欧元，法国人希望欧洲空间局将会贡献其中的 1 亿欧元。探测器在灶神星上着陆后，将会对灶神星的尺寸、形状、体积、密度、旋转周期、形态和矿物成分进行测量。

一年后的 1987 年 11 月，维斯塔任务被推迟到 1994 年，但它仍被视为 20 世纪 90 年代的主要行星际探测任务。法国人做出是否加入此项任务的决策过程似乎有些缓慢，但俄罗斯暗示，无论怎样，他们都会继续该计划，并可能会使用小行星探测器提取小行星样品[21]。无论此阶段还有些怎样的顾虑，最终，法国航天局 CNES 以及欧洲空间局（ESA）在第二年完成了对此次任务的全面研究[22]，并决定参加此次三方探测任务，并由 CNES，ESA 及国际宇宙组织负责该项目的管理。这是对上述任务的又一次重新定义，并将发射日期再一次后推至 1997 年 2 月。新的设计将包括 2 个完全相同的探测器，每个顶部都配备有法国改装的通信卫星，而俄罗斯人提供母航天器。

20 世纪 90 年代初的计划中，法国人的气球在火星上的情景

由于财务状况的限制，俄罗斯人已经将发射装置从 2 枚质子号火箭减少到 1 枚，并计划仅使用 1 枚质子号火箭将另外一个探测器发射升空。每个探测器首先借助火星重力，然后开始对太阳系小行星展开为期 7 年的探测之旅。但是，维斯塔探测器将会有 4 次近距离绕飞火星，最近距离将达到 300 km。探测器将会在此处对火星进行高分辨率成像，雷达也会对火星大气层的温度进行测量。按照计划，两项探测任务中的一项将重点探测灶神星小行星。设计人员针

对多达 7 颗次要小行星 (Horembh, Iris, Broederstrom, Ron Helin, Roxane, James, Hestia) 及 2 颗彗星 (Bus 及 Dutoit - Neujmin - Delporte, 它们距离太阳 1.8~1.9 AU) 设计了一系列运行轨迹和选项。按照计划，将会使用穿透器撞击到 2 个天体上：石质小行星 Iris 及碳质小行星 Hestia。他们还设想了多种行星巡游的方式。穿透器上将会携带 9 种仪器，包括装在顶部的相机（它将通过侧面开口近距离摄取行星表面照片）、一台地震测量仪、热探头、光谱仪及土壤取样器。对穿透器进行跟踪由欧洲空间局负责，他们将利用全球性的网络完成跟踪工作，全球网络包括德国的 Weilheim，日本的 Usuda 及加拿大的 Algonquin。

　　尽管对任务进行了研究，任务最终能够取得怎样的进展人们尚不得而知。参加本项目的科学家们很可能也曾经经历过 1988—1989 年的福布斯探测任务的规划及其后来的瓦解。一年后，当一个新的"后续福布斯"(post -福布斯) 发射计划公布时，对灶神星的探测计划已经从公告中完全消失。曾经有一段时间，在难掩绝望的气氛下，有人提议对福布斯 3 号飞行模型加以调整，以便用于维斯塔探测任务。在俄罗斯航天局于 1992 年 9 月公布的任务计划中，维斯塔探测任务最后一次短暂出现，而此时，该项目已经拥有了新的名称：火星- Aster (Mars Aster)。新计划仍然以 1996 年作为项目的开始时间，按照新计划，探测器将会在 1997 年 10 月飞越火星，然后开始小行星之旅，从命神星 (Fortuna) (1998 年 9 月) 开始，到滔神星 (Harmonia) (1998 年 11 月)、灶神星 (1999 年 6 月)、Halej (1999 年 10 月)，并于 Juewa (2001 年 7 月) 结束。

　　在这一阶段，维斯塔和火星- Aster 计划从记录中消失了。但是，就像火星女王计划一样，它们似乎并未被正式埋葬。最终葬送了所有后续火星任务的是金融危机，唯一存留下来的是火星 96 号探测任务。最终，美国国家航空航天局通过 2001 年的 NEAR 探测任务实现了第一个在小行星 Eros 上着陆。后来，美国国家航空航天局又批准了一个探索类任务，这次任务将飞向灶神星和谷神星小行星。

8.14　重整火星探测计划

至少在火星 96 号计划失败前一年，所有其他的俄罗斯火星探测计划都停滞下来：从火星取样的火星 98 号计划，以及设计了各种轨道器、漫游车和气球的火星- Aster 计划。2 次曾经尝试将自己的气球项目与俄罗斯人绑在一起但都遭到失败的法国人，此时感到非常沮丧，他们认为对方是不可靠的合作伙伴。法国航天局局长克劳德·阿莱格尔（Claude Allegre）曾经公开表示，俄罗斯的火星探测计划已经丧失信誉。他还于 2000 年签署了一项广为宣传的计划：与美国人联合进行一项机器人探索任务。该任务将包括建立一个表面工作站网络（Netlander）及一个取样返回任务。尽管如此，法国主承包商明确表示，他们仍然倾向于由拉沃奇金设计局来开发火星表面工作站。短短几个月内，法国人与美国人的热恋就宣告结束，人们听不到联合计划的更多消息，一名新的航天局局长也取代了克劳德·阿莱格尔。

遭法国人抛弃的俄罗斯人向他们的老对手美国人进行了最后接触。1992 年 6 月 17 日，俄罗斯联邦与美利坚合众国签署了"和平开发利用宇宙空间协定"，协定的细节尚有待由俄罗斯总理维克多·切尔诺梅尔金（Viktor Chernomyrdin）及美国副总统阿尔·戈尔（Al Gore）参加的委员会（切尔诺梅尔金-戈尔委员会）最后敲定。一年以后，俄罗斯人与美国人有效地将两国的空间站计划进行了融合（和平 2 号空间站，自由号空间站），组成了国际空间站，并最终于 1998 年发射升空。这种合作精神是否能够延伸到火星任务呢？

在某一个时期，前景看上去一片光明。美国人和俄罗斯人曾经共同执行了一次火星探测计划，该计划被称作火星-合作（Mars Together）。当俄罗斯取消了火星 98 号项目之后，火星-合作被认为是一个替代项目。在该项目中，俄罗斯人将提供 8K78M 闪电号火箭及一个重达 320 kg 的火星着陆器，上面配备一个重 95 kg 的火星车，火星车上面载有重 12 kg 的实验器材，可以在火星上漫游上百千米。
美国人提供的轨道器上将载有在火星观测者任务中损失的探测仪器
复制品，主要包括 γ 射线光谱仪及一台红外射线探测仪。但最终该
项目也宣告瓦解，虽然其中的细节情况并不为外人所知。此后，美
国国家航空航天局通过 1997—2003 年间的一系列火星任务，继续执
行自己的探测计划。这些计划包括：火星全球勘测者、火星探路者、
奥德赛及 2 台火星车。

8.15　重返火卫一？福布斯–土壤探测计划

从火星采集样品一直是俄罗斯火星探测的一个重要主题，这一
主题在 20 世纪 90 年代被一再重复。事实证明，加夫里尔·季霍夫
（Gavril Tikhov）的影响非常深远。1960 年，加夫里尔·季霍夫去
世。在他去世多年之后，俄罗斯科学家仍然继续在深钻西伯利亚冻
土层，以确定微生物可以在何种深度生存。在地球上，他们发现微
生物的存活深度可达 10～15 m。当然，水在其中起着重要的生命保
持作用。因此，俄罗斯人的火星探测计划总是强调深钻的重要性，
他们认为那里的火星微生物将会受到保护，免于辐射危害。存活的
微生物也可能存在于表面下的水中，因此有了 TERMOSCAN 这个
术语。正如科学家安德斯·汉森（Anders Hansson）所说的："表面
样品仅能告诉我们现有的生物存在，并不是特别有用。真正有价值
的发现存在于向下深钻到地下水一带，因为您可以在那里发现生物
学的历史"[23]。因此，从火卫一以及火星取样返回的想法从来都不
可能长期排除在俄罗斯火星探测计划之外。

早期研究显示，从火星取样返回地球是一件非常艰难的任务。
但是，从火星卫星上取样返回又是怎样的情形呢？1999 年，俄罗斯
科学院通过空间研究院及拉沃奇金设计局进行了一项从火星卫星
——火卫一采集岩石样品并返回地球的可行性研究，并向该项目投
资 900 万卢布。该项目被称作福布斯–土壤（Phobos Grunt），所使

用的探测器与 1988—1989 年间失败的福布斯任务所采用的探测器类似，只是规格稍小些，并有着类似的任务内容。确实，早在几年前，俄罗斯空间研究院已经有了将轻型福布斯 3 号探测器用于这种任务的想法。

苏联时期的采样返回任务

新任务的一个重要假设就是，质子号火箭太贵，必须使用推力稍弱一些的 8K78M 火箭。如同火星 96 号一样，福布斯-土壤自带的发动机必须完成转移出地球轨道的任务，但是，这一次的做法与以往大相径庭，采用了电发动机。探测器采用了 9 台 SPT－100V 电发动机，该型发动机原来是由 Fakel 公司为保持通信卫星的正常运行而开发的。这种电发动机推力为 130 mN，喷射速度为 22 km/s，将需要使用 425 kg 的氙气在探测器长达 475 天的火星之旅中为其提供动力。

进入火星轨道后，重达 2 370 kg 的探测器将会在为期 3 周的交会期逐渐靠近火卫一。电发动机将用于火星轨道上的主要机动，但在接近火卫一的最后阶段，将会使用通常的化学发动机，其机动方式类似于 1989 年那次探测任务所执行或计划执行的机动。从火卫一上收集好 170 g 岩石样品的几天之后，一个携带样品的小型密封舱将被射向地球，并于 280 天之后在俄罗斯回收。

俄罗斯人在接下来的几年中继续推动福布斯-土壤计划，并于 2003 年发布了修改过的任务规范。所推荐的发射装置是技术成熟的联盟 Fregat 火箭。SPT－140 电推进系统被升级为拥有 3 台 4.5 kW 推进器。该探测器看上去与 1988 年福布斯任务所用探测器非常相似，但它配有巨大的太阳能供电帆板。

根据这一建议，联盟 Fregat 火箭将会把福布斯-土壤送入 215 km×9 385 km 的高地球轨道。在该阶段，Fregat 级将被抛掉，而由太阳能电发动机接手，以将 4 660 kg 的飞船推离地球轨道并向火星进发。巨大的太阳能帆板将会在进入火星轨道后被甩掉。一旦进入火星轨道，探测器将会遵循福布斯 2 号在 1989 年执行探测任务所采用的轨迹，进入一个每 4 天飞过火卫一 1 次的轨道。一枚小火箭用来使探测器降落到火卫一表面，并在低重力条件下使其保持稳定。整个探测器设计成在火卫一着陆并停留一段时间，并由太阳能帆板提供动力。一个月球 24 号类型的钻探臂用来采集岩石样品。最后，上升火箭点火，像月球号探测器那样返回地球。俄罗斯人相信，他们可以建造一个表面有效载荷为 120 kg 的探测器，从国际合作的角度来说，上述能力非常重要和具有吸引力。从 2004 年开始，俄罗斯人就开始通过非正式渠道放出风声，寻求在该项目上进行国际合作的机会。

旧目标，新目标：火卫一

多年来，福布斯-土壤看上去就像是另一个不会有什么结果的纸面上的项目。对于全体俄罗斯科学家和工程师来说，这是一个在他们愿望清单上的重复性主题。他们的执着终于获得回报，因为在2005年，当俄罗斯2006—2015年十年空间计划公布时，福布斯-土壤是仅有的2个新旗舰项目之一（另外一个就是新的航天飞机——Kliper）。发射日期定在2009年10月。伊戈尔·戈罗什科夫（Igor Goroshkov）被任命为项目经理。经过修改的拉沃奇金设计详细图纸被公布出来。新设计对2003年的设计进行了进一步修改，但是飞行任务的内容基本未变。新探测器重达2 t，外形采用低矮的规则多边形，下面配有4条腿，侧面装有一个新型钻臂，并配有长长的抽吸筒，以将土壤样品抽到回收舱内。返回舱升空返回地球后，着陆器将在火卫一上工作一年，以完成俄罗斯及国际科学界设计的大约20项科学实验。返回舱是一个小型箱体舱，在一侧装有太阳能帆板，球型回收舱被牢固地安装在返回舱中部。返回舱将从着陆器上起飞，进入火星轨道，校准方向后，点火飞向地球，飞行11个月后，释放样品回收舱,以使其进入大气层。所用的很小的探测器尺寸得益于近些年来在电子、小型化技术及材料科学方面所取得的巨大进展,这与谢尔盖·克留科夫在 20 世纪 70 年代后半期项目中探测器所用尺寸和复杂性形成了强烈对比[24]。

中国在接下来的一年加入了该项目。中国已经规划了自己的首个月球探测器——嫦娥号,并表示有兴趣将小型探测器送到火星上。2006 年,据有关消息称,一旦福布斯-土壤到达火星轨道,它将会在 800 km×80 000 km 的赤道轨道上部署一颗中国造的小子卫星——萤火 1 号,该子卫星重 120 kg,将会是火星探测器的首个子卫星,被用来配合福布斯-土壤探测器研究火星的大气层和电离层。这是个聪明的主意,让中国人更早登上火星,可以让 2 颗卫星同时观测火星,扩大观测范围,同时还可以为俄罗斯提供一些资金支持。[福布斯-土壤(搭载了中国的"萤火一号")已于 2012 年 1 月 15 日坠落,项目失败——译者注]

8.16　火与冰

福布斯-土壤是俄罗斯时代唯一出现的有可能完成的新项目,但它不是这一时期所考虑的唯一项目。早在 1987 年,空间研究院就提出了行星探索项目清单,其中包括:

• Koronas 项目,飞向木星,并绕飞太阳,距离太阳 5~7 个太阳半径。项目设定在 1995 年。

• 木星与土星探测任务,项目时间设定为 1999 年,并向土卫六发射着陆器和大气层探测气球。气球用来将着陆器平稳降落在土卫六表面,然后上升至工作高度。着陆器将携带 50 kg 设备,可以耐受高达 1 000 大气压的压力。大气层探测器将使用一个气球,上面携带 5 kg 实验设备,可以在 5 000~8 000 m 高的大气层中飞行大约 10 天。

• 定于 2002—2003 年的水星探测任务,期间将会短暂拜访金星。最终主航天器将会进入水星轨道,并将着陆器降落到水星表面。

• 前面已经讨论过的灶神星及其他火星任务[25]。

　　正如前面所指出的，在 1989 年 8 月机械工业部执行管理委员会批准的"截至 2005 年的空间技术发展计划"中，包括一个太阳探测器（Solnechny Zond）计划。计划中声明，仍需与空间研究院进行进一步讨论，并会在适当时候做出宣布。考虑到空间研究院的愿望清单，计划中加入了一个水星探测器计划，包括一个着陆器，时间定在 2001—2003 年间。土星探测器似乎没有赢得管理委员会的支持：的确，这项提议与美国-欧洲于 1997 年合作执行的卡西尼-惠更斯（Cassini - Huygens）探测任务惊人地相似，8 年后，卡西尼-惠更斯任务取得了惊人的成功。

　　在太阳探测器方面则取得了一些进展。1990 年，设计人员完成了设计研究。重新命名为 Tsiolkovsky 的这个探测器将会首先飞向木星，然后沿着一条曲线轨道向太阳飞行，并将会以非常近的距离（400 万 km）飞过太阳。Tsiolkovsky 探测器将采用 UMVL 的设计，CBPS 将会携带最大限度的燃料负载，以便可以让探测器加速飞出地球轨道，向木星进发。探测器本身质量不超过 1 200 kg，上面携带有放射性同位素发电机，可以为探测任务提供长达 5 年的动力。

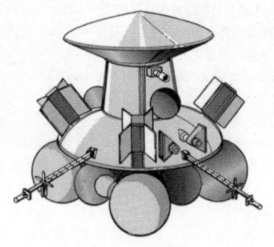

Tsiolkovsky 探测器

4 年之后，Tsiolkovsky 探测器的命运再次发生改变，它成为 1992 年协议以及切尔诺梅尔金-戈尔委员会工作内容的一部分。1994 年 4 月，美国国家航空航天局与俄罗斯航天局决定为 2 个相互矛盾的探测任务起草一份概念性意见，其中包括 Tsiolkovsky 探测器研究所提出的思路。第一个任务称为 Plamya（火），该任务是要将 2 个探测器中的俄罗斯探测器发射至 10 AU，将另外一个美国探测器发送至 (1~4) AU；另外一个任务被称为 Lyod（冰），是要将一个美国探测器送至太阳系中唯一尚未探测到的行星——最遥远的冥王星。探测器上将配备一个俄罗斯太空舱。由质子号火箭发射的 2 个 Plamya 探测器将首先飞行至木星，然后返回太阳并绕行，展开一次长达 800 天的旅程。俄罗斯的探测器质量为 350 kg，上面搭载有 35 kg 实验设备；美国探测器质量为 200 kg，搭载了 22 kg 实验设备。当它们经过太阳时，它们将会使用各种仪器为太阳成像。Lyod 则是一个为期 10 年的任务，使用较小的 8K78M 闪电（Molniya）号火箭。重达 85 kg 的 Lyod 探测器预计将会以 15 000 km 的距离经过冥王星，并以 5 000 km 的距离经过冥卫（Charon）卫星，并将投放一个重 10 kg 的俄罗斯太空舱，以便近距离绕行，甚至撞向它[26]。

就像火星-合作探测计划一样，Plamyai Lyod 计划并没有以联合项目的方式向前推进。这可能是由于欧-美联合进行的尤里西斯（Ulysses）探测项目获得了巨大成功，该项目的探测器于 1992 年通过木星系统，然后于 1994 年从太阳下面穿过，这使得上述项目显得有些多余。美国国家航空航天局放弃了冥王星探测任务，尽管后来美国国会似乎扮演了一次与自己正常职能相反的角色，最终使该项目重新复活，并于 2006 年启动了该项目。在俄罗斯方面，一些项目也得到挽救。1994 年，俄罗斯人发射了绕地球轨道的太阳观测站——Koronas。

俄罗斯人在 2004 年重新拾起了木星探测任务的想法。美国伽利略探测器非常壮观的木星系之旅，燃起了人们探索巨大冰卫星的兴趣。美国国家航空航天局局长丹·戈尔金推出一个称做普罗米修斯的探测计划，用于研发可以为这种探测任务提供动力的技术。一个称做 JIMO（木星冰卫星探测器）的探测计划多年来位居美国国家航空航天局项目愿望清单榜首。

俄罗斯于 2004 年提出了自己版本的 JIMO。该项目由克尔德什中心以及拉沃奇金设计局领导，旨在为木星卫星——木卫二设计一个轨道探测器。使用新研制的俄罗斯安加拉-5（Angara）重型火箭，重 9.6 t 的探测器将离开地球轨道，在一台电-核发动机的辅助推动下展开为期 8 年的旅程。该电-核发动机功率 100 kW，比冲为 4 500 s。探测器的有效载荷为 1 250 kg，包括一个重 1 t、功率 30 kW 的雷达，用于研究木卫二上深达 70～80 km 的冰覆盖层及其成分[27]。该项提议的结局我们不得而知。它可能是为新的俄罗斯太空计划准备的，但似乎进展不大。

苏联时代最后的深空探测项目是太阳帆实验——Regata。该项目完成了设计研究，但似乎并未完成硬件建造。Regata 项目是 1990 年初在伏龙芝的一个会议上宣布的。Regata 上将有一个 9 m 的太阳帆，帆的后面是一个重 530 kg 的平台，其中包括 230 kg 载荷。该项目的设计意图是将一队探测器布置在环绕地球的拉格朗日点上，并从那里对太阳和行星际环境进行观测。其中一个版本——Regata Astro——是要让其飞向火星，对火星轨道进行精确测量；而另一个正在考虑的项目是拦截小行星、彗星和太阳系小型天体的任务。该项目很早就成为俄罗斯快速萎缩的科学预算的牺牲品，它仅仅是一个纸上项目。

规划任务，1987—2007 年

任务名称	目标
DZhVS	长工作时间金星着陆器
维斯塔	通过金星及火星探测小行星
火星-Aster	通过火星探测小行星
火星-合作	火星着陆器，轨道探测器，气球，火星车

续表

任务名称	目标
福布斯-土壤	从火星卫星火卫一采集土壤
Tsiolkovsky	木星和太阳
Korona	木星和太阳
Solnechni Zond	太阳
Plamya i Lyod	木星和太阳/冥王星
Jupiter，Saturn，Titan	木星，土星，土卫六（使用探测器和气球）
Regata Astro	火星
JIMO	木卫二

8.17　保持梦想

正如人们所想象的那样，2001 年的国际科学与技术委员会并没有足够的资源来组织火星任务。但是，在它现有的资源范围内，它可以为其俄罗斯会员提供一项拨款，用来编撰 30 卷有关他们对火星所掌握的知识以及火星着陆步骤的系列出版物。接下来的 MARSPOST 方案表明，虽然资金状况以及政府当局可能会变幻不定，俄罗斯科学家仍然没有放弃在火星着陆的梦想。尼古拉·赖宁（Nikolai Rynin）教授在 1927 年出版的百科全书就是在苏联仍在受内战困扰，很多地方的百姓还在忍饥挨饿的情况下写成的。因此，困难本身从来就不是选择放弃的足够理由。火星仍然是俄罗斯人思想的一个焦点。

20 世纪 90 年代，俄罗斯人规划了一系列进一步探测火星和太阳系的项目。其中多数项目来源于苏联末期。那时，探测项目的视野以及资金来源似乎都无穷无尽。其中，最持久的早期探测任务就是维斯塔探测项目，该项目曾经一度被认为已经板上钉钉。这一时期规划的许多其他任务如果得以实现，将会为我们带来大量新知识。飞向火星或土卫六大气层的气球尚待起飞；俄罗斯的火星车如果得以成功，将比美国的旅居者（Sojourner）巡游车、勇气号或机遇号探测器到达更加遥远的宇宙空间。虽然我们已经实现了首批小行星探测（Eros，Itokawa），对其他小行星的探测也在规划中（谷神星、灶神星），但都没有达到 20 年前所规划的完整旅行规划的高度。

　　值得注意的是，俄罗斯人仍然没有放弃谢尔盖·科罗廖夫、米哈伊尔·吉洪拉沃夫、格列布·马克西莫夫及康斯坦丁·费奥克蒂斯托夫在 20 世纪 50 年代建立起来的 TMK 研究。如同能源公司项目已经实现的那样，如今，我们可以对多年来探测任务概念的演变进行跟踪[28]。如今的探测计划在范围上更加谨慎，对预算的可用性更加关注。此外，可能是出于环保的原因，我们也更加专注于太阳能电推进系统的使用。尽管资源有限，俄罗斯人仍在继续开发自己的关键路径技术：隔离测试、生物圈、桁架与结构技术、电发动机等。已经编撰好的 30 卷火星及到达火星的技术知识丛书，将可以确保为子孙后代留下那一时代科学探测活动的记忆。

　　尽管距离首颗人造卫星的诞生已有将近 50 年之久，俄罗斯设计师们仍在继续期待着新的行星探测任务。拉沃奇金设计局仍在为新的设计忙碌。一旦福布斯-土壤获得成功（福布斯-土壤项目于 2011 年 11 月 9 日自拜科努尔升空，已于 2012 年 1 月 15 日坠落失败。2014 年 8 月 2 日，俄罗斯宣布 2024 年将重新开展福布斯-土壤任务——译者注），他们将会在 2013—2016 年前后启动火星-土壤项目，从火星表面采样并送回地球，就像 20 世纪 70 年代从月球取样并返回那样[29]。

参 考 文 献

[1] Mark Wade has made a series of studies of Soviet and Russian manned plans to fly to Mars, including the nuclear technologies associated with them and these are cited here as Wade, Mark:
— TMK - 1;
— TMK - E;
— MPK;
— KK;
— Mavr;
— MEK;
— MK - 700;
— Mars 1986;
— Mars 1989;
— ERTA;
— Mars 1994;
— MARSPOST *Encyclopedia Astronautica*, *http*: //*www. astronautix. com*, 2005.

[2] Hansson, Anders: *The Mars environment in Russia*. Paper presented to the British Interplanetary Society, 12th June 1993.

[3] Parfitt, Tom: Spaceflight is hell on Earth. *The Guardian*, 8th September 2005. See also: Oberg, Jim: Are women up to the job of exploring Mars? MSNBC, 11th February 2005; Phelan, Dominic: Russian space medicine still aims for Mars. *Spaceflight*, vol. 46, #1, January 2004; Zaitsev, Yuri: Preparing for Mars - a simulated manned mission to the red planet is about to begin. Spaceflight, vol. 47, #1, January 2005.

[4] Poliakov, Dr Valeri: Remarks made at presentation in British Interplanetary Society, London, 22nd May 2002; Kozlovskaya, Inessa and Grigoriev, Inessa:

Countermeasures. Paper presented at International Astronautical Federation conference, Bremen, Germany, 2003.

[5]　Orlov, Oleg and White, Ron: *The medical challenge*. Paper presented at International Astronautical Federation conference, Bremen, Germany, 2003.

[6]　Harland, David M. : *The story of the space station Mir*. Springer / Praxis, Chichester, UK, 2005.

[7]　Gitelson, Josef: *Mars - to go there*, *we start here*. Paper presented at the International Astronautical Federation conference, Bremen, Germany.

[8]　Lardier, Christian: CADB devoile le moteur nucleaire RD - 0410. *Air et Cosmos*, vol. 1571, 21 juin 1996.

[9]　Rachuk, Vladimir: Best rocket engines from Voronezh. *Aerospace Journal*, November / December 1996; Hansson, Anders: *Russian nuclear propulsion*. Paper presented to the British Interplanetary Society, 25th May 2002.

[10]　Les moteurs nucleaires de l'eáre sovietique. *Air et Cosmos*, 1810, 21 septembre 2001.

[11]　Zak, Anatoli: *Martian expedition*, *http: //www. russianspaceweb. com*.

[12]　Siddiqi, Assif: *The challenge to Apollo*. NASA, Washington DC, 2000.

[13]　Angus McPherson: Mars by 1980? Russia shakes the west. *Daily Mail*, 3rd June 1970; Russian hope of Mars flights. The Times, 26th June 1970.

[14]　Central Intelligence Agency (1989): *Soviet options for a manned Mars landing mission - an intelligence assessment*. Director of Intelligence, CIA, Washington DC.

[15]　Kemurdzhian, A. L. , Gromov, V. V. , Kazhakalo, I. F. , Kozlov, G. V. , Komissarov, V. I. , Korepanov, G. N. , Martinov, B. N. , Malenkov, V. I. , Mityskevich, K. V. , Mishkinyuk, V. K. et al. : Soviet developments of planet rovers 1964 - 1990. CNES and Editions Cepadues: *Missions*, *technologies and design of planetary mobile vehicles*, 1993, proceedings of conference, Toulouse, September 1992.

[16]　Hendrickx, Bart: *Soviet Venus lander revealed*, Friends and Partners in Space posting, 30th August 2001.

[17]　Yumansky, S. P. : *Kosmonautika - Segondniya i zavtra*. Prosveshchenie,

Moscow, 1986.

[18]　IKI (Institute of Space Research): *The Soviet programme of space exploration for the period ending in the year* 2000 - *plans, projects and international cooperation. Part* 2: *The planets and small planets of the solar system.* Institute of Space Research, USSR Academy of Sciences, Moscow, 1987.

[19]　Beatty, J. Kelly: The planet next door. *Sky and Telescope*, 1985; see also Covault, Craig: Soviets in Houston reveal new lunar, Mars, asteroid flights. *Aviation Week and Space Technology*, 1st April 1985.

[20]　Lenorovitz, Jeffrey M. : France designing spacecraft for Soviet interplanetary missions. *Aviation Week and Space Technology*, 7th October 1985; see also Langereux, Pierre: Les quatre sondes Franco - Sovietiques VESTA vont explorer Mars et les petits corps. Air et Cosmos, #1117, novembre 1986.

[21]　Furniss, Tim: Countdown to cooperation. *Flight International*, 5th December 1987.

[22]　European Space Agency (ESA) and Centre National d'Etudes Spatiales: *VESTA - a mission to the small bodies of the solar system: report on the phase A study.* Paris, 1988.

[23]　Hansson, Anders: *The Mars environment in Russia.* Paper presented to the British Interplanetary Society, 12th June 1993.

[24]　Popov, G. A. , Obukhov, V. A. , Kulikov, S. D. , Goroshkov, I. N. and Upensky, G. R. : *State of the art for the Phobos Soil return mission.* Paper presented to 54th International Astronautical Congress, Bremen, Germany, 29th September - 3rd October 2003; Ball, Andrew: Phobos Grunt - an update. Paper presented to the British Interplanetary Society, 5th June 2004; Craig Covault: Russian exploration - Phobos sample return readied as Putin's government weighs Moon/Mars goals. *Aviation Week and Space Technology*, 17th July 2006.

[25]　Furniss, Tim: Countdown to cooperation. *Flight International*, 5th December 1987; Johnson, Nicholas L. : *The Soviet year in space*, 1990. Teledyne Brown Engineering, Colorado Springs, CO, 1990.

[26]　Lardier, Christian: Les nouveaux projets de la NPO Lavochkine e. *Air et*

Cosmos, 18 avril 1997，♯1609.

[27] Lardier, Christian: Le Jimo, version russe. *Air et Cosmos*，♯1955，22 octobre 2004.

[28] Present Russian Mars plans: *http*: //*www. energia. ru. english/Energiya/ mars*.

[29] Kopik, A.: Big plans at NPO Lavochkin. *Novosti Kosmonautiki*，vol. 15，♯10，2005.

第9章 遗产

> 人类对太阳系的征服具有至关重要的意义，因为它可以帮助我们了解如何更好地管理我们的地球家园。
>
> ——尤里·孔德拉秋克，原名亚历山大·沙尔盖，1928

将福布斯-土壤列入俄罗斯 2006—2015 年太空计划意味着经过 10 余年的停顿之后，俄罗斯将重返行星探测。如同苏联时期的太空计划一样，此次任务也有其模糊之处。福布斯-土壤代表了金星派的胜利，该项计划不直接与美国或任何其他国家竞争，因为这些其他国家的探测计划中不包括这项任务。话虽如此，该项计划的时机正好是在美国人希望从火星将样品带回地球的前夕。如果能够从火星卫星上将样品取回地球，俄罗斯将能够在 30 年里首次宣称，他们取得了一项新的行星探索"第一"。

正如我们了解到的，俄罗斯的行星探索计划具有悠久的历史，其根源最早可以追溯至沙皇时代的康斯坦丁·齐奥尔科夫斯基，以及跨越沙皇时代和十月革命年代的其他伟大理论家，如弗里德里希·灿德尔和尤里·孔德拉秋克。在许多苏联航天科学家的研究工作中，火星都是一个核心参照点，对灿德尔来说更是如此。灿德尔的影响经久不衰，直到 20 世纪 60 年代，谢尔盖·科罗廖夫都在继续援引他的名字。这些理论家并不只是无所事事的梦想家，因为几乎其中所有人都参与了实用火箭的研究，并都曾试图攻克火箭推进系统、电系统、点火系统、燃料储存系统、阀门，以及制导系统等方面最基本的难题。他们都曾经从雅科夫·佩雷尔曼和阿列克谢·托尔斯泰的著作中汲取过营养，因为正是他们将飞往火星这一想法深深植入人们的脑海。尽管其间经历了斯大林时代，但这种想法从来没有从人们的脑海中完全消失。由于加夫里尔·季霍夫对火星和金星给予了额外的关注，因此他们的小说获得了人们额外的重视。加夫里尔·季霍夫称自己是一名天体植物学家，如果是现在，他将会被称做地外生物学家。他的有关火星上生命形态（类似于西伯利亚冻土里的生命形态）的生存理论，以及他所绘制的在金星沼泽中焕发着勃勃生机的多姿多彩的蓝色植物，曾经让一代天文学家和空间科学家着迷。

在完成了"人造地球卫星"的发射之后，米哈伊尔·吉洪拉沃夫和谢尔盖·科罗廖夫以惊人的速度将目光转向了火星。仅仅在"人造地球卫星"发射后几个月，科罗廖夫就希望向火星和金星发射探测器。然而，即使是在他准备人类第一次太空飞行这一艰巨任务的过程中，科罗廖夫也没有放下第一个火星和金星探测器（1MV）系列的设计工作。此外，他还组织了叶夫帕托里亚跟踪站的建设工作，并督促应用数学研究所开展行星际轨道的计算工作。首批研制的火星和金星探测器处处都显示出科罗廖夫的太空计划所特有的勃勃雄心。当美国人还在规划未来的绕飞探测任务时，科罗廖夫已经开始着手制造着陆器。虽然科罗廖夫已经于1960年故去，他领导设计的着陆器却依然生机焕发。根据设计，首个金星探测器的舱体将可以漂浮在金星上的蓝色百合花池塘上。

多年之后我们才了解到，科罗廖夫同时还在建造计划将航天员送上火星的火箭。N-1火箭的设计始于1956年9月，起初它是为火星任务而建造的，并非用于月球登陆。如果不是由于中途出现变故，N-1火箭可能已经证明非常适合用于地球轨道上的首次火星探测，而非像后来那样，其加大型被用于不太成功的月球探测项目。科罗廖夫委任其手下最优秀、最聪明的设计师吉洪拉沃夫、马克西莫夫和费奥克蒂斯托夫来负责首次火星探测任务"Tizhuly Mezhplanetny Korabl（TMK）"的设计工作。他时常用灿德尔的命令——"我们一定要飞到火星上"来提醒他们。他像着了魔一样督促他们加快设计进度，即使他手头还有十几个其他优先项目。对于项目所需的基础设施以及火星探测的关键路径技术：隔离舱、大桶（bochka）、生物圈及核发动机，科罗廖夫都做了精心准备。所有方面都在取得进展：大桶已经被测试过多次，虽然测试过程不能与长时间的真实空间飞行相比；在克拉斯诺亚尔斯克进行的生物实验，只有在轨道空间站上的真实植物生长能够与之相提并论；新建造的核发动机也成功通过了长时间运行测试。能源公司成为科罗廖夫设计局（以科罗廖夫的名字命名，作为对他的纪念）的继任者，负责新时期的项目规划和关键路径技术研发。能源公司多次更新了 TMK计划，包括：1969 年（MEK 项目），1986—1989 年间，1999 年，2001 年（MARSPOST 项目）及 2005 年。针对关键路径技术的研制工作仍在继续，比如安装和平号空间站上的桁架及其他结构。

　　苏联的无人行星探索计划启动不久，谢尔盖·科罗廖夫很快就遇到了阻碍计划发展的难题——性能不可靠的上面级。早期的苏联行星项目与 8K78、8K78M 及 UR - 500K 火箭的早期研制阶段相重叠。虽然现在这些火箭的性能已经很可靠，但在开发研制阶段，其故障率如果按照现在的标准来看出奇地高。其中，1962 年是最糟糕的一段时期，6 次行星际探测器的发射都由于火箭故障而失败。科罗廖夫行事无疑有些过于匆忙，但他知道自己最多还有几年的生命，只有只争朝夕地工作方能取得些成就。他甚至采用试错的方法来查找系统中的错误。行事匆忙并不是唯一的原因，在鲍里斯·切尔托克（Boris Chertok）的回忆录中，我们能够找到另外一个重要原因。鲍里斯·切尔托克在 1945—1946 年间访问德国，研究德国在科学与技术上的成就时，对于德国在火箭发动机方面的进展深感震撼。但是，更加令他印象深刻的是德国人在机床、制造、精密机械、金属加工、导航设备、陀螺仪，以及定时器方面的发展水平[1]。这些发展所包含的技能、工艺和传统，是经历了数代人才建立起来的。在这方面，俄罗斯远远落在后面。而上述技能的欠缺，正是科罗廖夫的 8K78、8K78M 火箭以及切洛梅的质子号火箭在直到 1972 年之前的多次发射中屡屡出错的原因。可悲的是，在 1996 年的发射中，这种错误又再次重复。即使到 1996 年，俄罗斯的空间探测计划仍未实现预期目标，比如，金星 1 号在发射早期以及火星 1 号在发射过程末端都出现通信故障，探测器 2 号则出现设备故障，探测器 1 号以及金星 2 号和 3 号则发生了其他故障。这些探测器所获得的科学成果微不足道，只有火星 1 号发回了一些比较重要的行星际数据。

空间探测计划从工作超负荷的科罗廖夫设计局转移至拉沃奇金设计局是一个重要里程碑，虽然计划的进展速度有所放缓，但是前进的步伐更加扎实，成功的概率更大。在勃列日涅夫时代，空间计划迎来了一个更加稳健的规划环境。精心设计和耐心坚持终于获得回报，金星 4 号于 1967 年进入了金星大气层，接着金星 5 号和 6 号双子探测器也于 1969 年进入金星大气层。上述几个探测器成功发射后，我们终于可以获得有关金星环境的准确科学数据，虽然这些数据让我们对金星环境挑战性之大感到有些沮丧。后来，金星探测器又经过多次重新设计，以便可以最终到达金星表面，对那里的环境进行测试。2 年后的 1970 年，金星 7 号和金星 8 号终于实现了上述目标，其中，金星 8 号完成了令人印象深刻的返回任务。

1969—1973 年间，拉沃奇金设计局首次完全自主地设计出火星探测器，但是，该探测器留给人们的印象更多的是它令人失望的任务表现。它理应为人们留下更好的记忆。按照 21 世纪初的标准，它看起来的确有些原始，但是，它是当时最先进的探测器，实际上，可能已经超越了那个时代。探测器上载有大量科学仪器，用于火星研究。其着陆器所遇到的挑战与金星着陆器相比，难度一点都不低。将探测器降落到火星上则更加困难，因为我们对火星大气层以及精确着陆轨道的了解尚不完备。尽管如此，火星 2 号成为首个与行星发生接触的探测器，而火星 3 号则是首个在火星上软着陆的探测器。在轨飞行器在接下来的 9 个月里成功地完成了一项科学任务，并向地球发回大量数据。2 年后，火星 5 号再次成功完成火星探测任务，进一步强化了火星 3 号所取得的成果。与当时人们的印象相反，1974 年的火星探测任务获得了丰硕的科学成果：火星 4 号发回了飞越火星时所拍摄的图片，火星 5 号成功完成了为期 3 周的轨道探测，火星 6 号则首次获得了在火星大气层着陆的数据。

　　转向金星探测后，拉沃奇金设计局设计的新探测器终于迎来了超过 10 年的收获期，迎来了苏联行星际计划的鼎盛期：金星 9～14 号探测器在金星上成功着陆，金星 15 和 16 号探测器成功编译出雷达扫描图，而维加系列探测器则投下更多的着陆器和气球，并完成了与哈雷彗星交会这一当时最复杂的太阳系探测任务。这些探测器在设计方法、设备、技术及所采用的系统等方面都非常先进，特别是那些钻探、回收以及土壤分析设备。这些探测活动获得了大量科学数据，让科学家可以对行星表面、岩石及大气层进行分析，并通过雷达扫描图，了解促成行星演变的强大力量。我们今天对金星的了解，大多都直接来自这些金星探测器。

　　最终，最后几次火星任务成为苏维埃体制后期及新的俄罗斯联邦所面临困难的一个注脚。福布斯 2 号离成功如此接近。虽然如此，从福布斯 2 号传回来的大量科学信息以及接近火卫二的机动仍然令人印象深刻。人们对福布斯以及火星 96 号探测任务满怀着雄心和期望，但结局却是令人非常失望。按照设计师弗拉基米尔·佩尔米诺夫的话说，探测计划以令人失望的结局画上了句号。

　　对于许多人来说，尤其是在西方，苏联和俄罗斯的行星际计划给人留下的总体印象是负面的，与所取得的成功相比，人们更容易想起他们所经历的失败。在火箭已经取得高可靠性（有些型号的成功率甚至达到 100％）的当今时代，人们很容易对 8K78 上面级的多次失败抱持奚落的态度，但是在当时的条件下，人们对火箭科学仍缺乏了解。近年来多次取得成功的火星着陆虽然看上去很容易，但它们都曾从早期火星和金星探测器所经历的困难中获益。伟大的美国行星科学家卡尔·萨根（Carl Sagan）指出，美国和苏联在初期阶段都经历过高失败率。他查看了这 2 个国家的前 65 次行星际及月球探测发射记录。最终，两个国家都取得了 80％的累积成功发射率。美国最终取得 70％的任务成功率，俄罗斯的任务成功率为 60％，这样的差距并不像一些人想象的那么大[2]。

在某些方面，俄国人本身才是自己最大的敌人。我们现在知道，他们在月球竞赛中失败的原因并不是缘于技术上的无能，而是因为设计局内部过度的争斗，组织工作不力，变幻不定的政治优先与效忠对象，无休止地想要胜出美国人的思想，混乱的组织架构，以及对稀缺资源的滥用。相比之下，美国人则展示出规划严谨，集中式组织协调（美国国家航空航天局），以及以较为合算的成本对稀缺资源稳健地加以利用等优点。所有这些不仅让他们取得月球计划的成功，也帮助他们取得水手号，海盗号，先驱者-金星，麦哲伦，卡西尼等行星际探测任务以及新的火星任务的成功。在行星际计划中，俄罗斯人再次重蹈了他们在月球探测中所犯的典型错误。毫无疑问的是，稀缺资源遭到浪费，使规模较小的苏联经济不堪重负。面对多次类似的失败，他们仍然坚持继续执行多次行星际发射任务。在金星派赢得"星球间的大战"的胜利之前，许多任务都是以实现领先美国一步这样的具体目标为目的，即使技术尚未成熟到能与这种雄心相匹配。这样一种规划（如果我们还能称之为规划的话），是1969 年、1971 年及1973 年火星任务的典型特点。其中，所出现的最极端的情况就是，在明知晶体管失效的情况下，仍然将探测器送往行星。在火星编队的表现令人失望的情况下，火星派还是组织了一次反击，即使只是暂时性的成功。这导致更多资源被浪费在尚不成熟的火星样品返回任务上。20 世纪70 年代，他们最终聪明地放弃了这些计划（5NM，5M）。

人们往往低估了俄罗斯行星际任务所带来的科学成果。在欧洲和美国，科普界谈论的话题大多是关于美国的科学与探索之旅。这是由于美国在媒体、电视、大众传播出版等方面占据着主导地位。此外，美国极力倡导开放空间计划，这也导致其急于宣传自己取得的成就。相比之下，俄罗斯似乎是在运行一项秘密计划，他们从来就没有公布自己的科学成就与成果。

当然，现实情况远非人们想象的那样简单。苏联的空间计划在自己的主流宣传渠道广为传播，从莫斯科电台到宣传材料、杂志以及其他出版物，不仅用俄语，也用英语及其他语言。他们在苏联内部以及英文期刊上刊登科学成果。在俄语出版物方面，主要宣传渠道是一份专门为上述目的而发行的刊物，*Kosmicheski Issledovania* 或 *Cosmic Research*。在这份刊物上，详细刊登了火星和金星任务获得的主要成果。有时候，整期刊物会聚焦某项探测任务。此外，苏联科学家还在其他刊物上发表文章，比如 *Proceedings of the Academy of Sciences*，*Geokhimiya*，*Analytische Khimiya*，以及专门的天文学期刊如 *Vestnik* 和 *Pisma*。Nauka 出版社针对金星和火星探测任务出版了专门书籍，比如《金星表面全景》（*First panoramas of the surface of Venus*）（1977 年出版）以及《金星》（*The planet Venus*）（1989 年出版）。有些科学家还单独发表了自己的实验结果，或者集体发表对探测结果的分析。俄罗斯科学家还在许多国际性英语期刊上发表探测结果，如 *Journal of Atmospheric Science*，*Icarus*，*Science*，*Nature* 及 *Planetary Space Science*。俄罗斯人的弱点在于，他们未能在非科学或大众传播领域宣传自己的探测成果。他们没有类似于《国家地理》杂志这样有影响力的刊物，用精彩的照片和生动的评论向非专业观众传达探索成果。

　　虽然俄罗斯的相机质量不错，但是其登载的照片质量则不敢恭维，这些质量低劣的照片往往在媒体上广为转载。此外，1971 年拍摄的首张火星表面照片，直到 1999 年才在资料档案中被发现。而金星 9 号和金星 10 号探测器所拍摄的原版照片至今仍未找到。"金星的声音"碟片直到 2005 年才公布，以供人们对金星上的声音进行解读。探测器 1 号所拍摄的图片直至 1996 年才公布等。由于上述种种原因，俄罗斯空间探测任务的科学成果往往受到低估。此外，西方科普作家都没有学过俄语，因此以俄语公布的探测成果，尤其是刊登在 *Kosmicheski Issledovania* 上的文章，大多被忽略了。但是，美国国家航空航天局并没有忽略这些成果。从该机构成立之初，他们就开始出版 *TTF Journal*——这是俄罗斯科学成果的系列翻译刊物。

这些刊物在美国国家航空航天局以外的传播情况，我们不得而知。

　　所有上述出版物所欠缺的，就是对苏/美两个空间强国的科学努力加以综合。他们在各自不同的地方刊登各自的成果，除了有限的几本英文刊物之外，少有交集。冷战结束后，事情开始向好的方向转变。刊物上开始出现美国与苏联/俄罗斯科学家合作撰写的文章，将各自的经验和发现结合起来。在苏联空间计划中担当重任的顶尖苏联科学家开始在美国大学担任学术职务。亚利桑那大学出版社出版了一个行星系列丛书，每部针对一颗行星，内容综合了这两个国家的探索成果。最好的合作范例是在金星研究方面。1981 年，米哈伊尔·马洛夫（Mikhail Marov）出版了苏联的金星研究成果，并以这本书纪念自己的导师和苏联科学院院长姆斯季斯拉夫·克尔德什。20 世纪 80 年代，米哈伊尔·马洛夫与一位美国作者合作，对苏联的金星探测结果进行修订。他们不仅汇集了苏联金星号的金星探测成果，也汇集了美国先驱者-金星及麦哲伦号的金星探测任务成果[3]。

　　20 世纪 90 年代，俄罗斯空间计划的经费开始出现下降，甚至对自己科学成果的保护也成为问题。讽刺的是，美国国家航空航天局在此时出手相救。美国国家航空航天局开始为苏联的月球及行星际任务成果组建一个网站，并在数据恢复方面投入更多资源。美国国家航空航天局请求莫斯科提供原始数据。这样，大量数据被提供给美国国家航空航天局，其中包括 1964 年探测器 1 号计划，以及"火星"、"金星"和维加计划观测到的粒子计数数据；探测器 1、3 号任务记录的中子计数数据；"探测器"、"火星"、"金星"、维加以及福布斯探测任务所记录的高能粒子计数数据。莫斯科国立大学于 1999年将探测器 1 号的粒子计数数据提供给美国国家航空航天局，此时距探测任务已有 35 年。

　　对于苏联的星球探测计划，我们尚有许多不了解之处。虽然1959 年前的苏联早期空间探测计划相当开放，但是，政治上更加严格的控制体制阻碍了我们对苏联早期探测任务的了解。人们永远都会担心，1965 年，当行星际探测器建造任务从科罗廖夫设计局转移至拉沃奇金设计局时，对该计划的一些习以为常的回忆似乎已经丧失。对于接下来的后续岁月，我们也有许多不解之处。例如，一些早期探测器的照片，比如 1960 年的 1M 飞船系列，我们至今没有找到。我们也找不到一些探测器（例如探测器 1～3 号）后期飞行阶段的信息。对于一些探测任务所遭遇困难的解释要么不完整或不准确，要么没有说服力（如金星 1～3 号）。我们对苏联载人计划的了解大多得益于项目领导人［例如，总设计师瓦西里·米申，航天员指挥官卡马宁（Kamanin）将军］的回忆录。在星际探索计划方面，有两位重要人物：罗奥德·萨格杰耶夫和弗拉基米尔·佩尔米诺夫。他们对具体事件以及计划的了解帮助我们填补了一些空白。但是，仍然有很多空白点，许多当事人已经离开了我们。谢尔盖·科罗廖夫早在 1966 年就已经过世，而拉沃奇金设计局的主要设计师要么死在自己的工作岗位上（巴巴金死于 1971 年；科夫图年科死于 1993 年），要么稍后亡故（克留科夫死于 2003 年），他们都没有时间或机会将自己的记忆保存下来。

苏联行星际计划不仅为未来的火星探测提供了重要信息（自 TMK 以来的设计研究都与之有着持续的相关性），其所包含的知识水平和所获得的科学数据也具有重要价值。自 1960 年季霍夫离开之后，金星和火星已经发生变化：它们已经与以往大不相同。虽然从生命和居住的角度来说，所发生的变化令人失望，但是对于行星科学家们来说，金星探测器和火星探测器具有永恒的魅力。毫无疑问，对于这些变化的了解，在较大程度上要归功于苏联的金星探测器活动，在较小程度上要归功于苏联的火星探测器活动。虽然月球计划更加宏大的规模以及航天员在自 1961 开始的登月之旅中所展现的人类勇气盖过了苏联行星际探测计划的光芒，但它仍然是苏联总体空间计划的重要组成部分。

终有一天，俄罗斯航天员将会向火星进发，这是齐奥尔科夫斯基的梦想，是灿德尔的誓言，也是孔德拉秋克的宏伟蓝图。他们是与美国航天员或欧洲航天员同行？还是在他们之后出发？他们是否会在火星上与来自中国的航天员相会？这些目前我们尚不得而知。但是，一旦他们完成火星之旅，从这里开始的探险之旅的第一个部分将画上一个完美的句号。

参 考 文 献

[1]　Chertok, Boris: *Rockets and people*, Vol. 1. NASA, Washington DC, 2005.

[2]　Sagan, Dr Carl: *Pale blue dot*. Headline, London, 1995.

[3]　Marov, Mikhail Y. and Grinspoon, David H. : *The planet Venus*. Yale University Press, New Haven, CT, 1998.

附录 A   苏联/俄罗斯行星任务

日　期	任务目标	命　名	结果与成果
1960.10.10	火星绕飞	未宣布	第 3 级故障，到达 120 km 处
1960.10.14	火星绕飞	未宣布	同上
1961.2.4	金星着陆器	Tyzhuli 人造地球卫星	第 4 级故障
1961.2.12	金星着陆器	A. I. S. /金星 1 号	失去联系，在 100 000 km 处飞越金星
1962.8.25	金星着陆器	未宣布	第 4 级故障
1962.9.1	金星着陆器	未宣布	第 4 级故障
1962.9.12	金星绕飞	未宣布	入轨前第 3 级爆炸
1962.10.24	火星绕飞	未宣布	入轨前第 3 级爆炸
1962.11.1	火星绕飞	火星 1 号	1963 年 5 月飞越火星
1962.11.4	火星着陆器	未宣布	第 4 级故障
1963.11.11	技术试验	宇宙－21	探测器任务，第 4 级故障
1964.2.19	技术试验	未宣布	探测器任务，第 3 级故障
1964.3.27	金星绕飞	宇宙－27	第 4 级故障
1964.4.1	金星着陆器	探测器 1 号	飞越金星，失去联系
1964.11.30	火星绕飞	探测器 2 号	失去联系
1965.7.18	技术试验	探测器 3 号	以深空轨迹飞越月球
1965.11.12	金星绕飞	金星 2 号	飞越金星，失去联系
1965.11.16	金星着陆器	金星 3 号	达到金星表面，失去联系
1965.11.23	金星着陆器	宇宙－96	第 4 级故障
1965.11.26	金星绕飞	未宣布	未能发射
1967.6.12	金星着陆器	金星 4 号	降落伞降落 （93 min）
1967.6.17	金星着陆器	宇宙－167	第 4 级故障
1969.1.5	金星着陆器	金星 5 号	降落伞降落 （53 min）

续表

日 期	任务目标	命 名	结果与成果
1969.1.10	金星着陆器	金星 6 号	降落伞降落（51 min）
1969.3.27	火星轨道器	未宣布	第 2 级故障
1969.4.1	火星轨道器	未宣布	第 1 级故障
1970.8.17	金星着陆器	金星 7 号	软着陆，传输信号 23 min
1970.8.22	金星着陆器	宇宙－359	轨道故障
1971.5.10	火星轨道器	宇宙－419	第 4 级故障
1971.5.19	着陆器/轨道器	火星 2 号	进入火星轨道，着陆失败
1971.5.28	着陆器/轨道器	火星 3 号	进入火星轨道，发回表面信号
1972.3.27	金星着陆器	金星 8 号	软着陆，传输信号 63 min
1972.3.31	金星着陆器	宇宙－482	轨道故障
1973.7.21	火星轨道器	火星 4 号	在 1 300 km 处飞越，传回图像
1973.7.25	火星轨道器	火星 5 号	成功进入火星轨道
1973.8.5	火星着陆器	火星 6 号	着陆器实施下降剖面
1973.8.9	火星着陆器	火星 7 号	未展开着陆器，飞出火星
1975.6.8	金星着陆器	金星 9 号	软着陆，传输信号 56 min
1975.6.14	金星着陆器	金星 10 号	软着陆，传输信号 66 min
1978.9.9	金星着陆器	金星 11 号	软着陆，传输信号 95 min
1978.9.14	金星着陆器	金星 12 号	软着陆，传输信号 110 min
1981.10.30	金星着陆器	金星 13 号	软着陆，传输信号 127 min
1981.11.4	金星着陆器	金星 14 号	软着陆，传输信号 57 min
1983.6.2	金星轨道器	金星 15 号	雷达测绘仪
1983.6.7	金星轨道器	金星 16 号	雷达测绘仪
1984.12.15	金星着陆器	维加 1 号	着陆器（传输信号 56 min），气球
1984.12.21	金星着陆器	维加 2 号	着陆器（传输信号 57 min），气球
1988.7.7	火星轨道器	福布斯 1 号	于 9 月失去联系
1988.7.12	火星轨道器	福布斯 2 号	与火卫一交会，着陆失败
1996.11.16	轨道器/着陆器	火星 8 号	第 4 级故障

附录 B 它们目前在哪里？

表 B-1 苏联航天器在其他星球上的着陆坐标

探测器	纬 度	经 度	区 域
金星			
金星 3 号	−20°N～20°N	60°E～80°E	(撞击)
金星 4 号	19°N	38°	Eisila（下降时损坏）
金星 5 号	3°S	18°	Navka Planitia（下降时损坏）
金星 6 号	5°S	23°	Navka Planitia（下降时损坏）
金星 7 号	5°S	351°	Navka Planitia
金星 8 号	10°S	335°	Navka Planitia
金星 9 号	31.7°N	290.8°	Beta Regio
金星 10 号	16°N	291°	Beta Regio
金星 11 号	14°S	299°	Navka Planitia
金星 12 号	7°S	294°	Navka Planitia
金星 13 号	7°30′S	303°11′	Navka Planitia
金星 14 号	13°15′S	310°09′	Navka Planitia
维加 1 号	7°11′N	177°48′	Mermaid Plains
维加 2 号	6°27′S	181°5′	Aphrodite Mountains
火星			
火星 2 号	44.2°S	213°W	Eridanis
火星 3 号	44.9°S	160.08°W	Electris 和 Phaetonis
火星 6 号	23.9°S	19.4°W	Mare Erythraeum

表 B - 2 绕太阳轨道的行星际任务

金星 1 号

火星 1 号

探测器 1 号

探测器 2 号

探测器 3 号

金星 2 号

火星 4 号

火星 6 号

火星 7 号轨道器

火星 7 号着陆器

维加 1 号

维加 2 号

福布斯 1 号

表 B - 3 绕金星轨道的行星际任务

金星 9 号

金星 10 号

金星 15 号

金星 16 号

表 B - 4 绕火星轨道的行星际任务

火星 2 号

火星 3 号

火星 5 号

福布斯 2 号

(福布斯 2 号 APS)

表 B - 5 在金星大气中爆裂的气球

维加 1 号气球

维加 2 号气球

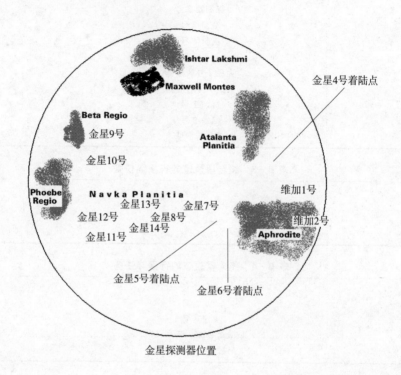

金星探测器位置

附录 C 参考书目

图 书

Babakin, N. G. , Banketov, A. N. and Smorkalov, V. N. : *G. N. Babakin, life and works*. Adamant, Moscow, 1996.

Burchitt, Wilfred and Purdy, Anthony: *Gagarin*. Panther, London, 1961.

Borisov, M. : *The craters of Babakin*. Znanie, Moscow, 1982.

Cattermole, Peter and Moore, Patrick: *Atlas of Venus*. Cambridge University Press, Cambridge, UK, 1997.

De Galiana, Thomas: *Concise Collins Encyclopaedia of Astronautics*. Collins, Glasgow, 1968.

Garland, Kenneth: *Robot explorers*. Blandford, London, 1974.

Glushko, Valentin P:

　　— *Development of rocketry and space technology in the USSR*. USSR Academy of Sciences, Novosti, Moscow, 1973.

　　— *Rocket engines GDL — OKB*. USSR Academy of Sciences, Novosti, Moscow, 1979.

Harford, Jim: *Korolev*. John Wiley & Sons, New York, 1996.

Kieffer, H. H. , Jakovsky, B. M. , Snyder, C. W. and Matthews, M. S. : *Mars*. University of Arizona Press, Tucson, AZ, 1992.

Marov, Mikhail Y. and Grinspoon, David H. : *The planet Venus*. Yale University Press, New Haven, CT, 1998

Moore, Patrick: *On Mars*. Cassell, London, 1998.

Moore, Patrick: *The Guinness book of astronomy*, *5th edition*. Guinness Publishing, Enfield, UK, 1995.

Perminov, Vladimir: *The difficult road to Mars — a brief history of Mars exploration in the Soviet Union*. Monographs in Aerospace History, No. 15. NASA, Washington DC, 1999.

Riabchikov, Yevgeni: *Russians in space*. Weidenfeld & Nicolson, London, 1972.

Sagdeev, Roald Z. : *The making of a Soviet scientist*. John Wiley & Sons, New York, 1994.

Semeonov, Yuri: *RKK Energiya dedicated to Sergei P. Korolev 1946 — 96*. RKK Energiya, Moscow, 1996.

Siddiqi, Assifi: *The challenge to Apollo*. NASA, Washington DC, 2000.

Sidorenko, A. V. (ed.): *Poverkhnost Marsa*. Nauka, Moscow, 1980.

Stoiko, Michael: *Soviet rocketry — the first decade of achievement*. David & Charles, Newton Abbot, UK, 1970.

Surkov, Yuri: *Exploration of terrestrial planets from spacecraft — instrumentation, investigation, interpretation*, 2nd edition. Wiley/Praxis, Chichester, UK, 1997.

Turnill, Reginald: *Observer's book of unmanned spaceflight*. Frederick Warne, London, 1974.

USSR probes space. Novosti, Moscow, 1967.

Ynmansky, S. P. : *Kosmonautika Segondniya i zavtra*. Prosveshchenie, Moscow, 1986.

期刊论文、报刊论文、报告、官方文件、手册以及类似的出版物

Balebanov, V. M. , Zakharov, A. V. , Kovtunenko, V. M. , Kremev, R. S. , Rogovsky, G. N. , Sagdeev, R. Z. and Chugarinova, T. A. : *Phobos multi — disciplinary mission*. Academy of Sciences, Space Research Institute, Moscow, 1985.

Ball, Andrew: *Automatic interplanetary stations*. Paper presented to the British Interplanetary Society, 7th June 2003.

Ball, Andrew: *Phobos Grunt — an update*. Paper presented to the British Interplanetary Society, 5th June 2004.

Barsukov, V. L. : *Basic results of Venus studies by VEGA landers*. Institute of Space Research, Moscow, 1987.

Basilevsky, Alexander: The planet next door. *Sky and Telescope*, April 1989.

Beatty, J. Kelly: A radar tour of Venus. *Sky and Telescope*, May/June 1985.

Belitsky, Boris: How the soft landing on Mars was accomplished. *Soviet Weekly*, 15th January 1972.

Bond, Peter: *Mars and Phobos*. Paper presented to the British Interplanetary Society, 3rd June 1989

Breus, Tamara: *Venus — the only non — magnetic planet with a magnetic tail*. Institute for Space Research, Moscow, undated.

Burnham, Darren and Salmon, Andy:

— Mars 96 - Russia's return to the red planet. *Spaceflight*, vol. 38, # 8, Augllst 1996.

— On the long and winding road to Mars. *Spaceflight*, vol. 38, # 11, November 1996.

Carrier, W. David III: *Soviet rover systems*. Paper presented at space programmes and technology conference, American Institute of Aeronautics and Astronautics, Huntsville, AL, 24th - 26th March 1992. Lunar Geotechnical Institute, Lakeland, FL.

Central Intelligence Agency: *Soviet options for a manned Mars landing mission - an intelligence assessment*. Director of Intelligence, CIA, Washington DC, 1989.

Clark, Phillip S. :

— Launch failures on the Soviet Union's space probe programme. *Spaceflight*, vol. 19, # 7 - 8, July - August 1977.

— The Soviet Mars programme. *Journal of the British Interplanetary Society*, vol. 39, # 1, January 1986.

— The Soviet Venera programme. *Journal of the British Interplanetary Society*, vol. 38, # 2, February 1985 (referred to as Clark, 1985 - 6) .

— *Block* D. Paper presented to the British Interplanetary Society, 5th June 1999.

Congress of the United States: *Soviet space programs, 1976 — 80 — unmanned space activities*. 99th Congress, Washington DC, 1985.

Corneille, Philip: Mapping the planet Mars. *Spaceflight*, vol. 47, July 2005.

Covanlt, Craig: Soviets in Houston reveal new lunar, Mars, asteroid flights. *Aviation Week and Space Technology*, 1st April 1985.

Dollfns, A. , Ksanformaliti, L. V. and Moroz, V. I. : Simultaneous polarimetry of Mars from Mars 5 spacecraft and gronnd — based telescopes, in

M. J. Rycroft (ed.): COSPAR *Space Research*, papers, vol. XVII, 1976.

Enropean Space Agency (ESA) &- Centre Nationald' Etudes Spatiales: *VESTA — a mission to the small bodies of the solar system*: report on the phase A study. Paris, 1988.

Flight of the interplanetary automatic stations Venera 2 and Venera 3. *Pravda*, 6th March 1966, translated for NASA Goddard Space Flight Centre, 1966.

Friedman, Louis: *To Mars via Kamchatka*. Unpublished paper by the Planetary Society.

Goldman, Stuart: The legacy of Phobos 2. *Sky and Telescope*, February 1990.

Gordon, Yefim and Komissarov, Dmitry: *Illyshin*—18, —20, —22 *a versatile turboprop transport*. Midland Counties, Hinckley, UK, 2004.

Gorin, Peter A.: Rising from a cradle Soviet perceptions of spaceflight before Gagarin, in Roger Lannius, John Logsdon and Robert Smith (eds): *Reconsidering Sputnik – forty years since the Soviet satellite*. Harwood, Amsterdam, 2000.

Gringanz, K. I., Bezrukih, V. V. and Mustatov, L. S.: Solar wind observations with the aid of the interplanetary station Venera 3. *Kosmicheski Issledovanya*, vol. 5, # 2, translated by NASA Goddard Space Flight Centre, 1967.

Hansson, Anders: *V. I. Vernadsky*, 1863 – 1945. Paper presented to the British Interplanetary Society, 2nd Jnne 1990.

Hansson, Anders: *The Mars environment in Russia*. Paper presented to the British Interplanetary Society, 12th June 1993.

Hansson, Anders: *Russian nuclear propulsion*. Paper presented to the British Interplanetary Society, 25th May 2002.

Huntress, W. T., Moroz, V. L and Shevalev, I. L.: Lunar and robotic exploration missions in the 20th century. *Space Science Review*, vol. 107, 2003.

IKI (Institute of Space Research): *The Soviet programme of space exploration for the period ending in the year 2000 – plans, projects and international cooperation. Part 2: The planets and small planets of the solar system*. Institute of Space Research, USSR Academy of Sciences, 1987.

Illyin, Stanislav: From project VEGA to project Phobos. Novosti Press Agency Soviet Science and Technology *Almanac*, 1987.

Ivanovsky, Oleg: Memoir, in John Rhea (ed.): *Roads to space – an oral history of the Soviet space programme*. McGraw—Hill, London, 1995.

Johnson, Nicholas L. : Soviet atmospheric and surface Venus probes. *Spaceflight*, vol. 20, #6, June 1978.

Kemnrdzhian, A. L. , Gromov, V. V. , Kazhakalo, I. F. , Kozlov, G. V. , Komissarov, V. I. , Korepanov, G. N. , Martinov, B. N. , Malenkov, V. I. , Mityskevich, K. V. , Mishkinyuk, V. K. *et al.* : Soviet developments of planet rovers 1964 – 1990. CNES and Editions Cepadues: *Missions, technologies and design of planetary mobile vehicles*, proceedings of conference, Toulouse, September 1992.

Kerzhanovich, Viktor V. : Improved analysis of descent module measurements. *Icarus*, vol. 30.

Khrnshchev, Sergei: The first Earth satellite – a retrospective view from the future, in Roger Lannius, John Logsdon and Robert Smith (eds): *Reconsidering Sputnik forty years since the Soviet satellite*. Harwood, Amsterdam, 2000.

Kidger, Neville:
— Phobos mission ends in failure. *Zenit*, #27, May 1989.
— Phobos update. *Zenit*, #25, March 1989.
— Project Phobos – a bold Soviet mission. *Spaceflight*, vol. 30, # 7, July 1988.

Klaes, Larry: Soviet planetary exploration. *Spaceflight*, vol. 32, # 8, August 1990.

Kondratyev, K. Ya. and Bunakova, A. M. : *The meteorology of Mars*. Hydrometeorological Press, Leningrad, 1973, as translated by NASA, TTF 816.

Kopik, A. : Big· plans at NPO Lavochkin. *Novosti Kosmonautiki*, vol 15, #10, 2005.

Kotelnikov, V. A. , Petrov, B. N. and Tikhonov, A. N. : Top man in the theory of cosmonautics. *Science in the USSR*, #1, 1981.

Kovtunenko, Vyacheslav M. , Kremev, Roald S. , Rogovsky, G. N. and Snkhanov, K. G. : *Combined programme of Mars exploration using automatic spacecraft.* Babakin Research Centre, Moscow, 1987.

Kovtunenko, Vyacheslav M. : *Achievements of science and engineering of the USSR in the exploration of the planet Venus by the use of spacecraft.* Intercosmos Council, Moscow, 1985.

Kovtunenko, V. , Kremev, R. , Rogovsky, G. and Ivshchenko, Y. : Prospects for using mobile vehicles in missions to Mars and other planets. Babakin Research Centre, Moscow, published by CNES and Editions Cepadues: *Missions, technologies and design of planetary mobile vehicles,* proceedings of conference, Toulouse, September 1992.

Kulikov, Stanislav: Top priority space projects. *Aerospace Journal*, November – December 1996.

Kuzmin, Ruslan and Skrypnik, Gerard: A unique map of Venns. Novosti Press Agency Soviet Science and Technology *Almanac*, 1987.

Langereux, Pierre: Les quatre sondes Franco—Soviétiques VESTA vont explorer Mars et huit petits corps. *Air et Costnos*, #1117, november 1986.

Lardier, Christian: Revision des future programmes martiens. *Air et Cosmos*, vol 1518, 12 may 1995.

Lardier, Christian: CADB devoile le moteur nucleare RD—0410. *Air et Cosmos*, vol. 1571, 21 july 1996.

Lardier, Christian: Les nonveanx projets de la NPO Lavochkine. *Air et Cosmos*, vol. 1609, 18 april 1997.

Lardier, Christian: Le Jimo, version russe. *Air et Cosmos*, vol. 1955, 22 october 2004.

Lenorovitz, Jeffrey M. : France designing spacecraft for Soviet interplanetary missions. *Aviation Week amd Space Technology*, 7th October 1985.

Lepage, Andrew L. : The mystery of Zond 2. *Journal of the British Interplanetary Society*, vol. 46, #10, October 1993.

Les motenrs nncléaires de l'ère soviétique. *Air et Cosrnos*, vol. 1810, 21 september 2001.

Lovell, Bernard:

　　— *The story of Jodrell Bank*. Oxford University Press, London, 1968;

　　— *Out of the zenith — Jodrell Bank*, 1957 — 70. Oxford University Press, London, 1973.

Mars 96 sera le dernier poids lourd martien. *Air et* Costnos, vol. 1587, 15 november 1996.

Moroz, V. I. : The atmosphere of Mars. *Space Science Review*, vol. 19, 1976.

Moroz, V. I. , Huntress, W. T. and Shevalev, I. L. : Planetary missions of the 20th century. *Cosmic Research*, vol. 40, ♯ 5, 2002.

Oberg, Jim: The probe that fell to Earth. *New Scientist*, 6th March 1999.

On course to meet the comet. *Soviet Weekly*, 21st December 1985.

One day we shall fly to Mars. *Soviet Weekly*, 27th August 1977.

Phelan, Dominic: Russian space medicine still aims for Mars. *Spaceflight*, vol. 46, ♯1, January 2004.

Poliakov, Dr Valeri: Remarks made at presentation in British Interplanetary Society, London, 22nd May 2002.

Popov, G. A. , Obukhov, V. A. , Kulikov, S. D. , Goroshkov, I. N. and Upensky, G. R. : *State of the art for the Phobos Soil return mission*. Paper presented to 54th International Astronautical Congress, Bremen, Germany, 29th September – 3rd October 2003.

Prismakov, Vladimir, Abramorsky, Yevgeni and Kavelin, Sergei: *Vyacheslav Kovtunenko — his life and place in the history of astronautics*. American Astronautical Society, history series, vol. 26, 1997.

Rachuk, Vladimir: Best rocket engines from Voronezh. *Aerospace Journal*, November/December 1996.

Results of the Phobos project. Soviet Science and Technology *Almanac* 90. Novosti, Moscow, 1990.

Robertson, Donald F. : Venus — a prime soviet objective. *Spaceflight*, vol. 34, ♯5, May 1992.

Sagdeev, Roald: Halley's comet — the VEGA story. *Spaceflight*, vol. 28, ♯ 11, November 1986.

Salmon, Andy: *Mars 96 — the Martian invasion*. Paper presented to the British Interplanetary Society, 1st June 1996.

Salmon, Andy and Ball, Andrew: *The OKB — 1 planetary missions*. Paper presented to the British Interplanetary Society, 2nd June 2001.

Science and space. Novosti, Moscow, 1985.

Serebrennikov, V. A. , Stekolshikov, Y. G. , Iljin, M. N. and Shevaliov, I. L. : *Design concepts and utilization of the propulsion system of the spacecraft in the Phobos project*. Institute of Space Research, Moscow, 1988.

Siddiqi, Asif: *Deep space chronicle*. NASA, Washington DC, 2001.

Siddiqi, Asif: A secret uncovered – the Soviet decision to land cosmonauts on the moon. *Spaceflight*, vol. 46, #5, May 2004.

Smid, Henk: Soviet space command and control. *Journal of the British Interplanetary Society*, vol. 44, #11, November 1991.

Soviet space odyssey. *Sky and Telescope*, October 1985.

Telegin, Y. : Preparing for the Mars 94 mission. *Spaceflight*, vol. 35, #9, September 1993.

Tyulin, Georgi: Memoirs, in John Rhea (ed.): *Roads to space -an oral history of the Soviet space programme*. McGraw—Hill, London, 1995.

Varfolomeyev, Timothy:

—The Soviet Venus programme. *Spaceflight*, vol. 35, #2, February 1993.

—The Soviet Mars programme. *Spaceflight*, vol. 35, #7, July 1993

—Soviet rocketry that conquered space. *Spaceflight*, in 13 parts:

    1 Vol. 37, #8, August 1995;

    2 Vol. 38, #2, February 1996;

    3 Vol. 38, #6, June 1996;

    4 Vol. 40, #1, January 1998;

    5 Vol. 40, #3, March 1998;

    6 Vol. 40, #5, May 1998;

    7 Vol. 40, #9, September 1998;

    8 Vol. 40, #12, December 1998;

    9 Vol. 41, #5, May 1999;

    10 Vol. 42, #4, April 2000;

    11 Vol. 42, #10 October 2000;

    12 Vol. 43, #1, January 2001;

　　13 Vol. 43，＃4 April 2001（referred to as Varfolomeyev，1995－2001）.

Veha reveals Venus's secrets. Soviet *Weekly*，7th December 1985.

Venus－470C in the Sun! *Soviet Weekly*，16th September 1972.

Zaitsev，Yuri：Preparing for Mars－a simulated manned mission to the red planet
　　is about to begin. *Spaceflight*，vol. 47，＃1，January 2005.

Zaitsev，Yuri：The successes of Phobos 2. *Spaceflight*，vol. 31，＃ 11，
　　November 1989.

Zygielbaum，Joseph L.（ed.）：*Destination Venus communiqués and papers
　　from the Soviet press*，*12th February to 3rd March 1961*. Astronautics
　　Information，Translation 20. Jet Propulsion Laboratory，Pasadena California.

宣传册

Road to the red planet. Novosti，Moscow，1988.

Road to the stars. Novosti，Moscow，1986.

Science and space. Novosti，Moscow，1985.

Soviet space research. Novosti，Moscow，1970.

Soviet space studies. Novosti，Moscow，1983.

USSR probes space. Novosti，Moscow，1967.

互联网

Darling，David：Gavril Tikhov at http：//*www. daviddarling. info. encyclopedia/t/
　　tikov*

Grahn，Sven：*www. svengrahn. ppe. se*
　　　　—Jodrell Bank's role in early space tracking activities；
　　　　—Soviet/Russian OKIK ground station sites；
　　　　—The Soviet/Russian deep space network；
　　　　—Yevpatoria－as the US saw it in the 60s；
　　　　—A Soviet Venus probe fails－and I stumble across it.

Hendrickx，Bart：*Soviet Venus lander revealed*，Friends and Partners in Space
　　posting，30th August 2001.
　　Mitchell，Don P.（2003－4）：
　　　　—Soviet interplanetary propulsion systems；
　　　　—Inventing the interplanetary probe；
　　　　—Soviet space cameras；

—Soviet telemetry systems;

—Remote scientific sensors;

—Biographies;

—Plumbing the atmosphere of Venus;

—Drilling into the surface of Venus;

—Radio science and Venus;

—The Venus Halley missions at http：//*www. mentallandscape. com*

NASA：Mars 5，NASA NSSDC master catalogue http：//*nssdc. gsfc. nasa. gov /database.* NASA，Washington DC，2005.

Oberg，Jim：Are women up to the job of exploring Mars？ *MSNBC*，1 lth February 2005.

Present Russian Mars plans：http：//*www. energia. ru. english/Energiya/mars*

Zak，Anatoli：Martian expedition，http：//*www. russianspaceweb. com*

期刊杂志

Air et Cosmos.

Aviation Week and Space Technology.

Ciel et Espace.

Flight International.

Icarus.

Soviet Weekly.

Space Science Review.

Spaceflight.